문명, 수학의 필하모니

국립중앙도서관 출판시도서목록(CIP)

문명, 수학의 필하모니 / 김홍종 지음. --파주 :
효형출판, 2009
    p. ;   cm

참고문헌과 색인 수록
ISBN978-89-5872-076-803410:₩18000

수학(산수)[數學]

410-KDC4
510-
DDC21   CIP2009000637

문명, 수학의 필하모니

김홍종 지음

효형출판

머리말

And the end of all our exploring will be
to arrive where we started,
And know the place for the first time.

— T. S. 엘리엇

기어다니기만 하던 아기가 첫발을 떼어 걸음마를 시작할 때에는 무척이나 신기하고 조심스럽다. 두 발로 서있을 수 있을 뿐 아니라 마음대로 다닐 수 있고, 손까지 자유롭다는 것은 여간 신나는 일이 아니다. 익숙해지고 뛰어다니기 시작하면 이제 더 이상 걷는 것이 힘들지 않을 뿐 아니라 어떻게 걷는지조차 잊어버린다.

우리가 학교를 통해서 배우는 것들은 대부분 '단계적인 사고'이고, 그것은 주로 '교육과정이라는 틀'에 얽매여있다. 단계적인 사고 또는 기계적인 훈련은 처음 배울 때에는 매우 유익하다. 누구나 한 계단씩 차근차근 밟아나가면, 목적지에 다다를 수 있기 때문이다. 그러나 이러한 디지털적인 사고는 동일한 작업을 반복 수행하는 기계를 다루는 데에는 적합하지만, 그것에서 벗어나 진정한 자유를 얻게 해주지는 않는다. 우리가 배우는 목적은 '자유를 얻기 위함'이라 할 수 있다.

예를 들어, 학교에서 배우는 수학을 살펴보자. 소위 말하는 '증명'이란, 어두운 밤길을 잃고 헤맬 때, 멀리 불빛이 보이는 인가로 안내하는 길을 찾는 방법을 설명한다. 이러한 증명을 이해하는 것은 정말 가치 있는 일이다. 그 이유는 진리를 자기 스스로 확인할 수 있기 때문이다. 증명으로 진리를 보여주는 훈련은 매우 중요한 일이다. 자신이 발견한 것을 남이 이해할 수 있도록 설명하는 것이기 때문이다.

그러나 증명보다 더욱 중요한 것은, 불빛을 어떻게 찾을 수 있는지를 알게 되는 훈련이다. 소위 말하는 영감靈感을 떠올리는 훈련이다. 걸음마를 배우는 아기에게 뛰는 법이나 나는 법을 설명할 수는 없다. 하지만 걸음마가 전부인 것처럼 알려주어서는 적합한 교육이라 할 수 없다. 아이들은 물론 어른들도 더 클 수 있고 언젠가는 껍질을 벗어버릴 수 있다.

초등학교에 들어가면 사물을 구별하고, 하나, 둘 세는 것을 배운다. 중학교에 들어가면 구체적인 숫자 대신, 미지의 수를 나타내는 x, y 등의 문자가 등장하여 추상적인 사고를 하는 법을 배운다. 또 도형의 합동과 닮음을 배워가며 '다른 것들 중에서 같은 것이 있다'는 것을 이해하게 된다. 대학에 들어가면 도형이나 방정식들의 대칭성을 이해하여 매우 다른 것들이 사실은 같은 원리에서 나온다는 것을 알게 된다. 수학을 전공하면 무한대의 종류가 무한히 많다는 것을 알게 되고, 실수實數의 대부분을 설명할 수 없다는 것을 이해하게 된다. 또 도형은 구체적인 형태가 사라지고, 변화하더라도 변하지 않는 것을 이해하게 된다.

인류는 오랫동안 셈을 하여왔고, 그것은 말씀으로, 헤아림으로,

논리로, 이성理性으로, 합리로 또는 음악으로 등 다양한 모습을 띠고 우리와 함께하였다. 셈은, 비합리적이고 설명할 수 없으며 모순적인 것을 이해하는 가장 건전한 방법이다. 누구나 셈을 할 수 있고, 아무리 높은 산이라도 오르고 또 오르면 못 오를 리 없다. … 유한한 높이의 산이라면…….

이 셈이 무엇을 뜻하였는지 인류가 이해하게 된 것은 겨우 1930년대부터였다. 이때 이후로 인류는 인공 언어를 개발하였고, 자연 언어를 이해하게 되었다. 옳고 그르다는 생각은 전깃불이 들어오고 나가는 것으로 바꿀 수 있었고, 디지털 문명을 탄생하게 하였다. 오늘날 이러한 문명의 발전 속에는 고도로 발전한 셈법이 핵심적인 역할을 하고 있다.

그러나 이러한 셈, 즉 디지털적인 사고는 인류 발전의 매우 초보적인 단계이다. 그러므로 학교에서는 어린이들이 더 큰 상상력을 가지도록 인도하여야하여, 앞으로 맞이하게 될 '아날로그 혁명'을 준비할 때이다. 그때가 되면 우리 세상은 피타고라스의 가르침처럼

'필리아(사랑)'와 '하모니아(조화)'로 가득하게 되리라.

사람은 태어나서 돌아갈 때까지 많은 것을 배운다. 그 가운데에는 부모나 스승, 친구나 적, 책이나 방송 등 사회를 통하여 배우는 것이 있고, 혼자서 열심히 노력하여 터득하거나 자연을 통하여 배우는 것도 있으며, 어느 날 문득 알게 되는 것도 있다.

대학교를 운영하는 사람들은 학생들이 큰 가르침을 얻어 큰 사람이 되도록 많은 도움을 주려고 한다. 새로운 천 년이 시작되면서 서울대학교에서도 교과목 개편이 대대적으로 진행되었고, 이에 따라 신입생을 위한 핵심교양과목이 구성되었다.

2001년 초에 그다음 해부터 강의하여야할 과목의 이름이 필자에게 전달되었다. 그것은 바로 '문명과 수학 Mathematics in Civilization'이었다. '수학數學'이라는 단어는 오랫동안 같이 지내던 것이라 낯설지 않았지만, '문명文明'이라는 단어는 필자를 문맹文盲의 상태에서 열 달 이상 고민하게 만들었다. 아는 분을 만나면, '문명이 무슨 뜻인가

머리말 9

요?'라고 질문하곤 하였다. 어리석게도 열 달이나 지나서야 국어사전(신기철·신용철 엮음, 《새 우리말 큰 사전》)을 찾아보았는데, 거기의 여러 풀이 중에는 '인지人智가 밝아져 야만·미개에서 벗어난 상태'라고 되어있었다. 그래, '어리석음에서 벗어나 지혜로워지는 것' 바로 그것은 수천 년 동안 수학이 추구하여 왔던 것과 같은 것이구나!

'Civilization'이라는 어휘는 프랑스의 볼테르Voltaire(1694~1778)와 몇몇 계몽 운동가들이 당시 인간의 업적과 결함을 이해했던 방식에서 유래하였다(대니얼 J. 부어스틴, 《탐구자들》, 305쪽). 보즈웰James Boswell(1740~1795)은 1755년에 발간된 존슨Samuel Johnson(1709~1784)의 획기적인 영어사전 《Dictionary of the English Language》에 'civilization'을 수록하도록 설득하였고, 거기에 'civilization'은 '모든 인류가 도달할 수 있는 계몽된 상태'라고 풀이되어있었다.

1980년대의 어느 날 밤, 서울 신림사거리의 조그만 포장마차에서, 필자는 지금은 돌아가신, 원로 교수님께 여쭈어보았다.

"선생님! 제가 수학공부를 해보니 그 세계가 참으로 방대하고 놀랍다는 것을 느낄 수 있었습니다. 그런데 이러한 학문을 단순히 '셈을 다루는 학문'으로 불러서야 되겠습니까? 서양에서 사용하는 'mathematics'라는 단어는 라틴어의 'mathematica'에서 유래하였고, 이 단어는 다시 그리스의 'μάθημα(mathema)'에서 유래하였는데, 그것은 '학문'을 뜻하는 것으로 알고 있습니다. 이는 단순한 산술 arithmetic과는 상당히 다르지 않습니까? 그러니 '수학'이라는 용어를 '수시공리학 數時空理學'이나 또는 더 좋은 이름으로 바꾸는 것을 시도하여야 하지 않겠습니까?"

"꺼~억. 배울 학 學 자 앞의 수 數는 '사물의 이치'라는 뜻이지. 오늘 자네 재수 좋고, 운수 좋구면. 몇 수 앞이 보이는가? 잘할 수 있을 거야. 필연지수 必然之數이지. 꺼~억."

그리고 보니, '헤아림'이라는 우리말이 '셈'과 가까운 뜻이라는 것이 생각났다. 시인 윤동주의 〈별 헤는 밤〉이 있고, 가수 이미자의 '동백아가씨'에는 '헤일 수 없이 수많은 밤'이 있다. 그리스어에서도 '말씀 logos'은 '이성 理性'과 '셈'을 뜻하였고, 비 比를 뜻하는 'ratio'도

머리말 11

'rational'과 그 어원이 같다. 그러고 보니 '수학'이라는 용어는 적절한 것이었다.

이 책은 다양한 주제를 다루지만, 독자들에게 큰 부담을 주지 않도록 노력하였다. 누구나 편견을 버리고 마음을 열면, 쉽게 친해질 수 있다.

큰 산에서는 나무와 바위, 꽃과 나비 등 많은 것을 경험할 수 있듯이 수학의 세계에서도 다양한 경험을 할 수 있다. 저자는 사상과 수학, 예술과 수학, 사회와 수학, 기술과 수학, 자연과 수학, 과학과 수학, 언어와 수학, 심성과 수학, 놀이와 수학 등 다양한 관점에서 세상과 수학을 보려고 하였고, 그중 몇 가지 주제들을 이 책에서 다루었다.

재미있는 이야기들이 많음에도 불구하고 이 책에서 다루지 못한 주제들은 무한, 언어와 논리, 공간, 시간, 네트워크, 프랙털, 황금비, 자연의 법칙, 기계 등이다.

달라이 라마가 어느 날 시카고의 유명한 언론출판사를 방문하게 되었는데, 그 회사의 사장이 자신의 회사가 얼마나 열심히 일하고 있으며, 왜 우수한 회사인가를 열정적으로 설명하였다. 사장은 달라이 라마에게 혹시 질문이 있으면 무엇이라도 좋으니 말씀하시라고 하였는데, 이때 질문이 '왜, 출판합니까?' 였다고 한다.

효형출판에서 용기를 준 덕분에 강의록의 일부를 책으로 내놓게 되었다. 무럭무럭 잘 자라나 의젓한 성인이 된 두 딸과 초고를 읽어 준 내자에게 감사한다.

독자들이 모두 행복하기를 기원한다.

2009년 3월
김홍종

머리말

1. 사상과 수학

수와 표상 18
수상 | 큰 숫자와 작은 숫자 | 진법 | 십진소수법 | 수비관 | 영, 무, 공

태초에 말씀이 있었으니 58
피타고라스 정리 | 피타고라스 정리의 증명 | 공측성 | 데카르트 | 피타고라스의 삼중쌍 | 페르마의 마지막 정리 | 보편성

2. 예술과 수학

천구의 화음 92
화음 | 삼분손익법 | 순정율 | 12음계 | 주파수 | 손뼉치기 | 피타고라스 콤마 | 평균율 | 로그함수 | 음고류 | 센트 | 삼각함수 | 음색 | 진동

그림, 다시 태어나 138
소실점 | 지평선 | 거리점 | 정사각형 그리기 | 조화평균 | 평균사변형 쪽매붙이기 | 2점 투시 | 3점 투시 | 원의 그림자 | 변태

삼라만상 167
쪽매붙이기 | 정규쪽매붙임 | 일면쪽매붙이기 | 콘웨이 기준 | 다면쪽매붙이기 | 주기불가 쪽매 | 대칭성

3. 사회와 수학

더불어 사는 사회, 민주주의 192
순위표시법 | 쌍쌍비교법 | 보르다 셈법 | 최소득표자탈락제 |
국제올림픽위원회 | 콩도르세 패러독스 | 과반수 기준 |
사퇴자와 무관한 제도 | 단조기준 | 합리적인 선거제도 | 사회선택 |
고양이 목에 방울 달기 | 토너먼트 | 순위 매기기 | 복수 선출법 |
가중투표제 | 권력지수

공평한 분배 233
분할선택법 | 평행분할법 | 다인 분배 | 고독한 분할법 | 고독한 선택법 |
마지막 감축법 | 움직이는 칼 | 평행분할법 | 가중 분배 |
남부럽지 않은 분배 | 솔로몬의 지혜 | 순서대로 고르기 | 합병 |
자연수 배정 | 해밀턴식 배정 | 알라배마 패러독스 |
인구 증가 패러독스 | 오클라호마 패러독스 | 변환정원법 | 반올림

4. 기술과 수학

어둠 속의 빛 312
법산 | 9-법산 | 10-법산 | 오류 수정 | 11-법산 | 유클리드 호제법 |
서로소 | 페르마의 작은 정리 | 이산 로그 | 견우와 직녀 | 공개키 암호 |
RSA 공개키 암호

게임의 법칙 354
헥스 | 조합 게임 | 알집기 | 루빅 큐브 | 정치인 | 폰 노이만 게임 |
제로섬 게임 | 거짓말 게임 | 미니맥스 정리 | 여우 굴 | 흑백흑 |
알아맞히기 게임 | 비제로섬 게임 | 죄수의 딜레마 | 심숭과 알지 |
자연과의 게임 | 귀납적 게임

부록   연습문제 해답·풀이

참고문헌
찾아보기

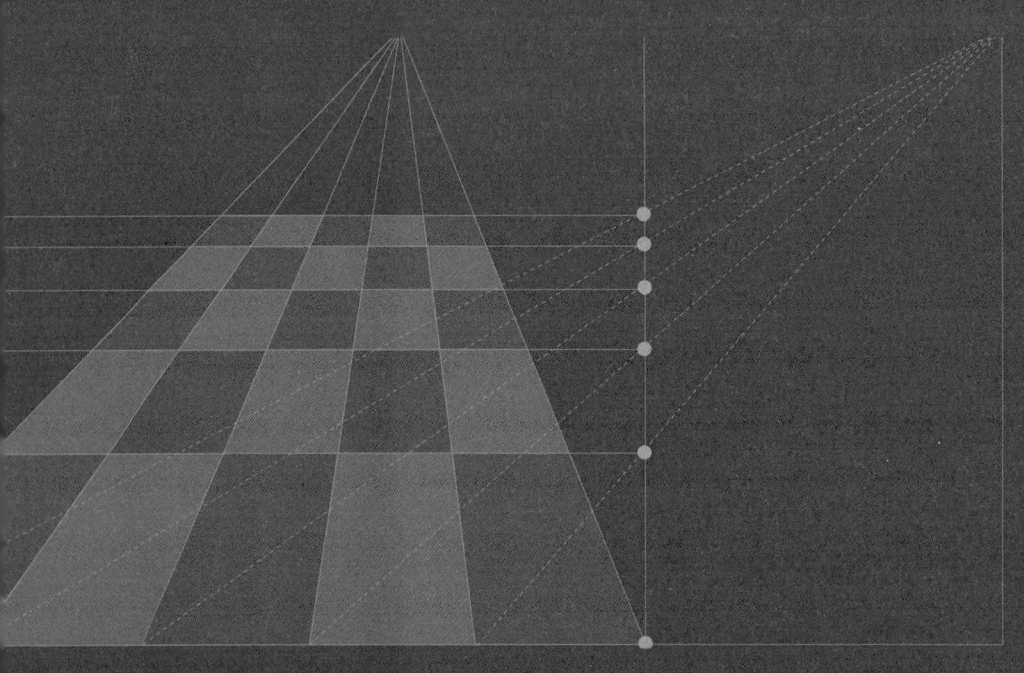

사람의 생각이나 느낌을

표현하는 방법은 다양하다.

그것은 음악이나 그림으로 표현되기도 하고,

시나 산문 등으로 나타나기도 하며,

웃음이나 눈물,

또는 춤으로 나타나기도 한다.

제1장

사상과 수학

수와 표상

태초에 말씀이 있었으니

수와 표상

나는 바닷가에서 더 매끈한 조약돌이나 더 예쁜 조개를 여기저기서 찾고는 좋아하는 아이 같았다. 그리고 그 아이 앞에는 전혀 발견되지 않은 거대한 진리의 바다가 놓여있었다.
- 뉴턴

사람의 생각이나 느낌을 표현하는 방법은 다양하다. 그것은 음악이나 그림으로 표현되기도 하고, 시나 산문 등으로 나타나기도 하며, 웃음이나 눈물 또는 춤으로 나타나기도 한다. 인지가 발전하면서 사람들은 초보적인 감정을 표현하는 데에 그치지 않고, 점점 추상적인 개념까지 나타내는 방법을 알게 되었다. 인류가 소리나 뜻을 글로 나타내게 된 것도 그러한 예이고, 물물교환을 하는 대신 물건과 화폐를 교환

하게 된 것이라든지, 미래에 일어날 수 있는 어려움을 극복하기 위하여 보험 상품을 개발한 것도 그러한 예이다. 인류가 어리석음에서 벗어나 한층 더 지혜로워지는 과정에는 추상적인 개념이 껍질을 벗고 나오는 경우가 많다. 이러한 추상적인 개념의 대표적인 것이 '수數'이다.

 사람들의 일상생활 곳곳에 가장 널리 퍼져있는 것은 수이다. 하나와 여럿을 구별하고, 아침에 일어나면 시각을 알고, 생일을 기념하고, 헌법의 몇 번째 조항을 찾을 수 있고, 한글 자모의 순서를 정하여 사전에 단어를 차례로 실어주고, 소리와 노래의 높낮이를 구별하며, 혈압이 정상인지 알게 해주는 것도 모두 수이다. 그러나 인류가 오늘날과 같이 수를 표현하게 될 때까지는 오랜 세월이 걸렸다. 대부분의 지역에서 수는 그 자체로 의미를 가지지 않았고, 다른 사물을 수식하는 개념으로 쓰였다. 노인 세 분, 토끼 세 마리, 나무 세 그루, 차량 석 대 등에서 '셋임'이 스스로 의미를 가지고 고유한 이름을 얻기까지 많은 세월을 보내야하였다.

 셈을 하는 말이나 그것을 기록하는 방법이 발전하기 전인 아주 옛날에는 사람들은 물건의 양을 알기 위하여 돌멩이를 주로 사용하였다. 기르는 가축들이 다 있는지 알기 위해서는 가지고 있는 돌과 하나씩 맞추어 보기도 하였다. 양 떼를 멀리 배달 보낼 때에는 조그만 주머니에 양들과 꼭 맞게 짝을 지을 수 있는 돌멩이들을 넣어 밀봉하여 같이 보낸다. 양 떼를 인수하는 사람은 주머니를 열어 그 속의 돌멩이와 양을 하나씩 짝지어본다. 셈을 할 수 없기 때문에 그들은 돌멩이의 개수를 세고 양의 마리 수를 세어 같은지 비교하는 것이 아니라, 그저 돌 하나, 양 하나 이렇게 비교하여 짝이 맞는지를 확인할 따름이다. 사람들은 돌멩이가 든 주머니들을 구별하기 위하여 겉에 표시를 하는 것이 도움이 된다는 것을 알았다. 결국 그들은 의미 있는 것은 바로 그 표시이며, 주머니 속의 돌멩이는 허상이라는 사실을 알게 된다. 우리가 허상을 거쳐야 참상을 볼 수 있다는 것이 참으로 신기하다.

☆ ★ ☆

주판이 중국을 거쳐 조선에 소개된 것은 1400년경이다.■ 필자가 초등학교에 다니던 1960년대만 하더라도 우리나라의 초등학생들은 상급생이 되면 모두 주판을 다루는 법을 배웠다. 주판의 구슬들은 가로대에 의하여 위 칸과 아래 칸의 구슬로 나뉘는데, 위 칸에 있는 구슬 하나가 나타내는 수는 아래 칸에 있는 구슬 하나가 나타내는 수의 다섯 배이다. 중국식 주판은 세로 줄 하나에 구슬이 '두 알-다섯 알'로 묶여있지만, 일본식 주판은 불필요한 알들을 생략하여 한 줄이 '한 알-네 알' 묶음으로 되어있다.

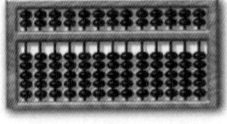 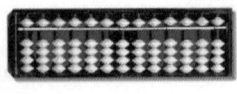 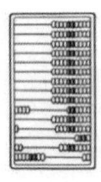

왼쪽부터 |
중국식 주판,
일본식 주판,
러시아식 주판.

학생들은 주판으로 수를 표현하는 법을 익히고, 덧셈과 뺄셈을 어떻게 하는지 배우고, 선생님께서 불러 주시는 수십 장의 전표를 주판알을 굴리며 열심히 더하였다. 중학교에 들어가면 곱셈, 나눗셈뿐 아니라 심지어 제곱근까지도 셈을 할 수 있게 된다. 어떤 선생님은 말 안 듣는 학생들의 머리를[**] 주판알로 밀어서 머리에 5차선 도로가 생기기도 하였다. 학교에서는 학생들마다 주산의 급수를 매겼고, 열 자리 숫자를 자유자재로 다루는 우수한 학생들은 유단자가 되었으며, 은행에서는 최고의 실력자를 스카우트하였다. 특히 고단자들은 가끔 텔레비전 쇼에 나와 기계식 계산기와 빨리 셈하기 등을 겨루기도 하는데, 재미있는 것은 고단자들에게는 주판이 필요 없다는 것이다. 강을 건너고 나면 배가 필요 없듯이 셈의 달인이 되고 나면 주판은 거추장스러운 것이 되고 만다.

☆ ★ ☆

돌멩이나 나뭇가지 등은 수를 표현하는 가장 오랜 방법이고, 곳에 따라 '하나, 둘, 셋'은

---

[*] 사실 조선에서는 중국이나 일본과 달리 주판이 크게 유행하지는 않았고 전부터 써오던 산가지 셈을 계속 사용하였다.
[**] 당시에 남학생들은 머리를 빡빡 깎고 다녀야하였다.

위 | 아이작 뉴턴
아래 | 라이프니츠

등으로 나타난다.

표현법의 발전은 과거에 우리가 복잡하게 여기던 것을 쉽게 이해할 수 있도록 해주는 장점이 있지만, 때에 따라서는 그 표현 때문에 처음 뜻이 가려져 숨어버리는 경우도 있다. 인류가 어리석음에서 벗어나는 것이 그만큼 더딘 이유 중의 하나이다.

뉴턴과 라이프니츠의 미분·적분법은 영어로 'Differential and Integral Calculus' 또는 줄여서 'Calculus'라고 부른다. 'Calculus'라는 용어는 라틴어에서 유래하는데, 그 뜻은 '계산을 하기 위한 조그만 돌멩이'이다. 그러므로 미분·적분법을 '셈법'이라고 번역하여도 적합하다.

뉴턴은 가끔 겸손하게 말할 때가 있었는데, 언젠가 자신을 바닷가 모래사장에서 아름다운 돌멩이와 신기한 조개껍질 등을 발견하고 좋아하는 어린 아이에 비유하였다. 그리고 그 아이의 옆에는 아직 아무도 탐험하지 못한 드넓은 신비의 바다가 있다고 하였다. 이 장 처음에 있는 사진에는 자갈과 모래, 그리고 바다와 하늘이 보인다. 수의 세계에서 자갈은 디지털적인 사고의 바탕이 되는 자연수를 의미하고, 바다와 하늘은 아날로그적인 사고의 바탕이 되는 실수實數, real number와 집합을 의미한다.

■ V = 5, X = 10, L = 50, C = 100, D = 500, M = 1000.

☆ ★ ☆

중국에서는 나뭇가지 모양의 '수를 표현하는 문자', 즉 '숫자'가 발전하여

一 二 三 四 五 六 七 八 九 十 百 千 萬 億 兆 京 …

과 같이 수의 이름을 정하였다. 로마에서도 나뭇가지가 발전하여

I II III IV V VI VII VIII IX X L C D M

등의 숫자를 사용하였고," 고대 그리스에서는 α(알파)가 1이고, β(베타)가 2였으며, ω(오메가)는 800을 뜻하였다. 하지만 수의 세계는 무한한 세계이고, 그들 각각에 고유한 이름을 부여한다는 것은 쉬운 일이 아님은 너무나 분명하다. 인류가 모든 자연수에 이름을 붙이는 방법을 알게 된 것은 얼마 되지 않는다. 그리고 그것을 가능하게 한 것은 수로 취급 받지 못하던 '없음'이라는 개념이었고, 오늘날 우리는 그것을

0

으로 나타내고 '영零(또는 '공', '빵', '땅' 등)'으로 부르고 있다. 이 기호는 모래판 위에 놓여있는 돌멩이가 떠나고 난 빈자리 모양을 하고 있다. 130년경에 알렉산드리아의 프톨레마이오스 C. Ptolemaeus가 쓴 《알마게스트 Almagest(위대한 책)》에는 바빌로니아의 60진법이 사용되었고,

빈 곳을 나타내는 기호로 O이 쓰이기는 하였지만, 여전히 그것은 '숫자'로 인정받지 못하였다.

　인도에서 '무無'라는 개념은 매우 오래된 것이긴 하지만, '없는 것은 나타낼 수 없다'는 생각에서 '없는 것을 나타낼 수 있다'는 생각으로 발전하여 '없음'이 수로서 인정되기까지는 오랜 세월이 흘렀다. 더군다나 열 개의 기호를 사용하여 그 기호가 위치한 자리에 따라 의미를 달리 부여하는 획기적인 생각이 인도에서 널리 쓰이게 된 것도 5세기 이후이다. 인도의 '괄리오'라는 마을에 있는 사원에는 876년에 영과 십진법을 사용하여 벽에 기록한 것이 분명하게 남아있다. 산스크리트어로 영, 없음[無], 빔[空]은 '슈냐'라고 하는데, 아랍인들은 그것을 '시프르'라고 번역하였으며, 이것은 다시 13세기에 라틴어로 '제피룸'이라 불렸다. 제피룸과 시프르는 후일에 영어에서 '제로'와 '사이퍼'로 불리게 되었다.

　세종대왕께서 한글을 창제하실 때에도 초성에 소리가 없을 때에는 O을 사용하여 나타내었다. 그리고 한글 모음을 구성하는 천지인 天地人

· ― ㅣ

은 셈의 기본인 '하나'들로 이루어져 있다. 우리말에 '하나'는 큰 것을 뜻하기도 하고 '모두'를 뜻하기도 하고, '님'이라 부르며 숭배하기도 한다.

■ 티그리스 강과 유프라테스 강.

하나

인도인들은 열 개의 기호를 사용하여 모든 자연수에 이름을 부여하는 방법을 개발하였고, 이것은 인류의 사고를 한층 더 높여주는 계기가 되었다. 이러한 기수법에서는 각 기호가 고유한 의미를 가지는 것은 아니고 그것이 어느 자리에 놓여있는가에 따라 뜻이 다르다.

☆ ★ ☆

인도의 기수법처럼 '자리값을 가지는 기수법'은 인도에서뿐 아니라 고대 바빌로니아에서도 사용하였다.

바빌로니아인들이 사용한 필기구는 쐐기 모양의 문자를 만들기에 적합하였다. 강과 강 사이의 땅을 뜻하는 메소포타미아에는 진흙이 많았고, 기록된 점토판은 오랜 세월 동안 잘 보존되어 많이 전해지고 있다. 그들이 '하나'를 나타내는 기호는 'Y'처럼 생겼고, '열'을 나타내는 기호는 '<'처럼 생겼다. 그들은 60진법

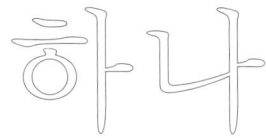

바빌로니아 숫자.

을 사용하였는데, 이 말은 Y가 '하나' 또는 '예순'을 뜻하였으며, 경우에 따라 '예순이 예순 번 있는 것'을 뜻하기도 하였다. 심지어 Y는 1/60을 뜻할 때도 있었다. 하지만 바빌로니아 숫자가 혼란을 주는 까닭은 '없는 자리'를 표현하는 적절한 방법을 사용하지 않았기 때문이다.

$$1,57,46,40 = 60^3 + 57 \times 60^2 + 46 \times 60 + 40 = 424000$$

중국에서는 주판을 사용하고 나서 산가지 셈이 많이 사라졌지만, 우리나라에서는 산가지를 오랫동안 사용하였다. 조선 시대의 최석정 崔錫鼎(1646~1715)이 지은 《구수략九數略》에는 주산珠算이 소개되어있지만, 그것은 죽산竹算보다 못하다고 쓰고 있다.■ 산가지 셈에서는 나뭇가지를 가로 또는 세로로 쌓아 수를 표현하는데, 1의 자리에서 세로로 쌓았으면, 10의 자리에서는 가로로 쌓고, 다시 100의 자리에서는 세로로 쌓아, 알아보기 편하게 가지를 배열하였다. 또 각 자리에서 다

■ 《구수략》은 서양수학을 최초로 조선에 소개한 책이지만, 의義(증명)가 빠져있고 법法만 다루었다. 이 책은 수수數와 수상數象과 수명數名을 구분하여 설명하는 것부터 시작한다.

섯 개를 쌓고 나면 그 다음 여섯 개째는 하나만 남기고 가로 세로를 바꾼 가지를 '다섯' 으로 취급하여 위에 얹었다.

☆ ★ ☆

고대 이집트인들이 사용하던 신성문자hieroglyph에서는 숫자를 다음 그림과 같이 나타내었는데, 이에 의하면 숫자들이 어느 자리에 있든지 상관없이 고유한 값을 가지고 있다는 것을 알 수 있다. 그들은 분수를 나타낼 때에는 숫자 위에 '눈' 을 그렸다.

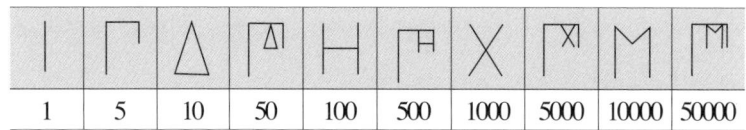

이집트 신성문자

고대 그리스인들이 수를 기록하는 방법에는 크게 두 가지가 있었는데, 그중 하나는 헤롯왕가의 '아테네 숫자' 인데, 다음과 같다.

I	Γ	Δ	ᐞ	H	ᐞ	X	ᐞ	M	ᐞ
1	5	10	50	100	500	1000	5000	10000	50000

아테네 숫자

나머지 하나는 '이오니아 숫자' 로서 문자를 그대로 사용하였다.

여기에서 숫자는 문자이고, 또 수는 대응되는 문자가 가지는 의미를 가지고 있었다. 역으로 문자는 숫자이고 따라서 다양하게 변환될 수 있었고, 새로운 숫자가 되고, 새로운 문자가 되어, 새로운 의미를 가지기도 하였다. 그리스인들은 초기에는 대문자만 가지고 있었고, 소문자는 훨씬 후일에 등장하였다.■

$A\,\alpha$	alpha	1	$I\,\iota$	iota	10	$P\,\rho$	rho	100	$,\alpha$	1,000
$B\,\beta$	beta	2	$K\,\kappa$	kappa	20	$\Sigma\,\sigma$	sigma	200	$,\beta$	2,000
$\Gamma\,\gamma$	gamma	3	$\Lambda\,\lambda$	lambda	30	$T\,\tau$	tau	300	$,\gamma$	3,000
$\Delta\,\delta$	delta	4	$M\,\mu$	mu	40	$\Upsilon\,\upsilon$	upsilon	400	$,\delta$	4,000
$E\,\varepsilon$	epsilon	5	$N\,\nu$	nu	50	$\Phi\,\varphi$	phi	500	$,\varepsilon$	5,000
F	(digamma)	6	$\Xi\,\xi$	xi	60	$X\,\chi$	chi	600	$,F$	6,000
$Z\,\zeta$	zeta	7	$O\,o$	omicron	70	$\Psi\,\psi$	psi	700	$,\zeta$	7,000
$H\,\eta$	eta	8	$\Pi\,\pi$	pi	80	$\Omega\,\omega$	omega	800	$,\eta$	8,000
$\Theta\,\theta$	theta	9	ϙ	(koppa)	90	ϡ	(sampi)	900	$,\theta$	9,000

이오니아 숫자

오늘날 대학에서 학생들의 성적을 A, B, C, D 등으로 평가할 때에, 각 문자의 의미는 4점, 3점, 2점, 1점을 뜻하기도 한다. 고대 이집트 숫자, 그리스 숫자, 중국의 숫자, 로마 숫자 등이 보편화되기 어려웠던 이유는 새로운 수를 나타내기 위하여 새로운 기호를 만들려는 생각이 바탕에 깔려있었기 때문이다.

■ cf. [Boyer(1968)].
■■ 무사의 아들이요 자파르의 아버지인 콰리즈미에서 온 무함마드.
■ 많은 사람들이 '산반서'라고 번역하지만, 주판에 관한 책이 아니라 셈법에 관한 책이다 [Mankiewicz].

☆ ★ ☆

인도와 많이 교류하던 아랍인들이 인도의 숫자를 널리 사용하게 된 계기는 825년 페르시아(오늘날의 이란)의 수학자인 '무함마드 이븐 무사 알콰리즈미Muhammad Ibn Mūsā al-Khwārizmī(780?~850)'■■가 쓴 책 덕분이다. 그의 책은 12세기에 라틴어로 번역되었고, 그의 이름은 '알고리즘'으로 소개되어 오늘날까지 사용되고 있다. 그의 책 이름에 나오는 단어인 '알제브라'는 오늘날 대수학代數學을 뜻하는 단어가 되었다.

이탈리아 피사에서 태어났고, 보나치오(훌륭한 성품의 사람)의 아들이라는 뜻인 '피보나치Fibonacci'라고 불리는 레오나르도는 아버지를 따라다니면서 아랍인들이 사용하는 인도의 기수법을 배워 1202년에 《산법서》라는■ 책을 써서 유럽에 알렸으나, 실제로 인도의 기수법이 유럽에서 널리 쓰이게 된 것은 1600년경이다. 레오나르도가 인도에서는 '아홉' 개의 기호를 사용하여 모든 수를 표현한다고 말한 것을 보면, 그도 여전히 0을 눈여겨보지 않았음을 알 수 있다. 마치 우리 한글 자모가 몇 가지인지 말할 때에 보이지 않는 '띄어쓰기 기호'를 말하지 않는 것처럼.

그레고르 라이슈의 《지혜의 진주》에서 새로운 기수법과 고전적인 산반의 대립을 보여준다.

수와 표상 29

☆ ★ ☆

오늘날 우리나라에서 널리 사용하는 숫자는 아라비아 숫자라고 말하지만 정확하게는 인도에서 서西아라비아를 거쳐 유럽에 와서 정착된 숫자라고 말할 수 있다.* 현재 인도와 아라비아 그리고 이집트 등에서 사용하는 동東아라비아 숫자와 비교한 표는 아래와 같다. 동아라비아에서는 영을 '속이 빈 점'으로 나타내지 않고, '속이 찬 점'으로 나타내고 있다.

동아라비아 숫자	٩	٨	٧	٦	٥	٤	٣	٢	١	٠
서아라비아 숫자	9	8	7	6	5	4	3	2	1	0

특이할 만한 사실은 아랍인들은 우리와 달리 글을 오른쪽에서 왼쪽으로 쓰는데, 우리가 2013이라고 쓰는 것을 그들은 '3'을 먼저 쓰고, '1', '0', '2' 순서로 써서 그 결과가 우리가 쓴 것과 같다. 그러므로 셈을 한 것을 보면 아무런 혼란을 주지 않는다. 이러한 아랍인들의 생각은 독일 말에도 여전히 남아있는데, 예를 들어 독일어로 23을 읽을 때에는

----

* 인도-아라비아 숫자가 스페인에서 유럽으로 널리 퍼지게 된 것은 프랑스의 수도사修道士 제르베르 Gerbert(945~1003) 덕분이다. 그는 스페인에 사는 동안 아랍의 과학과 수학에 접하게 되었으며, 기하학·천문학·계산법에 관한 글을 썼다. 제르베르는 프랑스의 신학 교육 발전에 중요한 영향을 끼쳤다. 그는 나중에 대수도원장, 대주교를 거쳐 999년에 교황 실베스테르Sylvester 2세가 되었다[Barrow]. '악마에게 영혼을 팔았다'고 불릴 만큼 머리가 좋았던 교황은 주판을 개량하여 보급하기도 했다[吉田洋一].

■ "道可道 非常道, 名可名 非常名, 無名天地之始 有名萬物之母" (노자의 《도덕경道德經》 제1장에서.)

drei und zwanzig(삼과 이십)

라고 한다.

   사실 우리가 2013을 읽을 때에, 맨 왼쪽에 나타나는 2를 처음 보고서는 그것이 '2'를 뜻하는지, '20'을 뜻하는지, 또는 '200'을 뜻하는지 알 수 없다. 2가 '2000'을 뜻한다는 것을 마지막 3을 보고 나서야 비로소 알게 된다.

수상 數象

   수는 타고난 모양이 없고, 이름도 없지만,■■ 그것을 나타내기 위하여 돌멩이, 나뭇가지, 끈의 매듭 등 다양한 시도가 있었다.

   중국의 복희伏羲 신화에는 황허 강[黃河]에서 나온 용마龍馬의 등에 하도河圖가 그려져있었다고 하며, 우禹 임금이 홍수를 다스릴 때 낙수洛水에서 나온 신귀神龜의 등에는 낙서洛書가 쓰여있었다고 하는데, 이 그림들에는 짝수와 홀수가 음양으로 구분되어있다. 특히 낙서는 가로, 세로, 대각선의 합이 각각 15가 되도록 수가 배열되어있는 마방진魔方陣, magic square으로 역사상 가장 오래된 예이다.

   고대 그리스의 피타고라스학파도 자연수를 짝수

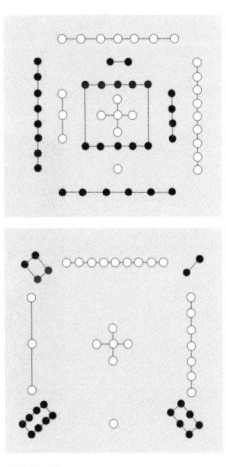

위 | 하도河圖
아래 | 낙서洛書

(여성)와 홀수(남성)로 구분하였고, 더 나아가 삼각수, 정사각수(즉, 제곱수) 등으로 다양한 분류를 하였다.

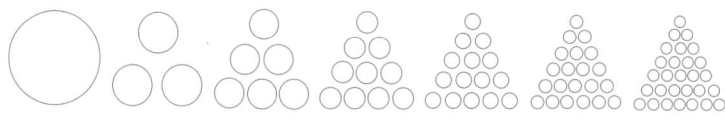

삼각수들

$\Delta_1=1$, $\Delta_2=3$, $\Delta_3=6$, $\Delta_4=10$, $\Delta_5=15$, $\Delta_6=21$, $\Delta_7=28$, $\cdots$, $\Delta_{36}=666$, $\cdots$

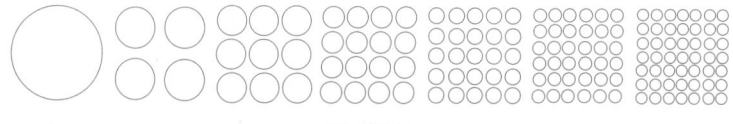

정사각수들

$\square_2=\Delta_2+\Delta_1$, $\square_3=\Delta_3+\Delta_2$, $\square_4=\Delta_4+\Delta_3$, $\cdots$

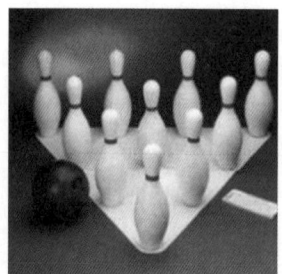

4층 삼각수 배열의 볼링 핀

5층 삼각수 모습의 당구공

중국의 숫자인 一, 二, 三 등은 쓰기 쉽지만 변형하기도 쉬워 상인들이나 공적인 문서에 사용하기는 부적합하였다. 그래서 이들 대신에

일壹 이貳 삼參 사肆 오伍 육陸 칠柒 팔捌 구玖 십拾 백佰 천仟

등을 공문서에 사용하였다. 《조선왕조실록》 세종 18년에는 의정부의 권유로 모든 공문서에 사용하는 숫자는 위와 같이 쓰도록 명하였다는 말이 나온다.

중국 원나라 때의 주세걸朱世傑이 지은 《사원옥감四元玉鑑》(1303)에 나타난 '파스칼의 삼각형'에 영이 쓰여진 것을 볼 수 있다. 이 삼각형은 남송 때의 양휘楊輝의 저서 《상해구장산법詳解九章算法》(1261)에 설명되어 있어 중국인들은 '양휘의 삼각형'이라 부른다. 파스칼의 삼각형은 고대 인도의 문헌들에도 나타난다.

큰 숫자와 작은 숫자

3   3

진법進法

자연수를 표현하기 위하여 사용하는 기호의 개수에 따라 진법을 분류할 수 있다. 하나의 기호를 사용하여 자연수를 표현하는 일진법은 아주 쉬워서 학교에서 반장 선출을 할 때에도 자주 쓰인다.

/ // /// //// //// //// / //// // …

물론 일진법으로 백 개, 천 개 또는 만 개를 나타내려면 오랜 시간이 걸리고, 그것을 읽기도 쉽지 않다. 일진법은 자연스럽기는 하지만, 너무나 초보적인 방법이라 우리가 셈을 하고 생각하는 데 드는 부담을 전혀 줄여주지 않는다. 우리들 생각을 압축하여 표현할 수 있게 해주는 기술은 두 개의 기호를 사용하는 **이진법**부터라고 말할 수 있다.

이진법은 서양에서는 17세기에 라이프니츠가 제안한 것으로 알려져있으나, 중국에서는 이미 주역을 통하여 태극太極에서 음효陰爻와 양효陽爻가 생기고, 사상四象과 팔괘八卦에 이어 64괘까지 생기는 것까지 설명하고 있었다. 사람의 DNA를 구성하는 염기는 아데닌A, 구아닌G, 시토신C, 티민T으로 이루어져있다. 또 AGC, GGT처럼 염기

▪ cf. [Penrose].

들의 삼중쌍을 '코돈codon'이라고 하는데, 코돈은 아미노산을 만들거나 또는 그만 만들게 하는 신호를 하며, 아미노산은 인체의 단백질을 만든다. 어떤 사람은 코돈의 가짓수가 64라는 것과 주역 사이의 관계를 설명하기도 한다. 생물들의 세포 내에서 매우 중요한 역할을 하는 미세소관microtubule도 'α-튜불린'과 'β-튜불린'이 마치 이진법 체계로 신호를 전달하는 것처럼 행동하고 있다.*

이진법은 두 개의 기호로 모든 수를 표현하는 방법을 말하는데, 주로 '없음'을 나타내는 기호인 0과 '있음'을 나타내는 기호인 1을 사용하여 표현한다.

$$0 \quad 1 \quad 10 \quad 11$$
$$100 \quad 101 \quad 110 \quad 111$$
$$1000 \quad 1001 \cdots$$

영국의 조지 불G. Boole(1815~1864)은 논리학에서 다루는 '옳고 그름'을 '1과 0'으로 표현할 수 있음을 알고, 1854년 《생각의 법칙》이라는 책을 통하여 논리의 대수학을 개발하였다. 그의 생각은 20세기 초반에 클라우드 섀넌C. Shannon(1916~2001)에 의하여 전깃불이 들어오고 나가는 논리회로를 구성할 수 있게 되어 디지털 혁명에 큰 기여를 하였다.

위 | 조지 불.
아래 | 클라우드 섀넌.

다음은 **삼진법**에서 쓰는 덧셈표와 곱셈표이다.[■]

+	0	1	2
0	0	1	2
1	1	2	10
2	2	10	11

×	0	1	2
0	0	0	0
1	0	1	2
2	0	2	11

오늘날 각종 도량형을 비롯하여 인류가 가장 널리 사용하고 있는 것은 **십진법**이다. 프랑스 혁명 당시에 십진법을 숭배하는 학자들[■■]의 영향을 받은 혁명 정부는 1793년부터 일주일을 열흘로[■] 하고, 한 달은 30일, 일 년은 열두 달과 닷새의 공휴일로 두는 새로운 달력을 시행하였고, 1795년 11월 1일부터는 하루를 열 시간, 한 시간은 100분, 1분은 100초로 정하였다. 유명한 수학자이자 천문학자인 라플라스도 하루가 열 시간으로 되어있는 시계를 차고 다녔다.

프랑스 혁명 당시, 하루가 열 시간으로 되어있는 시계.

또 직각은 100도gradian로, 1도는 100분, [■] 1분은 100초로 두었다. 그러므로 온각은 400도가 되었고, 따라서 지구는 한 시간에 40도

■ 구구단 때문에 고통 받는 이들을 위하여. 삼진법에서 곱셈은 '이이단' 하나만 기억하면 되고, 그것은 '이이는 삼일 (2×2=11)'이다. 물론 '이 더하기 이도 삼일 (2+2=11)'이다.

■■ 콩도르세, 보르다, 르장드르, 라플라스 등. cf. [애들러].

■ 하지만, 휴일은 5일마다 두었다.

■ 1km는 북극에서 적도까지 거리의 만분의 1로 정하였고, 이것이 오늘날까지 영향을 주고 있다.

■ 현재의 벨기에 서부, 네덜란드 남서부, 프랑스 북부를 포함한 북해에 면한 중세의 국가.

gradian씩 자전하게 되었다.

이러한 '진정한 십진법'은 오랜 관습의 저항을 받았고, 10여 년 정도 시행되다가 나폴레옹의 등장으로 다시 과거의 제도로 되돌아갔다.

십진법은 사람의 양 손가락의 개수와 같아서 많은 문명에서 사용하여왔지만, 한 손에 해당되는 오진법과 손발에 해당되는 이십진법 등의 예도 적지 않다. 이십진법은 마야 문명에서도 발견되고, 오늘날 프랑스어에도 80을 'quatre-vingts(네 개의 이십)'이라 부르는 데에서 찾아볼 수 있다. 영어로 'score'라는 단어는 20을 뜻한다. 1863년 링컨은 유명한 게티즈버그 연설에서 '87년 전'이라는 말을 'four scores and seven years ago'라고 표현하였다.

1585년 플랑드르Flanders 의 수학자인 스테빈S. Stevin(1548~1620)은 저서 《십분의 일De Thiende》에서 십진법을 이용하여 소수小數를 체계적으로 나타내려는 시도를 하였다. 그는 소수 첫째 자리의 숫자 위에는 ①로 표시하고, 소수 둘째 자리의 숫자 위에는 ②로 표시하였다.

시몬 스테빈.

스테빈의 소수 표시법은 네이피어J. Napier(1550~1617)에 의하여 오늘날의 소수를 나타내는 점(.) 또는 쉼표(,)로 바뀌게 되었다.

미국의 토마스 제퍼슨은 스테빈의 저서 《십분의 일》에 감동을 받았고,* 1790년 미국 정부에 도량형을 십진법으로 사용하기를 제안하였으나, 국회에서 한 표 차이로 부결되었다.** 십진법을 반대하는 사람 중에는 팔진법을 옹호하는 사람도 있고, 또 3과 4로 나눌 수 있는 십이진법이 훨씬 편리하다고 생각하는 이도 있다. 실제로 영국에서는 12인치를 1푸트foot(사람이 걷는 한 발자국의 폭에서 유래했으며 0.30479미터이다)로, 12펜스를 1실링shilling(화폐단위)으로 쓰고 있다. '삼분의 일'을 십진법으로 나타내면 0.333…으로 한없이 3이 계속되지만, 십이진법으로 나타내면 정확하게 0.4이다.*** 한 손에서 엄지가 아닌 손가락들의 뼈마디 수는 모두 열두 개라, 이를 이용하여 일 년 열두 달이나 육십갑자들의 셈을 하기가 무척 편리하다.

고대 바빌로니아에서는 60진법을 사용하였는데, 이것은 일 년의 날수를 360일 정도로 한 것과 관련이 있다. 60진법은 오늘날에도 1시간을 60분, 1분을 60초로 하는 데에서 나타난다. '4.55분' 보다 '4분 33초'가 더 편하게 느껴지는 것을 보면, 십진법이던 60진법이던 우리가 익숙하기 나름이라는 것을 알 수 있다.

또 각의 크기를 잴 때에도 1도degree는 60분, 1분은 60초이고, 온

---

* 《De Thiende》의 프랑스어판은 《La Disme》으로 출판되었다. 1달러의 '십분의 일'인 10센트를 'dime'이라고 한다.

** [벤틀리, p. 171].

*** $\frac{1}{3} = \frac{4}{12}$ 이므로.

**** '없음'을 뜻하는 네델란드어 lof에서 왔다는 견해도 있다.

각은 360도이다.

$$60 = 3 \times 4 \times 5$$

중국문화권에서도 10간十干 : 甲乙丙丁戊己庚辛壬癸과 12지十二支 : 子丑寅卯辰巳午未申酉戌亥를 이용하여 날수나 햇수 등을 셀 때 60을 주기로 셈을 하여왔다. 우리나라도 여전히 해[年] 이름을

갑자, 을축, …, 계해

로 부르고 있으며, 개인마다 환갑環甲(60년, 예순한 살을 이르는 말)을 기념하고 있다.

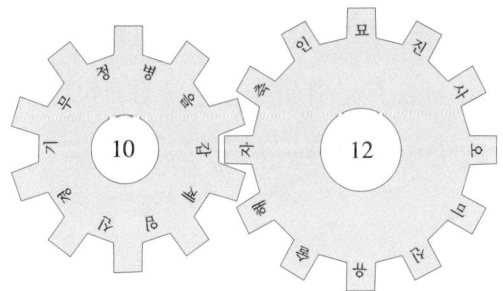

60은 테니스 경기에서 점수를 매기는 방법에도 나타난다[love(0), fifteen(15), thirty(30), forty(40), game(60)]. 영국에서 탄생한 테니스는 프랑스에서 유행하던 경기가 변형된 것인데, love는 0처럼 생긴 알egg을 뜻하는 불어의 l'oeuf에서 왔고, ※ 'forty'는 'forty-five'를 줄여서 된 것이다.

☆ ★ ☆

이진법에서는 2를 나타내는 '홑기호'는 없고 2를 '10'으로 표현한다. 십진법에서도 '십'을 나타내는 '홑기호'는 없고 십을 '10'으로 표현한다. n이 1보다 큰 자연수이면, 모든 n진법에서 n은 '10'으로 나타낸다. 그러므로 '10(일영)'진법이라 말하는 것은 무슨 뜻인지 이해하기가 어렵다.

자연수의 가장 기본 성질 중의 하나는

'어떤 자연수에도 그 다음 자연수가 있다'

는 것이다. 폰 노이만 von Neumann(1903~1957)[■] 이후의 현대적 집합론에서는 자연수를 포함한 모든 것은 집합이고, 자연수에 '다음 수'가 있듯이 집합에도 '다음 집합'이 있다. 임의의 집합 S에 대하여 그 다음 집합 S^+는 다음과 같이 합집합으로 정의한다:[■■]

$$S^+ := S \cup \{S\}$$

폰 노이만의 집합론에서는 0은 공집합을 뜻하므로

$$0 = \varnothing$$

이고, 이어서 자연수들은 다음과 같이 정의된다.

[■] '게임의 법칙' 장 참조.
[■■] 기호 'A := B'는 'A는 B를 뜻한다'고 정의定義하는 것을 나타낸다.

$1 := 0^+ = 0 \cup \{0\} = \emptyset \cup \{\emptyset\} = \{\emptyset\} = \{0\}$

$2 := 1^+ = 1 \cup \{1\} = \{0\} \cup \{1\} = \{0, 1\}$

$3 := 2^+ = 2 \cup \{2\} = \{0, 1\} \cup \{2\} = \{0, 1, 2\}$

$\vdots$

$10 := 9^+ = 9 \cup \{9\} = \{0, 1, 2, 3, 4, 5, 6, 7, 8, 9\}$

$\vdots$

그러므로 이진법은 {0, 1}-진법이고, 십진법은 {0, 1, 2, 3, 4, 5, 6, 7, 8, 9}-진법임을 알 수 있다.

현대 수학의 바탕에는 '공집합'이 깔려있다.

인류가 현재 십진법을 주로 사용하는 것은 인체의 구조와 큰 관련이 있다. 하지만 반드시 어느 한 진법이 다른 진법보다 우수하고, 더 나아가 십진법이야말로 자연이 내려준 선물이라고 말하기는 어렵다. '삼분의 일'을 십진소수법으로 표현하면 무한소수가 되어 십이진법보다 못하다고 보는 이도 있다. 십진법은 인위적으로 만든 약속에 불과하고, 우리가 거기에 익숙하도록 어려서부터 습관을 들인 것에 불과하다. 어떤 학자는 팔진법을 권하기도 하고 또 다른 학자는 다른 진법을 주장하기도 한다. '문명과 수학 mathematics in civilization'이라는 강의를 통하여 강조하는 것 중의 하나는 '수많은 편견'을 버리라는 것이다. 그 편견 중에 하나가 바로 '수'와 '수학'이다.

다음은 필자가 2003년 2학기에 어느 대학원에 18명의 장학생을 배정하면서 겪은 일이다. 장학생을 배정하는 것은 생각처럼 쉬운 일은 아니다.[■] 당시에 대학원에는 여섯 개 학과에 모두 940명의 원생이 있었다. 장학생의 배정은 학과별 원생의 비율에 따라 배정하게 되는데, 문제는 그 비율이 자연수가 아니라 소수小數로 나타난다는 데 있다. 다행히 소숫점 아래를 반올림하여 배정한 수가 정확하게 18명이 되어 각 학과에 통보하였는데, 그 배정을 본 F학과의 장이 즉시 전화하였다. "장학생 배정을 하려면, 원생수가 100명 미만인 학과에는 1명, 100명이 넘는 학과에는 4명을 배정하는 것이 옳은데, 왜 불공평하게 배정하느냐?"

(단위 : 명)

학과	십진법				구진법
	원생수	배정 기준	배정	요구	원생수
A	98	1.9	2	1	118
B	60	1.1	1	1	66
C	187	3.6	4	4	227
D	206	3.9	4	4	248
E	228	4.4	4	4	273
F	161	3.1	3	4	188
계	940	18.0	18	18	1254

[■] '공평한 분배' 장 참고.

그 학과장은 '비례 배분'이라는 뜻을 이해하고 싶지 않았다. 나이가 지긋함에도 불구하고, 남을 배려하기보다는 자신의 요구를 주장하는 데에만 빠져있었다. 자신이 속한 단체의 조그만 이익을 위해서는 창피한 일도 마다하지 않는 희생정신은 크게 감탄할 만하다. 필자는 그 분의 요구를 듣고 바로 '진법의 오류'라고 지적하고 싶었으나, 이제야 그 말을 하게 된다. 우리가 십진법을 사용하지 않고 구진법을 사용한다면, 그가 배정을 줄이라고 요구하는 A학과와 배정을 늘이고 싶어하는 F학과의 대학원생수가 구진법으로 모두 100명대의 원생수를 가지고 있고, 따라서 그의 주장대로라면 장학생 배정도 같아야한다.

☆ ★ ☆

자연수의 유한 수열의 한 보기로

$$1, 2, 3, 5, 8$$

과 같이 십진법으로 나타낸 수들을 쉼표(,)로 분리하여 쓴 것을 살펴보자. 위 수열의 '쉼표(,)'를 십일진법에서 '열'을 뜻하는 기호로 이해하면, 위 수열은 '십일진법'으로 표시한 하나의 자연수가 된다. 즉, 위 수열은 아홉 자리 자연수

$$1 \times 11^8 + 10 \times 11^7 + 2 \times 11^6 + 10 \times 11^5 + 3 \times 11^4 + 10 \times 11^3 + 5 \times 11^2 + 10 \times 11 + 8$$

이고, 십진법으로 17729를 뜻한다.

이와 같이 자연수의 유한 수열은 하나의 자연수로 볼 수 있다.■ 자연수열을 자연수로 볼 수 있듯이, 모든 문장도 자연수로 볼 수 있다. 다음은 특정 휴대 전화기에서 '문명과 수학'이라는 단어를 칠 때, 누르는 수판의 순서를 나타낸 것이다.

00325 002210 42312 000 832 88124

오늘날 우리가 컴퓨터 자판을 누르거나, 전화기로 문자 메시지를 보낼 때, 한글을 입력하는 것은 기계 내부에서는 수량화하여 입력된다. 그 수는 보안을 필요로 하는 경우에 연산을 통하여 다른 수로 바뀌고 0 또는 1의 신호로 전달되며, 그것을 수신한 기계는 그 신호에서 다시 문자를 추출하여 사람에게 전달한다.

십진소수법

우리가 3.14 등과 같이 자연수가 아닌 수를 소숫점을 사용하여 표현한 것을 소수小數라고 부르는데, 사실은 '십진소수법으로 표현한 실수'라고 부르는 것이 정확한 표현이다.

실수實數, real number란 직선의 각 점에 대응되는 수를 뜻한다. 직선에 원점(0)과 단위 거리에 있는 한 점(1)을 정하면, 직선의 각 점은

■ 20세기 최고의 수리논리학자인 괴델K. Gödel은 유명한 '불완전성 정리'를 증명하는 과정에서 자연수의 소인수분해를 이용하여 유한 수열에서 자연수를 얻었다.
 (2, 0, 1) ⇨ $2^2 \times 3^0 \times 5^1 = 2^2 \times 5 = 20$

수로 나타낼 수 있고, 모든 실수가 다 나타난다. 십진법이란 열 개의 기호를 사용하여 직선의 각 점에 이름을 부여하는 기술을 뜻한다. 이 방법에 의하면

$$1/3 = 0.333\cdots$$

이므로 '무한소수'라 말하지만, 1/3은 삼진법에서는

$$1/3 = 0.1$$

로 나타나는 '유한소수'이다. '유한소수'와 '무한소수'는 수가 아니다. 그들은 '수를 나타내는 방법'을 뜻한다. '유한소수'와 '무한소수'라는 개념은 어떤 진법을 쓰느냐에 따라 달라지는 것이지만, '순환소수' 또는 '비순환소수'라는 개념은 진법과 상관없는 개념이다. '순환소수'는 모두 '유리수'이고, '비순환소수'는 모두 '무리수'이다.

모든 무리수들에 이름을 부여하는 좋은 방법은 없다. 그러므로 우리는 특별한 무리수에 특별한 이름을 붙인다. 예를 들어, 우리는 원의 지름에 대한 둘레의 길이의 비는 큰 원이나 작은 원이나 모두 같다는 유클리드 기하학을 믿고 있다. 이 비를 **원주율**이라 부르고, 그리스말의 첫 자를 따서 'π'라고 쓴다.

$\sqrt{2}$

자연수를 표현하는 문제는 십진법 등으로 해결할 수 있고, 유리수

는 정수와 자연수의 비로[*] 나타낼 수 있지만, 무리수를 진법을 사용하여 표현하는 것은 쉬운 일이 아니다. 무리수의 가장 대표적인 것으로 '제곱근 2', 즉 $\sqrt{2}$ (루트root 2)를 들 수 있다. 이것은 제곱하면 2가 되는 양수로서 정사각형에서 한 변의 길이에 대한 대각선의 길이의 비와 같다.

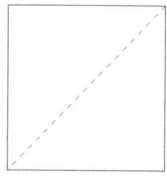 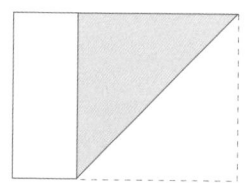 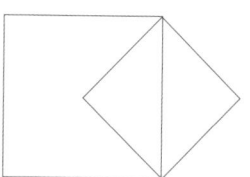

정사각형의 한 변에 대한 대각선 길이의 비가 $\sqrt{2}$ 이다.

복사 용지를 접어, 접힌 선이 용지의 긴 변과 길이가 같음을 확인할 수 있다.

넓이의 비가 2:1인 두 정사각형.

$\sqrt{2}$ 는 넓이의 비가 2:1인 닮은 꼴 사이의 닮음비를 뜻한다. 제단의 넓이를 두 배로 키우기 위해서는 $\sqrt{2}$ 를 설계할 수 있는 능력이 요구된다.

미국 예일대학 바빌로니아관에 소장된 점토판 No. 7289.

유프라테스 강과 티그리스 강 사이의 메소포타미아 지역에서는 진흙이 풍부하여 고대인들이 점토판에 기록한 방대한 자료가 오늘날까지 잘 전해지고 있다. 다음은 예일대학이 소장하고 있는 고대 바빌로니아인들이 $\sqrt{2}$ 를 기록한 점토판의 사진이다.

사진의 가운데에는 대각선을 따라

---

[*] 라이프니츠의 말대로 a : b = a/b로 두었다.

$$1, 24, 51, 10$$

이 기록되어 있는데, 이는

$$1 + 24/60 + 51/60^2 + 10/60^3 = 1.41421296\cdots$$

를 뜻한다. 이 값은

$$\sqrt{2} = 1.41421356\cdots$$

과 소수점 아래 다섯째 자리까지 같은 값임을 알 수 있다. 바빌로니아 인들은 제곱근의 값을 매우 정밀하게 구하는 알고리즘을 알고 있었다. 실수를 표현하는 방법에는 십진소수법만 있는 것은 아니다. 고대 이집트와 그리스에서 즐겨 사용하던 방법으로 **연분수**連分數 표기법이 있다. 이 방법을 이용하면 주어진 실수에 점점 가까운 유리수를 구할 수 있다. 예를 들어, $\sqrt{2}$는 1보다 조금 큰 수이므로

$$\sqrt{2} = 1 + \varepsilon \qquad (0 < \varepsilon < 1)$$

과 같이 나타낼 수 있다. 우리가 조그만 부분 ε(엡실론)을 더 이해하고 싶으면, ε을 기준으로 1을 보면 된다. 즉, 1을 분자로 하였을 때 ε의 분모를 들여다보면 된다.

$$\varepsilon = \sqrt{2} - 1 = \frac{1}{\sqrt{2}+1} = \frac{1}{(1+\varepsilon)+1} = \frac{1}{2+\varepsilon}$$

그러므로 ε의 분모는 2보다 '조금' 크다는 것을 알 수 있고, 더구

나 그 '조금'이 바로 ε 자기 자신임을 알 수 있다. 식

$$\varepsilon = \frac{1}{2+\varepsilon}$$

은 '나 안에 나 있음'을 보여 주는 식이다. 그러므로 이 식에 자기 자신을 대입하면

$$\varepsilon = \frac{1}{2+\varepsilon} = \frac{1}{2+\frac{1}{2+\varepsilon}} = \frac{1}{2+\frac{1}{2+\frac{1}{2+\varepsilon}}} = \cdots$$

임을 알 수 있다. 따라서

$$\sqrt{2} = 1 + \frac{1}{2+\frac{1}{2+\frac{1}{2+\frac{1}{2+\cdots}}}} =: [1,2,2,2,2,\cdots]$$

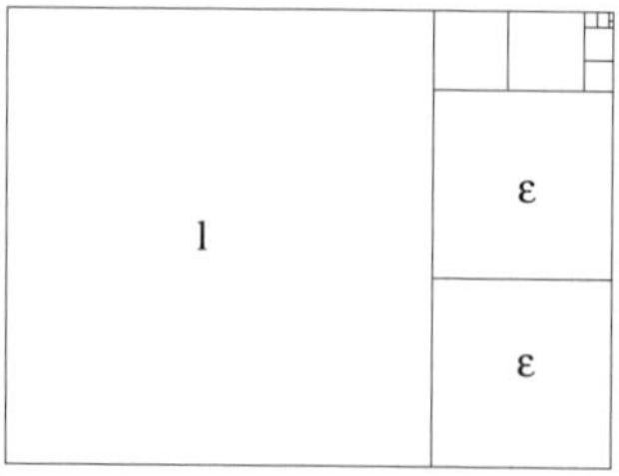

로 표현할 수 있다.

위 식은 다음 그림과 같은 뜻이다. 복사 용지에서 정사각형을 잘라내면, 남은 종이에서 정사각형을 두 개 잘라낼 수 있고 계속해서 남아있는 종이에서 정사각형을 두 개씩 잘라낼

■ 연분수에 가까이 다가가는 분수열을 얻는 알고리즘은 '어둠 속의 빛' 장을 참고할 것.

수 있다.

$\sqrt{2}$ 는 십진소수법으로 표현하면 비주기적인 무한소수로 나타나지만, 연분수법을 사용하면 매우 규칙적인 수열 [1, $\dot{2}$] = [1, 2, 2, 2, 2, ⋯]로 나타난다. 이 수열의 처음 몇 항만을 택하여 $\sqrt{2}$ 의 근삿값으로 하면 다음과 같이 유리수열을 얻는다.■

$$\frac{1}{1},\ 1+\frac{1}{2}=\frac{3}{2},\ 1+\frac{1}{2+\frac{1}{2}}=\frac{7}{5},\ 1+\frac{1}{2+\frac{1}{2+\frac{1}{2}}}=\frac{17}{12},\ \cdots$$

이 유리수열에서 $\frac{y}{x}$ 다음에 나타나는 항은 $\frac{y+2x}{y+x}$ 로서, 이 항의 분모는 전항의 분모와 분자를 더한 것이고, 분자는 자신의 분모와 전항의 분모를 더한 것임을 알 수 있다.

n	1	2	3	4	5	6
y_n	1	3	7	17	41	99
x_n	1	2	5	12	29	70
y_n/x_n	1	1.5	1.4	1.4167	1.4138	1.4143

좌표평면의 점 (x, y)를 원점 $(0,0)$에서 바라보는 기울기는 분수 $\frac{y}{x}$ 로 나타난다. 거꾸로 기약분수 $\frac{y}{x}$ 는 좌표평면의 점 (x, y)에 대응시킬 수 있다. 이제 $\sqrt{2}$ 에 가까운 유리수들은 좌표평면에서 점

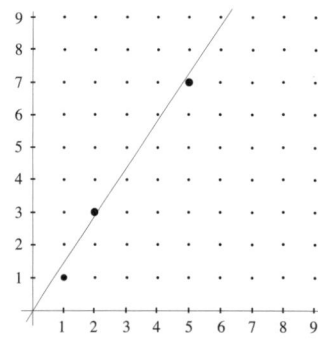

격자점들은 유리수를 나타내고, 원점에서 $\sqrt{2}$ 기울기 방향을 바라보면 가까이 있는 점들이 나타난다.

$(1, 1), (2, 3), (5, 7),$

$(12, 17), (29, 41), (70, 99), \cdots$

등으로 나타나고, 이 점들은 다음 그림과 같이 원점에서 기울기가 $\sqrt{2}$ 인 방향을 바라볼 때 점점 더 가까이 나타나는 점들이다.

$\sqrt{2}$ 를 이해하는 방법은 다양하다. 아직도 그것을 십진소수법으로만 알려고 한다면, 편견이 얼마나 우리를 사로잡고 있는지 알 수 있다.

수비관 数秘觀

언젠가 옆 좌석에 앉은 두 사람의 대화를 들은 적이 있다. 한 사람이 "뱀과 원숭이, 그리고 새를 데리고 어디로 가야한다면, 어떤 방법으로 데려갈 것인가요?"라고 물었다. 그녀는 뱀과 원숭이, 그리고 새가 의미하는 숨은 뜻이 있다고 생각하여, 상대방의 답을 그 숨은 뜻에 비추어 해석하였다. 인류가 수들을 기록하기 시작할 때부터 수는 문자가 되었고, 문자는 새로운 뜻을 가지기도 하였다. 그리하여 수에는 '수' 이외의 여러 가지 다른 의미들이 부여되었는데, 이러한 의미를 믿고 추종하며 연구하는 사람들이 생겼다.

■ 그리스의 'geometrical number'에서 유래하였다는 설이 있음[Livio].

■■ 단치히T. Dantzig는 '점성술에서 천문학이 나왔고, 연금술에서 화학이 자라났으니, 미신을 고집하는 수비학의 일종이 정수론의 선조다' 라고 말한다[cf. 단치히, p. 66].

■■■ 피타고라스학파들은 진정한 수의 시작은 2(또는 3)부터라고 생각하였다. 2는 여성[陰]의 수이고, 3은 남성[陽]의 수라 생각하였다. 오늘날 학자들은 수의 시작은 0부터라고 생각한다.

오늘날에도 생년, 생월, 생일, 생시를 통하여 사람의 운명을 점치고, 아이들의 출생일을 조정하고, 궁합이 맞아 결혼하기 적합한 사람인지 판단하는 이들이 적지 않다. 사람들은 출생기념일을 정하여 해마다 기념하기도 하지만, 진정한 부활을 위하여 노력하는 모습은 흔하지 않다. 해가 바뀌면 금년은 황금 돼지의 해니 어쩌구저쩌구 하면서, 아홉수가 있는 해에는 어떤 일이 일어날 것이라고 생각하기도 한다. 사람들은 이사하기 적합한 날을 따지며, 이름의 획수가 나쁘니 이름을 바꾸어야 한다고 생각하기도 한다.

중국의 《주역周易》이나 상수학象數學에서도 그러한 생각을 찾을 수 있고, 우리나라 태극기, 한글 창제의 원리, 단군신화, 재야학자들의 천부경 등에도 수비관은 들어있다. 불확실한 미래에 자신감을 잃고, 다른 것에 의존하는 어리석은 사람들의 모습이라 할 수도 있고, 또는 나약한 사람에게 용기와 희망을 주는 것으로 볼 수도 있다. 기독교의 성경을 비롯한 많은 경전과 유대교의 카발라나 게마트리아* 등에서도 볼 수 있는 이러한 수비관數秘觀, 數秘學, 數占, numerology은 피타고라스학파의 수에 대한 연구에서 영향을 받은 것이라 할 수 있다.**

피타고라스학파는 1보다 큰** 자연수 n에서 새로운 자연수를 얻는 방법으로 n의 '진약수(자신을 제외한 약수)'들의 합을 택하였다. 예를 들어, 36이라는 '좋은 수'의 진약수들은

$$1, 2, 3, 4, 6, 9, 12, 18$$

이고, 이들의 합은

$$1+2+3+4+6+9+12+18=55$$

라는 '멋진 수'이다.■ 한편 55의 진약수는

$$1, 5, 11$$

이고, 따라서 55에서 얻어지는 수는

$$1+5+11=17$$

이다. 이와 같이 1보다 큰 자연수 n에서 얻어지는 새로운 자연수를 n의 '약합수 aliquot number'라고 부르기로 하자. 피타고라스학파들은 36처럼 약합수가 자신보다 큰 수를 '과잉수'라 하였고, 55처럼 약합

■ $36 = 2^2 \times 3^2$이므로 약수의 합은 $(1+2+2^2) \times (1+3+3^2) = (2^3-1) \times (3^3-1)/2 = 7 \times 26/2 = 91$이고, 따라서 진약수의 합은 $91-36=55$이다.

■ 완전수는 메르센 Mersenne 소수素數와 관련이 있다. 메르센 소수란 2^n-1의 형태의 소수를 말한다. 이때 $2^{n-1}(2^n-1)$이 완전수라는 것은 유클리드의 《원론》에 잘 서술되어있다. 오일러는 모든 짝수인 완전수는 그러한 꼴이라는 것을 밝혔다. 아직도 홀수인 완전수는 발견되지 않았다.

■ 《성서》의 '창세기' 32장에는 야곱이 형과 화해를 요청하면서 220마리의 양을 보내는 것이 기록되어 있다[Ouaknin, p. 271]. 친화수의 다른 보기로는 페르마가 발견한 17296과 18416이 있고, 데카르트가 발견한 9363584와 9437056이 있다(이 쌍은 16세기 이란의 수학자인 Muhammad Baqir Yazdi가 먼저 발견하였다). 1867년에 이탈리아의 파가니니 B. Nicolo I. Paganini라는 16세 소년은 1184와 1210을 발견하였다.

수가 자신보다 작은 수를 '부족수'라 하였으며, 또

$$6 = 1+2+3, \quad 28 = 1+2+4+7+14$$

처럼 약합수가 자신인 수를 '완전수'라고 불렀다.** 한편 220의 약합수는

$$1+2+4+5+10+11+20+22+44+55+110 = 284$$

이고, 284의 약합수는

$$1+2+4+71+142 = 220$$

이다. 이와 같이 서로 약합수인 한 쌍의 자연수를 '친화수amicable numbers', 즉 친구와 같은 수라 불렀다.*** 더욱 일반적으로

$$12496 \leadsto 14288 \leadsto 15472 \leadsto 14536 \leadsto 14264 \Rightarrow 12496$$

처럼 약합수들이 고리를 이루는 경우 이 수들을 '친목수sociable numbers'라고 한다. 소수素數, prime number들은 진약수가 1뿐이므로 소수의 약합수는 1임을 알 수 있다. 역으로 약합수가 1인 자연수는 모두 소수이다.

다음은 수비학에서 깊은 관심을 가지는 약합수들의 수형도인데 50 이하의 자연수들에 대하여 조사한 것이다. 수형도의 왼쪽에는 완전수인 6과 28을 볼 수 있다. 2와 5에는 동그라미를 그렸는데, 이 수들을 약합수로 하는 수가 없기 때문에 2와 5는 가지의 끝, 즉 꽃이 핀

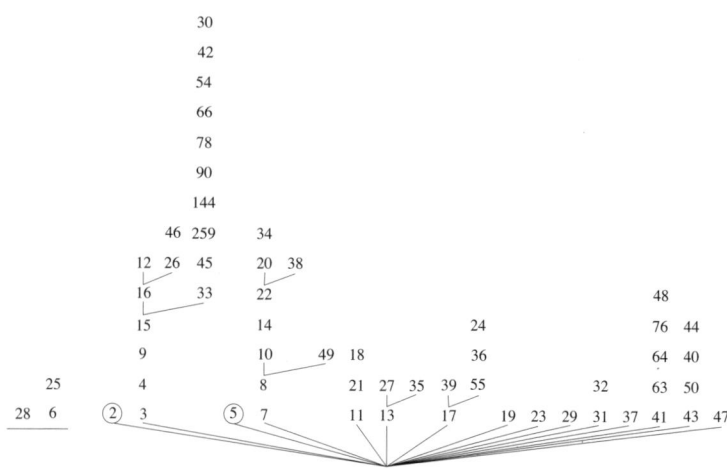

곳이라 할 수 있다.* 수비학자들은 문자에서 수를 추출하고, 그 수에서 약합수를 구한 다음, 그 수가 의미하는 문자열을 얻어 의미를 부여한다.

영, 무, 공

인류는 수를 표현하기 위하여 오랜 세월을 통하여 여러 가지 시도를 하였다. 처음에는 돌이나 나뭇가지를 사용하였고, 짐승의 뼈나 돌에 기록을 하기도 하였다. 또 끈을 만들어 매듭으로 수를 표현하기도 하였다. 인류가 지금과 같은 십진법을 널리 사용하게 된 것은 불과 몇백 년 밖에 되지 않는다. 그리고 그 바탕에는 '없음'을 표현한 0이 깔

---

* 이러한 수형도를 얻기 위하여 276이나 552, 564, 660, 966(이들은 데릭 레머Derrick H. Lehmer (1905~1991)의 다섯 가지라고 불린다) 또는 2006 등에서 출발하여 약합수들을 계속 구하는 작업은 하지 않기를 권한다. 필자가 짠 프로그램은 306에 대해서도 아직 결론에 도달하지 못했다. 벨기에의 수학자인 카탈란E. Catalan(1814~1894)은 '모든 자연수의 약합수열은 결국 끝나거나 또는 주기적으로 된다'는 가설을 세웠으나, 아직 미해결 문제이다.
** 유럽에서 1층이라고 부르는 것을 우리는 2층이라고 한다.

려있다.

영은 건물의 층수를 셀 때에도 무시당하고 있어 우리나라 건물에는 0층이 없다.■■ 서기 0년이라는 것은 없고, 100년을 단위로 세기라 말할 때에도 0세기는 없으며, 21세기는 2100년에서 2199년까지가 아니라,

2001년부터 2100년까지로 정하고 있다. '예수님 돌아가시고 사흘 만에 부활하시니' 라고 말하지만, 일요일은 금요일의 이틀 후이다. 고대 로마의 율리우스 카이사르J. Caesar(기원전 100~기원전 44)는 4년마다 윤년을 시행하라고 지시하였다. 그러나 그의 사후에 4년마다 윤년을 두지 않고 3년마다 두었다는 것을 기원전 8년에야 알게 되었다. 세 번이나 많이 두었던 윤년을 고치기 위하여 그 후 세 번의 윤년을 평년으로 두었는데, 기원후 8년이 되어서야 바로잡을 수 있었다.

모두 '수의 처음'에 대한 혼란의 결과라 할 수 있다.

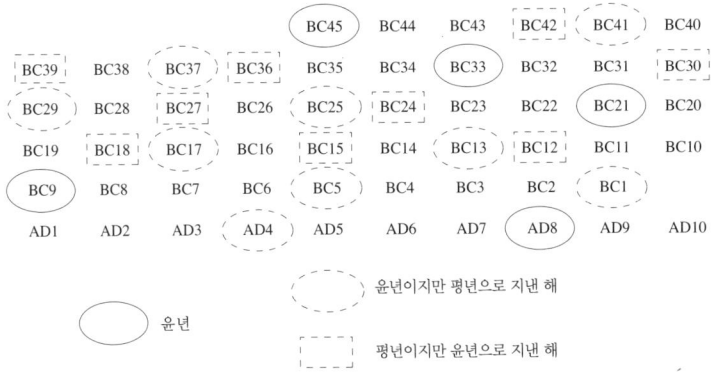

수와 표상 55

영은 서서히 인식되었고, 결국 모든 수를 표현하고, 모든 집합을 표현하는 가장 바탕에 있는 것이 되었다. 아래 그림은 '무無'를 표현한 미국의 화가 라우센버그R. Rauschenberg(1925~2008)의 1951년 작품이다.

라우센버그, 〈White Painting [Three Panel]〉, 1951, 182.88 × 274.32㎝.

라우센버그는 검은 색을 칠하여 무를 표현한 작품도 발표하였다. 라우센버그의 친구이자 저명한 음악가인 케이지J. Cage(1912~1992)도 1952년에 모든 것이 얼어붙는 온도인 절대온도 0K(즉, 영하 273.15°C)를 연상하게 하는 '4분 33초'를 작곡하여■ '절대 무음'을 표현하려 하였다. '4분 33초'는 모두 3악장으로 되어있다. 처음에 야외 음악당에서 발표될 때에, 케이지의 작품이 무엇을 뜻하는지 알기 전 사람들은 매우 조용히 하며 무척 귀를 기울였다. 그러나 제1악장이 끝나면서 기침하는 사람, 야유하는 사람, 자리를 뜨는 사람들의 소리가 들렸고, 3악장까지 앉아있던 사람들에게는 바람 소리와 벌레 소리 등 자연의

■ 4분 33초 = 273초.

소리가 들렸다. '절대 무음'을 들어보기 위하여 가지는 시간은 무척 고요한 시간이다.

노자老子의 《도덕경道德經》 제11장에는

有之以爲利
無之以爲用

라는 구절이 나오는데, 이경숙은 《노자를 웃긴 남자》에서 다음과 같이 번역하였다.

있는 것에서 이로움이 생기는 이유는
없는 것에서 쓰임이 나오기 때문이다.

☆ ★ ☆

세상에 가장 많이 있는 것은 무엇일까? 우리 몸에 가장 많이 있는 것은 무엇일까? 공간과 시간이 없다면 무엇이 있을 수 있을까?

태초에 말씀이 있었으니

> 나는 사상의 역사에서 그와 같이 영향력 있는 사람을 알지 못한다. 내가 이렇게 말하는 이유는, 플라톤주의라고 일컬어지는 것들도 사실은, 본질적으로 피타고라스주의이기 때문이다. 영원한 세계가 존재하며 이 세계는 감각이 아니라 오성悟性에 의해 알 수 있다는 개념은 피타고라스로부터 유래한 것이다. 그가 아니었다면 기독교에서 예수를 로고스로 이해하는 사고방식도 생겨나지 못했을 것이다.
> – 러셀B. Russell 《서양철학사History of Western Philosophy》

기원전 581년경 고대 그리스의 사모스 섬에서 태어난 피타고라스는 이집트와 바빌로니아 등 여러 곳에서 현자들을 만나 많은 것을 배웠는데, 심지어 인도까지 다녀갔다는 설도 있다. 그가 고향에 돌아왔을 때에는 그곳의 정치인들에게 위협을 주는 존재가 되었다. 그는 오늘날 이탈리아의 '크로토네'라는 곳에서 제자들을 가르쳤다. 피타고라스를 따르는 사람들은 '피타고라스학파', '피타고라스 형제회', '피타고라스주의자', '피타고라스 교도' 등 다양하게 불린다.

피타고라스학파는 그들을 상징하는 배지badge로 오각별을 사용하였다.▪▪ 오각별의 신성함은 괴테의 소설《파우스트Faust》에도 묘사되어있다.

피타고라스는 세상의 질서와 조화와 진리를 소중하게 여겼다. '코스모스'와 '하모니(조화)', '필로소피philosophy(φιλοσοφία, 지혜사랑)'라는 말은 모두 피타고라스에게서 나온 것이다.

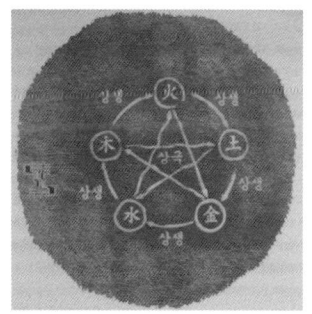

이정명의 소설 《뿌리 깊은 나무》에서.

☆ ★ ☆

서양에서 최초의 학자라고 할 수 있는 탈레스는 '너 자신을 알라!'고

▪ cf. [J. King].
▪▪ 사과를 측면으로 자르면 오각별이 나타난다. 오각별은 '건강'을 뜻한다고 한다. An apple a day keeps the doctor away!

말했으며, 물이 만물의 기본이라 생각하였다. 물은 얼음이 되어 딱딱하게 변하기도 하고, 증기가 되어 공중으로 사라지기도 한다. 물을 불 위에 올려놓고 끓이기 위해서는 시간이 필요하다. 잠시 불 위에 올려두었다가 곧 내리고, 또 다시 불 위에 올려두었다가 다시 내리는 것을 아무리 많이 하여도 물은 끓지 않는다. 꾸준히 불을 붙여두어야 비로소 물은 끓기 시작하고 증기가 되어 하늘로 올라간다. 수증기는 다시 비가 되고, 눈이 되어 땅으로 내려온다.

다음은 탈레스가 발견한 것으로 알려진 기하학의 정리 다섯 가지이다.

1) 지름은 원을 이등분한다.
2) 두 직선이 교차하여 생기는 맞꼭짓각은 서로 같다.
3) 원의 한 점과 지름을 이으면 직각삼각형을 얻는다.
4) 삼각형의 한 변과 양끝 각이 다른 삼각형의 그것과 같으면 두 삼각형은 합동이다.
5) 이등변 삼각형은 이등각 삼각형이다.

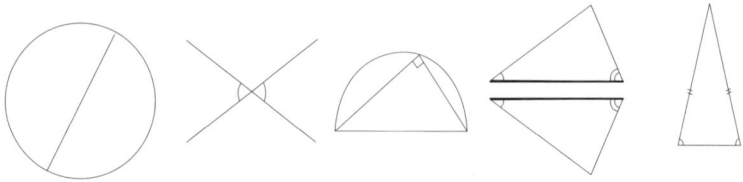

탈레스의 네 번째 정리는 'ASA 합동 정리'■라고 부르는데, 오늘

날은 공리公理, axiom**로 취급하는 것이다. 또 마지막 정리는 유클리드Euclid(기원전 330?~기원전 275)의 《원론原論, Elements》에 나오는 다섯 번째 정리로 '당나귀 다리pons asinorum, bridge of asses'라고도 부른다. 당나귀(바보)는 이 다리를 건너기 어렵기 때문이다.** 원론에 나오는 증명에는 삼각형과 보조선의 그림이 아래 그림과 같이 다리 모양을 하고 있다.

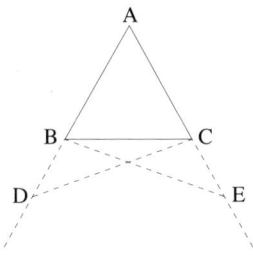

이솝의 이야기에는 소금을 싣고 가는 당나귀의 이야기가 나오는데, 이 당나귀의 주인이 바로 탈레스라고 한다. 탈레스는 일식을 예견한 것으로도 유명한데, 하늘을 보며 길을 걷다가 개울에 빠지는 바람에, 부인(?)으로부터 '자기 발밑도 못 보면서 무슨 하늘…' 이라는 말을 들었다고도 전해진다.

☆ ★ ☆

---

* Angle-Side-Angle, 각변각.
** 너무 기본적인 것이라 다른 어떤 것으로도 증명할 수 없지만, 그것이 참이라고 믿는 명제를 '공리'라고 한다.
*** 바보는 이 정리의 증명을 이해하기 어렵기 때문이다.

아낙시메네스Anaximenes(기원전 590?~기원전 525?)는 만물의 기본이 '공기'라고 생각하였으나, 후일에 엠페도클레스Empedocles(기원전 490?~기원전 430)는 '불, 공기, 물, 흙'이라고 하였다. 기원전 8세기경에 쓰인 인도의《우파니샤드Upanisad》(가장 오래된 힌두 경전인《베다》를 설명한 철학적 문헌)에도 '火風水地'는 언급되어있다. 그러나 피타고라스는 변화하는 것은 실재가 아니라고 생각하고, 시공을 초월하여 영원하고 변하지 않는 것을 추구하였다.

일상의 예를 들어보자. 여기 '나'라는 육체가 있다. 아침에 깨워 세수시키고, 밥도 먹이고, 이도 닦이고, 일터로 끌고 나가는 '나'가 있다. 이 육체가 바로 나라면, 내가 먹고 있는 음식도 바로 나이다. 이런 몸통을 십 년 전의 것과 지금의 것을 비교하여 보자. 머리카락, 손톱, 발톱은 물론 심지어 뼈도 5년만 지나면 새로운 세포로 다 바뀐다. 결국 십 년 전과 지금의 '나'라는 이 덩어리는 무엇이 같은가? 그러면 도대체 무엇이 나란 말인가? 나는 단순한 '기억'을 말하는가? 아니면, 그 바닥에 모습을 감추고 있는 '하나'를 말하는가?

피타고라스는 변하는 것은 본질이 아니라고 주장한다. 그는 영혼의 불멸을 주장한 최초의 서양 학자이다. 또 그는 균형과 조화의 이념이야말로 우주 최고의 원리라고 말한다.[**] 그는 사물보다도 사물들 사이의 관계가 더 본질이라 생각하였다. 피타고라스는 '사람이 곧 하늘'이라 생각하였다. 이러한 신비주의는 인도의《우파니샤드》나 화엄사상에 나타나는 '범아일여梵我一如'라는 믿음, 석가모니의 '천상천

---

[*] cf. [이수윤].
[**] cf. [Vamvacas].

하유아독존天上天下唯我獨尊', 기독교의 '삼위일체 사상' 그리고 단군 신화의 '천지인 사상' 등과도 통한다.

피타고라스학파는 남녀를 평등하게 대하였다. 여성들은 오랜 세월 동안 남자들에게 차별을 받으며 살아왔는데, 오늘날에도 그러한 차별이 있는 사회가 적지 않다. 투표권을 평등의 기준으로 본다면, 여성에게 투표권이 주어진 시기는 민주주의의 대표적인 국가라는 미국도 1920년이 되어서였다. 미국의 제퍼슨은 '만인은 평등하게 태어났다'고 말하였지만, 이때에도 흑인 노예는 만인에 포함되지 않았다. 남녀뿐 아니라 인종들 사이의 평등이 무슨 뜻인지 이해하는 것은 쉽지 않다. 이제는 사람뿐 아니라 동물에게도 평등의 개념을 확장해야 한다는 생각을 하기도 한다.

피타고라스는 영혼은 불멸하며

$$6 \times 6 \times 6 = 216$$

년마다 환생한다고 믿었다. 피타고라스는 심지어 자신의 친구가 강아지로 환생해서 지나가는 것을 보았다고 주장하기도 하였다. 그는 '탄생과 탄생의 순환 고리에서 영원히 벗어날 때만 구원이 찾아든다'고 말하였다. 그는 '마음의 정화'를 강조하였으며, 종교·철학·예술·과학을 모두 포용하였다. 피타고라스학파가 추구하는 삶의 궁극적이고 유일한 목적은 개인적인 자아를 단계적으로 버려감으로써 신적인 것에 통합되는 데 있었다.■■

피타고라스는 지구가 우주의 중심이라는 생각을 최초로 부정하였다. 그는 지구는 허공에 떠있는 공 모양이며, 거대한 불덩이 주위를 돌고 있다고 하였다. 더 나아가 우주는 수학적 조화를 이루며 공명共鳴하는 거대한 악기라고 말하였다. 악기는 혼자서 놀지 않고 항상 남들과 화음을 이룬다. 피타고라스는 우주의 조화를 음악과 수로 표현하였고, 더 나아가 만물은 '수數'라고 하였다.

원자번호와 주기율표

만물을 좁은 의미로 해석하여 '만물은 원자로 이루어져 있다'고 한다면, 원자들이 고유한 번호에 의하여 고유한 특징을 가지고 있으

---

* aRITHMos.
* cf. [Vamvacas, p. 235]. 피타고라스학파는 '두 자연수의 비(로고스, ratio)로 표현할 수 없는 수를 '알로곤'이라 했는데, 이 뜻은 '말하지 말라'는 뜻도 가지고 있다. 피타고라스학파가 무리수의 발견을 비밀에 붙이려고 했다는 말도 있지만, 무리수의 발견 이전에도 피타고라스 교단은 침묵을 매우 중요시했다.

므로 여전히 수비관은 큰 힘을 발휘한다. 그리스인들은 수를 '아리스모스'라고 불렀다. 이 단어는 양과 크기뿐 아니라 '조화'와 '리듬'을 의미하기도 하였다.※ 수를 학문의 대상으로 보지 않고, 수를 다루는 기술을 강조하는 경우에는 '로지스틱'이라는 단어를 사용하였다. 그리스의 로고스는 '말', '이성', '진리', '비례', '수' 등 다양한 뜻을 가지고 있는데, 그 어원은 '셈을 하다(헤아림)'이다.※※

피타고라스의 제자들은 크게 두 무리로 나눌 수 있는데, 한 무리의 사람은 '마테마티코스mathematikos'라고 부르고, 또 한 무리의 사람은 '아쿠스마티코스(akousmatikos, 침묵을 지키며 귀로만 듣는 자)'라고 부른다. 마테마티코스는 '마테마타mathemata'를 연구하며 공동체 생활을 하고, 엄격한 규율을 지키며 살았다. 그들은 인간의 환생일 수도 있는 동물을 사랑하며, 모피를 입지 않았다. 그들은 흰 옷을 입었고, 채식을 하였지만 콩은 먹지 않았다. 그들에게는 '이기심을 버리고 정직하라. 소유하지 말라'라는 계율도 있었는데, 이는 '무소유' 사상을 떠올리게 한다. 공동체 생활을 위해서는 네 것 내 것을 따질 수 없으니, 말 그대로 순수한 공산주의적인 개념이 들어있기도 하다. 영어 단어 'mathematics'는 라틴어의 'mathematica'에서 유래하였고, 이는 피타고라스가 사용한 용어인 '마테마타'에서 유래하였다. 그리스어로 '마테시스'는 배우고 가르침을 뜻한다. 피타고라스는 제자들에게 많은 가르침을 주었는데, 특히 '마테마타'에서 강조한 과목은

산술, 기하, 천문, 음악

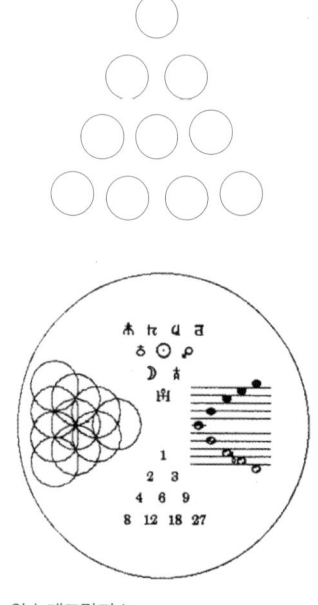

위 | 테트락티스.
아래 | 마테마타(천문, 음악, 산술, 기하).

이었다. 이 과목들은 중세에 이르기까지 대학에서 가장 중요한 '자유교양과목'이었다.

자유교양과목은 아리스토텔레스의 영향을 받은 기초 3학trivium(문법, 논리, 수사)과 플라톤의 영향을 받은 상급 4과목quadrivium(산술, 기하, 천문, 음악), 즉 '마테마틱스'로 이루어져있다. 영어의 'trivial'이라는 단어는 위 3학에서 유래하였다.

피타고라스학파는 자신들의 업적까지도 공유하며, 그 공을 피타고라스에게 돌리기도 하였기 때문에 오늘날은 '피타고라스는'이라는 용어보다 '피타고라스학파는' 이라는 용어를 많이 사용한다. 피타고라스학파는 제4삼각수를 뜻하는 '테트락티스'를 숭상하였다. 그리스어로 '테트라'는 4를 뜻한다.■

테트락티스는 열 개의 점으로 이루어져있는데, 맨 윗 층의 한 점은 '하늘의 불'을 뜻하고, 그 아래의 두 점은 '여성', '공기' 또는 '직

■ 정사각형 네 개를 이어 만든 '테트로미노'에는 일곱 가지 종류가 있는데, '테트리스'라는 게임은 이러한 테트로미노를 쌓는 게임이다.
■■ cf. [램, I, p. 133, II, p. 76]. '플라톤'은 '넓다'는 뜻이고, 본명은 '아리스토클레스'다.
■■■ 1904년에 H. Poincaré는 12면체를 이용한 3차원 공간을 설명했고, 이와 관련된 우주의 모형이 2003년[Luminet et al.]에 제시되었다. 공간의 모양을 '대칭성symmetry'에 따라 분류하면, 각기둥이나 각뿔 형태와 플라톤의 입체, 즉, 정다면체 형태로 분류할 수 있다. 이러한 뜻에서 플라톤의 입체는 물체를 구성하는 '입자'에 속한다고 말할 수 있다. 유클리드의 '원소'를 뜻하는 제목의 기하학 책도 이 '입자'들을 설명하는 것으로 끝난다. 각종 바이러스들도 대부분 정다면체의 형상을 하고 있다.

선'을 뜻한다. 또 그 아래의 세 점은 '남성' 또는 '평면' 또는 '물'을 뜻하며, 맨 아래쪽의 네 점은 '공간'이나 '땅'을 뜻한다. 피타고라스학파는 열 개의 점들이 하늘의 천체를 의미한다고도 생각하였다.

☆ ★ ☆

피타고라스학파의 영향을 크게 받은 '어깨가 넓은' 플라톤은■■ 대화편 '티마이오스Timaeus'에서 테트락티스를 불·공기·물·땅에 비유하며, 이들 각각은 정사면체·정팔면체·정이십면체·정육면체가 상징하는 것이고, 이들의 조화인 '우주의 질서'는 정십이면체가 의미하는 것이라 하였다.■

달리S. Dali, 〈최후의 만찬〉, 1955.

플라톤은 '아카데미'를 세우고, 제자들을 키우면서, 세상을 설계하신 하느님은 '기하학자'라고 말하였다. '기하'는 '조화'와 '진리'를 의미하므로, 그것을 사랑하지 않는 사람은 아카데미에 들어올 자격이 없다. 다음은 '아카데미'의 입구에 쓰여있는 글이다.

ΑΓΕΩΜΕΤΡΗΤΟΣ ΜΗΔΕΙΣ
기하학을 모르는 이는 들어오지 말라

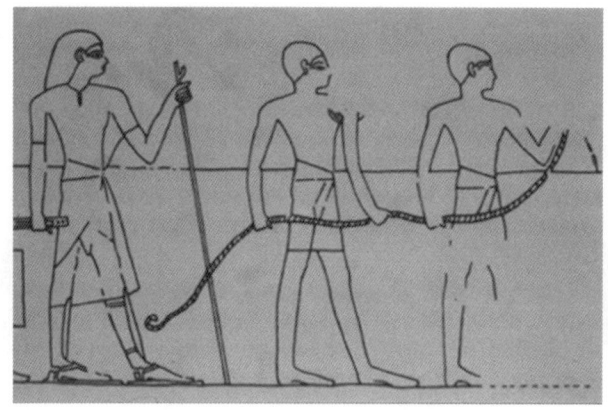

이집트 벽화, 자와 컴퍼스는 밧줄이 발전한 것.

중국 서역西域의 신장웨이우얼新疆維吾爾 자치구의 투루판吐魯蕃 분지에서 발견된 아스타나 고분에는 중국 신화에서 천지를 창조한 복

- 중국이 강대국으로 주위를 지배했던 큰 이유 중의 하나는 천문을 이해하는 자와 컴퍼스를 다룰 줄 알았기 때문이다. 자ruler는 '지배자ruler'이고, 컴퍼스compass는 길을 잃지 않게 해 주는 '나침반compass'이다.
- 쾨슬러는 헝가리 출신의 영국 철학자이자 작가로서 위 글은 "Die Nachtwandler, Suhrkamp, Frankfurt, a. M. 1980, p. 23"에 실린 것으로 [Vamvacas, p. 123]에 인용되어있다.

〈창조신 복희와 여와伏羲女媧 圖〉, 7세기경.　《문맹자를 위한 성서》의 표지 그림 〈God the Geometer〉.

희와 여와가 자[尺, 곡자]와 컴퍼스[規]를 들고 있는 모습을 그린 천이 발견되었다.▪

다음은 쾨슬러A. Koestler(1905~1983)의 말이다.▪▪

> … (고대 그리스 철학사에서) 기원전 6세기는 악기를 조율하면서 청중들에게 기대감을 불러일으키는 오케스트라와 같다. 연주자들은 제각기 자신의 악기에만 몰두하면서 주변의 소음에 신경을 쓰지 않는다. 이윽고 긴장감이 넘치는 정적이 흐른다. 지휘자가 무대에 등장하여 지휘봉으로 세 번 지휘대를 친다. 혼돈으로부터 조화로운 음향이 솟아오른다. 지휘자는 바로 사모스의 피타고라스이다.

태초에 말씀이 있었으니　69

피타고라스 정리

피타고라스는 직각삼각형에 관한 정리로 유명하다.

직각 삼각형에서
빗변 길이 제곱은
직각 낀 변 길이의
제곱 합과 같아요

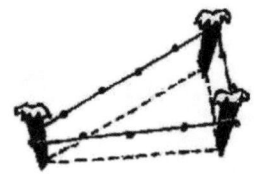

3:4:5 직각삼각형.

위 '칠언절구 七言絶句'에서 설명하는 '피타고라스의 정리'는 이미 고대 이집트에서도 잘 알고 있었다. 그들이 가지고 있던 열 두 매듭의 3:4:5 직각삼각형은 '이집트 삼각형'이라고도 부른다. 직각은 방향을 정하거나, 건물이 바로 서있는 것을 확인할 때에도 매우 중요하게 쓰인다.

피타고라스 정리는 이집트뿐 아니라 고대 바빌로니아에서도 잘 알고 있었지만, 피타고라스의 이름으로 부르는 까닭은 낱개의 직각삼각형을 조사하여 발견한 경험적 성질에서 모든 직각삼각형이 가지고 있는 선험적 성질을 피타고라스가 증명한 것으로 알려져있기 때문이다.

사진은 1923년에 플림프턴 G. A. Plimpton이라는 출판업자가 아라비아에서 구입하여 미국의 콜롬비아대학에 기증한

플림프턴 322, 12.7×8.8×2cm.

점토판인데, 기원전 1800년경에
만들어진 것으로 알려졌다.
1940년대에 노이게바우어O. E.
Neugebauer는 이 점토판에 기록된
것을 해독하여 그것이 직각삼각
형의 변의 길이를 나타낸 표임을
알게 되었다.

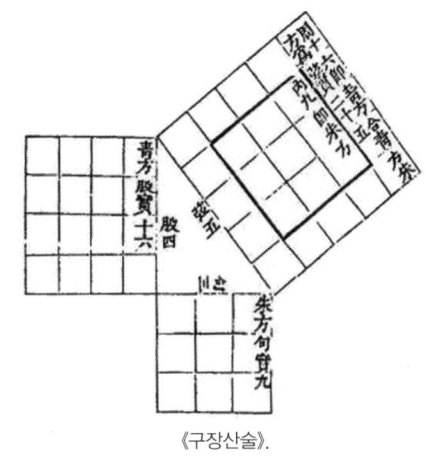

《구장산술》.

중국의 《구장산술九章算術》
의 마지막 장인 '구고句股'에는 피타고라스 정리가 소개되어있는데,
직각삼각형에서 빗변을 '현弦'이라 하고, 직각을 낀 변 중에서 짧은
변과 긴 변을(또는 밑변과 높이를) 각각 '구句'와 '고股'라고 한다. 후일에
'구고'는 직각삼각형을 뜻하기도 하였다.

다음은 2000여 년 전 중국의 《주비산경周髀算經》에 나오는 그림
이다.

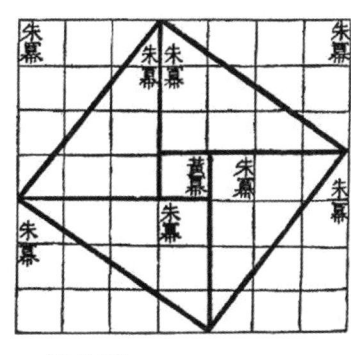

《주비산경》.

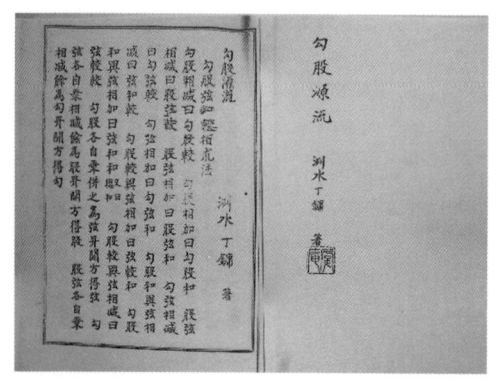

다산 정약용의 《구고원류》.

조선 시대의 정약용丁若鏞 (1762~1836)도 530쪽이나 되는 기하학 책인 《구고원류句股原流》를 저술하였다.

중국의 고대 수학책들은 대부분 연습문제 형식으로 쓰여있고, 일반 원리와 그것들에 대한 증명이 빠져 있었다.

가장 자명한 것에서 출발하여 자명하지 않은 정리定理, Theorem를 논리적으로 차근차근 이끌어내는 것을 '증명證明, proof'이라 한다. 그러한 증명은 기계적인 과정을 통하여 이해할 수 있지만, 그러한 증명을 발견하려면 영감靈感, inspiration 또는 계시啓示를 떠올려야 하는 초월적인 과정이 필요하다. 이러한 초월적 과정을 익히는 것이 수학에서 가장 중요한 것일 뿐 아니라 인류의 모든 행위도 이것을 이해하는 것이라 할 수 있다.

어두운 밤, 길을 잃고 산 속을 헤매다가 멀리 인가가 있는 불빛을 발견하였다고 하자. 하지만 같이 가는 동료들은 아무도 그 빛을 보지 못한다고 하자. 그들을 안내하여 불이 켜진 곳으로 데려가는 과정을 '증명'이라 할 수 있다. 하지만 어떻게 빛을 발견할 수 있는지는 설명하기가 매우 어렵다.

교양으로서의 수학을 교육할 때에는 '발견된 빛까지 어떻게 갈 수 있는가?' 뿐만 아니라, 그러한 빛을 발견하기 위해서는 얼마나 마음의 정화가 필요한가를 같이 가르쳐야 한다. 우리가 보지 못하는 가장 큰 이유는 편견의 색안경을 벗으려 하지 않기 때문이다.

미국의 유명한 물리학자인 파인먼R. Feynman(1918~1988)은 말년에 '계산에 관한 강의'를 많이 하였는데, 그 강의에서 증명하는 훈련의 필요성을 매우 강조하였다.

> 처음에는 남이 해놓은 증명을 이해하고, 남을 따라 증명해보기도 하고, 점점 자신이 한 증명을 남의 것과 비교해보는 훈련을 쌓아가면, 언제가 자신이 한 증명이 다른 곳에서 찾을 수 없는 세계 최초의 발견이라는 것을 알게 된다.

피타고라스 정리의 증명

직각삼각형에서 변의 길이를 짧은 것부터 a, b, c라 하자.

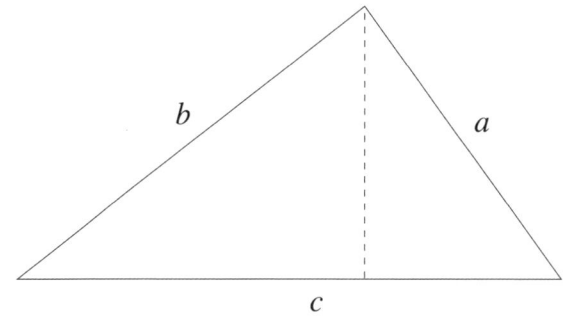

이때 빗변과 마주보는 꼭짓점에서 빗변에 수선을 내리면, 직각삼각형은 두 개의 직각삼각형으로 나뉜다. 이 직각삼각형들은 서로 닮은꼴이고, 나누기 전의 삼각형과도 닮은꼴이다. 이때의 닮음비는 빗변의 길이의 비인

$$a:b:c$$

이고, 따라서 넓이의 비는 $a^2:b^2:c^2$이다. 한편 작은 두 삼각형의 합이 처음 삼각형이므로

$$a^2+b^2=c^2$$

이다.

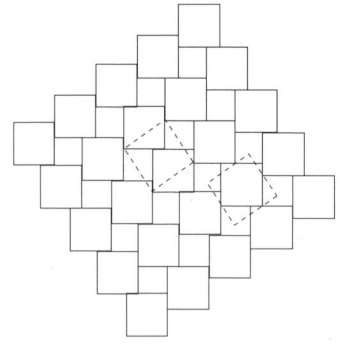

두 가지 정사각형 블록으로 타일한 보도는 피타고라스 정리를 말해준다.

길을 걷다 보면 두 가지 종류의 정사각형 블록으로 보도를 타일한 것을 볼 수 있다. 이때 가까이 있는 작은 정사각형들이 어떻게 평행이동 되어있는지 알기 위하여 중심끼리 또는 꼭짓점끼리 연결하면 제삼의 정사각형을 얻는다. 제삼의 정사각형 속에는 처음 블록으로 사용한 두 가지 정사각형이 재배치되어 들어있다.

☆ ★ ☆

피자 가게에 세 가지 종류의 피자를 판다.

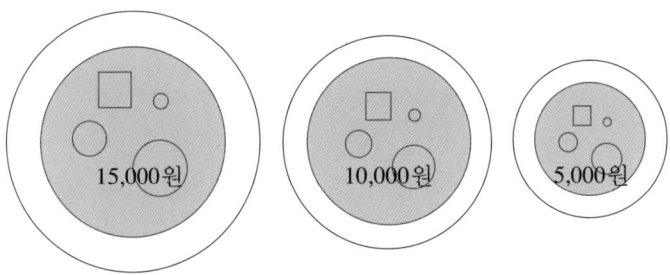

이때 15,000원으로 큰 판 하나를 주문하는 것이 좋은지, 아니면 작은 판과 중간 크기의 판을 주문하는 것이 좋은지 알려면, 마음 좋은 손님들에게 반쪽씩 빌려서 삼각형을 만드는 실험을 한다.

만약 직각삼각형을 얻으면, 15,000원으로 어떠한 선택을 하여도 좋지만, 둔각삼각형을 얻으면 큰 판의 양이 많고, 예각삼각형을 얻으면 큰 판의 양이 적다는 것을 알 수 있다.

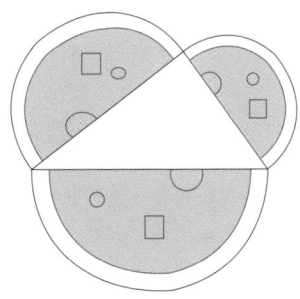

다음 그림은 필자의 은사이신 이현구 선생님의 사진을 이용하여 '피타고라스의 정리'를 보여주는 그림이다. 작은 두 얼굴의 넓이의 합은 큰 얼굴의 넓이와 같다.

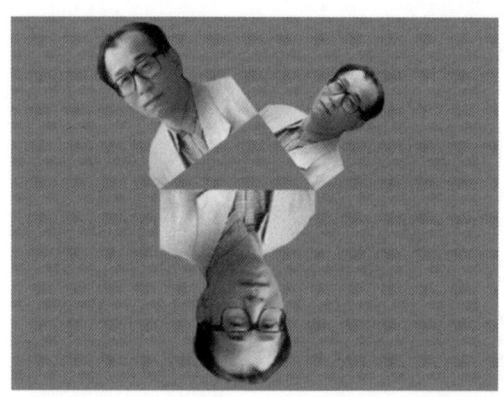

다음 그림은 정사각형 모양의 작은 탁자 두 개를 조립하여 큰 탁자를 만드는 방법을 보여준다. 4번 조각은 직각삼각형으로 변의 길이가 각각 세 가지 탁자의 변의 길이와 같다.

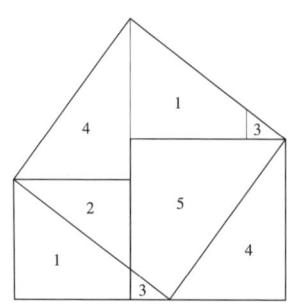

공측성公測性, commensurability

피타고라스학파의 믿음 중 한 가지는 서로 대소를 비교할 수 있는 양은 '공배수'를 가진다는 것이다. 갑과 을, 두 사람의 몸무게가 다르다 하더라도, 갑과 몸무게가 같은 사람이 여럿 있고, 을과 몸무게가 같은 사람이 여럿 있으면, 두 팀의 몸무게가 같도록 할 수 있다는 믿음이다. 이러한 믿음은 비록 몸무게뿐 아니라, 넓이나, 길이, 전하량, 빛의 세기, 지진의 강도, 일 년과 한 달 등 어떠한 양이라도 서로 대소를 비교할 수 있는 동질의 양이기만 하면 이 양들은 공배수를 가진다는 믿음이다.

다음 그림은 동일한 복사 용지 여러 장을 이용하여 가로로 쌓은 것과 세로로 쌓은 것이 언제 길이가 같아지는지를 비교하는 실험을 보여준다.

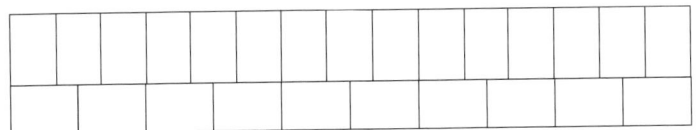

과연 가로의 길이의 배수와 세로의 길이의 배수가 같아지는 때가 있을까? 사실 실험을 통해서는 두 연속 변량이 같다는 것을 증명할 수 있는 방법은 없다. 실험은 항상 오차의 범위 내에서 이루어지기 때문이다. 즉, 실험의 결과로 말할 수 있는 것은 등호(=)가 아니고 부등호(<)이다.

서로 대소를 비교할 수 있는 양을 가진 두 개체 A와 B가 '공측성을 가진다'고 가정하여 보자. 이 말은 A를 몇 배한 것의 양과 B를 몇 배한 것의 양이 같아진다는 말이다. 이를 식으로 표현하면

$$|p\,A| = |q\,B|$$

을 만족시키는 자연수 p와 q가 있다는 말이다. 이 식에서

$$|A/q| = |B/p|$$

를 얻는다. 그러므로 A의 양 |A|는 위 공통 값의 q배이고, B의 양 |B|는 위 공통값의 p배이다. 다시 말하면, |A|와 |B|는 공약수를 가짐을 알 수 있다.[*] 그러므로 '공배수를 가진다'는 말이나 '공약수를 가진다'는 말은 같은 뜻이고, 따라서 그러한 말 대신에 '공측성을 가진다'는 용어를 사용하고 있다.[**]

피타고라스학파는 모든 양들에 대하여 공측성을 믿었고, 이로부터 직사각형의 넓이를 구하는 법을 유도하였다. 그는 나아가서 일반 다각형의 넓이를 구할 수 있게 되었다.[***] 땅의 넓이를 알면 추수할 곡식의 양을 알 수 있고, 권력자들은 세금을 얼마나 걷을 수 있는지 알

---

[*] 대상 A와 B에 대하여 값 |A|와 |B|를 말하는 것은 '기준' 또는 '단위'에 의존하는 개념이지만, 각각의 값을 모르더라도 이들을 비교하여 |A| = |B| 또는 |A| < |B| 등을 말하는 것은 훨씬 근본적이다. 이러한 생각은 고대 그리스에서 기원전 4세기에 활동하던 에우독수스의 '비에 관한 이론'에도 나타나고, 19세기 말에 칸토어가 집합의 크기를 비교했을 때도 나타난다.

[**] 그러므로 '통약성'이라는 용어 대신에 '공측성'이라는 용어가 더 적합하다고 생각한다.

[*] cf. [김홍종(2005)].

[**] cf. [김명환·김홍종].

[***] 나머지 두 사건은 미적분학과 관련하여 나타난 무한소無限小, infinitesimal에 관한 것과, 집합론과 관련하여 나타난 무한대無限大, infinity에 관한 것이다.

[****] cf. [램, I, p. 130].

수 있다. 공측성은 수의 체계에 대한 피타고라스학파의 이론에서 가장 기초를 이루는 믿음이었다. 공측성에 대한 믿음은 결국 모든 수가 유리수라는 믿음이다. 그러나 그들이 발견한 정리에 의하여 $\sqrt{2}$는 유리수가 아님이 밝혀졌고, 더 나아가 자신들이 배지로 사용하던 오각별 속에 이미 공측불가능함이 들어 있다는 것을 알게 되었다.▓

수학의 역사상 가장 힘들었던 세 가지 사건 중에 그 첫째가 바로 공측성이 없는 두 양, 즉 무리수의 발견이었다.▓

진리를 말하지 않고, 거짓을 주장하는 집단은 그 세력이 약화될 수밖에 없다. 인류의 역사를 이끄는 궁극적인 힘은 무엇일까? 그것은 폭력일까? 신문이나 방송일까? 지식인이나 종교인일까? 인터넷일까? 국가란 무엇인가? 그 모든 것이 진리logos를 외면할 수는 없다.

피타고라스학파는 무리수의 발견을 비밀에 붙여, 그것을 누설하는 지를 처형하였다는 설까지 있는데, 사실 그리스어로 '알로곤'은 '말하지 말라' 는 뜻뿐 아니라 '비로 나타나지 않는다' 는 뜻도 있다. 태초의 '로고스' 는 '말' 이요 '수' 이다. ▓ 한자로 수數는 사물의 '이치理致' 를 뜻한다. 수가 보이고, 운수와 재수가 있고, 할 수 있는 것이 모두 수이다. 수학에서 자주 사용하는 '상수常數' 라는 말도 원래는 '처음 정해진 운명' 이라는 뜻이다.

피타고라스학파에게서 본받을 점은, 그들이 발견한 비합리적인 현상을 고집하지 않고 진실을 받아들이며, 계속하여 그 의문을 해결하려고 노력하였다는 것이다. 물론 그들의 노력은 후일에 실수實數, real number라는 개념을 확립시켜, 미분법과 적분법의 기초를 다졌으

태초에 말씀이 있었으니

며, 무한을 이해하는 초석을 깔았다.

피타고라스학파의 수에 대한 초보적인 생각은 곧바로 진화를 시작하였다. 이어서 자와 컴퍼스를 이용하여 설계할 수 있는 수, 즉 '작도가능수'에 대한 생각이 오랫동안 수의 세계를 지배하였다. 이 생각은 데카르트에 이르러 '정수 계수 다항식'의 근으로 나타나는 '대수적 수'로 발전하였고, 20세기 초반에는 인류가 수천 년을 해오던 '계산'이 뜻하는 바를 정의할 수 있게 되어 '계산가능 수'라는 개념으로 발전하였다.

계산가능한 수란 그 이름을 부여할 수 있는 수를 뜻한다. 대부분의 실수는 '계산불가능한 수'이고, 이름을 부여할 수 없는 수이다.

데카르트

르네 데카르트René Descartes(1596~1650)는 그의 이름 'René'가 뜻하는 것처럼 1619년 11월 11일에 다시 태어났다. 그는 1637년에 발간한 《방법서설Discours de la methode》을 통하여 수학적 방법을 어떻게 철학을 비롯한 모든 학문에 적용할 수 있는지 설명하였는데, 그 책의 세 가지 부록[■] 중의 하나인 '기하학'에서 평면에 좌표계를 도입하여 대수적인 방법으로 중요한 기하학 문제들을 해결할 수 있음을 보였다.[■■■]

데카르트의 유명한 명제인 'Cogito ergo sum', 즉 '나는 생각함으로써 존재한다'는 사실은 'Dubido ergo sum', 즉 '나는 회의懷疑

[■] 부록의 나머지 두 가지는 광학과 기상학이다.
[■■] cf. [김홍종(2007)].
[■■■] 서양에서는 분석적인 사고를 중요시하지만, 동양에서는 '모든 것을 버려야 보인다'고 말한다.

르네 데카르트.

함으로써 존재한다'를 뜻한다.

데카르트 이전의 기하학이 일반인들에게 어려웠던 까닭은 진리를 발견하기 위한 '영감'을 떠올리는 일이 쉽게 할 수 있는 일이 아니기 때문이다. 데카르트는 평면에 좌표계를 도입하면 각 점은 실수 한 쌍으로 표현할 수 있고, 기하학적 곡선은 대수적 방정식으로 표현된다는 것을 보여주었다. 나아가 그는 두 곡선이 만나는 점은 연립방정식으로 나타나므로, 누구나 단계적인 방법을 통하여 기하학 문제를 영감 없이 풀 수 있다고 하였다.

데카르트의 방법은 실로 강력한 힘을 발휘하여, 평면의 점 (x, y)와 원점 $(0, 0)$ 사이의 거리의 제곱은

$$x^2 + y^2$$

임을 피타고라스 정리를 통하여 쉽게 알 수 있게 하였다. 나아가 실수들의 삼중쌍 (x, y, z)로 표현되는 공간의 점과 원점 $(0, 0, 0)$ 사이의 거리의 제곱은

$$x^2 + y^2 + z^2$$

임을 알 수 있게 하였다.

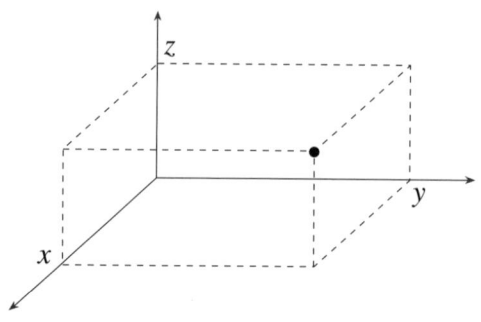

좌표계는 장기판이나 바둑판 위에서 말의 위치를 알려주고, 마이크로소프트 사의 엑셀과 같은 스프레드시트에서 각종 데이터가 입력된 위치를 말해준다. 또 지구 위의 각 지점을 경도와 위도로* 나타낼 수 있게 해주어, 오늘날 GPS(지구상 위치파악 시스템, Global Positioning System)를 통하여 방정식을 풀어 자동차가 길을 편안하게 찾아가게 하여준다.**

데카르트의 좌표계는 가우스C. Gauss(1777~1855)와 리만G. Riemann (1826~1866)에 의하여 크게 발전하였고, 결국 아인슈타인A. Einstein (1879~1955)의 '일반상대성 이론general theory of relativity'이 탄생하게 하였다. 그러나 프랑스의 듀도네J. Dieudonné(1906~1992)나 중국의 천성신陳省身 (1911~2004) 같은 순수한 기하학자들은 좌표계의 도입으로 말미암아 어린이들이 '영감'을 받는 훈련을 하지 않게 되므로, 좌표계의 도입은 어리석다고 생각한다.

사실 우리가 취해야 할 것은 좌표계를 잘 쓰고, 그것을 잊는 것이다. 강을 건너고 나면 배를 잊듯이. 우리 몸속에 들어간 음식이 소화되지 않고 원형 그대로 있는 것이 아니라, 흡수되고 배설되어 사라지듯이. 좀 더 분명하게 말하면, 인위적인 좌표계에 의미를 주지 말고, 대신 어떠한 좌표계를 사용하더라도 변하지 않는 '불변량invariant'에 의미를 두라는 뜻이다.

---

* 경도와 위도의 개념은 고대 그리스의 에라토스테네스가 그린 지도에도 이미 나타나있다.
** 하지만 아직도 관광 안내 책자나 캠퍼스 지도를 보면 적절한 좌표계의 도입을 하지 않아, 관광지나 캠퍼스를 찾는 사람에게 많은 불편을 주고 있다.

피타고라스 삼중쌍

자연수의 삼중쌍 (p, q, r)이 $p<q<r$이고,

$$p^2 + q^2 = r^2$$

을 만족시키면, 이를 '피타고라스 삼중쌍' 이라 부르기로 한다. 피타고라스 삼중쌍의 대표적인 보기는 $(3, 4, 5)$이다. 삼중쌍 (p, q, r)이 피타고라스 삼중쌍이면, 그것의 자연수 배인 $k(p, q, r) = (kp, kq, kr)$이 모두 피타고라스 삼중쌍이다. 그러므로 p, q, r이 서로소인 피타고라스 삼중쌍을 알면, 나머지 피타고라스 삼중쌍은 모두 알 수 있다. 서로소인 피타고라스 삼중쌍은 자연수 $m, n(m>n)$에 의하여,

$$(m^2 - n^2, 2mn, m^2 + n^2) \text{ 또는 } (2mn, m^2 - n^2, m^2 + n^2)$$

와 같은 꼴로 주어진다.■ 위 식에서 $m = 2, n = 1$을 대입하면, $(3, 4, 5)$를 얻는다.

다음은 '빗변의 길이'가 100 이하인 서로소인 피타고라스 삼중쌍 열여섯 가지이다.

$(3, 4, 5)$, $(5, 12, 13)$, $(7, 24, 25)$, $(8, 15, 17)$,
$(9, 40, 41)$, $(11, 60, 61)$, $(12, 35, 37)$, $(13, 84, 85)$,
$(16, 63, 65)$, $(20, 21, 29)$, $(28, 45, 53)$, $(33, 56, 65)$,

---

■ m, n은 서로소(즉, 최대공약수가 1)이고, 홀짝이 서로 달라야 한다.
■■ 데카르트의 《방법서설》이 발표되던 해.

(36,77,85), (39,80,89), (48,55,73), (65,72,97)

☆ ★ ☆

$$3^3 + 4^3 + 5^3 = 6^3$$

페르마의 마지막 정리

페르마Pierre de Fermat(1601?~1665)는 비록 낮에는 법관으로 충실히 임무를 다하였지만, 밤에는 전문 수학자 못지않게 수학에 많은 업적을 남겼다. 그는 확률론, 산술, 기하, 광학, 미적분학 등에 큰 공헌을 하였다. 그를 더욱 유명하게 만든 것은 그가 책을 읽다가 여백에 남긴 어떤 글 때문이다.

페르마는 1637년**에 디오판토스Diophantus(200~284)의 《산술Arithmetica》을 읽다가 (3, 4, 5), (5, 12, 13) 등과 같이 직각삼각형의 세 변을 이루는 자연수들의 삼중쌍에 관하여 쓰여있는 부분의 여백에 다음과 같은 글을 남겼다.

법관이자 뛰어난 수학자였던 페르마.

세제곱수를 다른 두 개의 세제곱수로 쪼개거나, 네제곱수 또는 일반적으로 그 이상의 어떠한 거듭제곱수도 두 개의 같은 지수를 가지는 거듭제곱수로 쪼개는 것은 불가능하다. 그리고 나는 확실히 이 사실의 감탄할 만한 증명을 발견하였으나 여백이 그 증명을 포함하기에는 너무 좁다.

'자연수 n이 2보다 크면, $x^n + y^n = z^n$을 만족시키는 자연수 x, y, z는 존재하지 않는다' 는 페르마의 주장은 그의 사후에 아들 클레망 사뮤엘Clément Samuel에 의하여 발견되었다. 아들은 1670년에 《페르마의 주석이 달린 디오판토스의 산술》을 출판하였고, 이로 인하여 페르마의 주장은 '페르마의 마지막 정리'로 널리 알려지게 되었다.

페르마의 주장은 누구나 쉽게 알아들을 수 있지만, 오랜 세월동안 아무도 그 증명은 할 수 없었다. 불빛을 발견하는 것도 어렵지만, 거기까지 가는 길을 닦는 것도 여간 어려운 일이 아니다.

영국에서 태어나 케임브리지대학에서 박사학위를 얻고, 미국의 프린스턴대학에 재직 중이던 와일즈A. Wiles(1953~)에게는 어려서부

앤드류 와일즈.

터 알고 있던 페르마의 마지막 정리가 항상 따라다녔다. 그의 강의는 큰 인기를 끌지 못하였고, 발표한 논문도 몇 편밖에 되지 않았다. 그는 1993년에 모교인 케임브리지대학에서 열린 학회에서 발표를 마치면서 한 청중의 질문 "그래서 페르마의 마지막 정리가

증명되었다는 겁니까?"에 고개를 끄덕였다. 청중들은 박수갈채를 보냈으며 와일즈의 소식은 전 세계에 퍼져, 그는 세계에서 가장 유명한 수학자 중의 한 사람이 되었다.

하지만 오늘날 수학적 진리의 발견은 말로 하는 것이 아니다. 글로 표현하여 검증을 받아야한다. 와일즈의 논문은 심사 과정에서 문제점이 발견되었고, 와일즈는 자신의 실수를 인정하여, 논문을 취소하게 되었다. 세계적인 허풍쟁이가 된 와일즈는 자기 집의 다락방에 여러 달 동안 박혀, 자신의 잘못을 하나, 둘 따져나갔다. 1994년 어느 날, 그는 계단을 내려오며 아내에게 "여보, 생일 선물이 있어"라고 말하였다.

필즈 메달. 앞면에는 아르키메데스가, 뒷면에는 그의 묘비가 보인다.

다음은 와일즈가 기자 회견을 하면서 한 말이다.

... suddenly, totally unexpectedly, I had this incredible revelation. It was the most important moment of my working life. Nothing I ever do again ... it was so indescribably beautiful, it was so simple and so elegant, and I just stared in disbelief for twenty minutes, then during the day I walked round the department. I'd keep coming back to my desk to see it was still there - it was still there.

와일즈가 그의 제자 테일러R. Taylor의 도움으로 '페르마의 정리'를 증명한 때는 이미 마흔 살이 넘어, 그는 수학자들이 최고의 영예로 알고 있는 '필즈상Fields Medal'■을 수상하지는 못하였다.

보편성

수학이 추구하는 것 중의 하나는 여러 곳에 공통으로 들어있는 변화하지 않는 성질이라 할 수 있다. 어떤 삼각형이던지 내각의 합은 항상 평각(180°)과 같다는 것이나, 어떤 직각삼각형이던지 빗변의 길이의 제곱은 나머지 변의 길이의 제곱합과 같다는 것 등이, 그들이 찾고 있는 진리이다. 어떤 사람은 말한다. "그런 걸 어디에 씁니까?" 나는 질문한다. "하늘의 별은 어디에 씁니까?" 그 별이야말로 오늘날 우리에게 시각을 알려준 가이드이고, 사막을 건널 수 있게 해주며, 드넓은 태평양 한가운데에서 길을 잃지 않고 항해할 수 있게 해준 것이다. 굳이 예술가와 시인의 예를 들지 않더라도.

물론 수학이 쓸모가 없는 것은 아니지만, 쓸모가 있어야 가치가 있다는 생각은 사물의 본질을 바로 보지 못하는 것이다. "당신은 어디에 쓸모가 있습니까?" 열심히 공부해서 대학교수가 된 이유가, 학장 한번 해보는 것이고, 학장이 된 이유는 어떻게 해서든지 총장 한번 해보고 싶어서이고, 총장 된 이유는 어떻게 해서든지 장관 한번 해보고 싶어서라면, 도대체 당신에게는 '당신 자체'가 있기나 한 것인가?

■ 캐나다 수학자인 필즈J. Fields의 유언으로 1936년에 처음으로 시상했다. 4년마다 열리는 국제수학자대회ICM 개막식 때에 최고의 업적을 이룬 40세 이하의 수학자에게 수여되며 메달의 가장자리에 수상자의 이름이 새겨진다.

산은 산이요, 물은 물이다. 그 자체가 바로 우리가 즐겨야하는 것이다.

물론 오늘날의 한국과 같이 댓글 문화가 두루 퍼진 곳에서는 '가치'라는 것을 '절대적'인 것으로 보기보다 '상대적'인 것으로 보아야 한다는 견해도 있다. 사회 제도에 대하여 플라톤은 철학자가 정치를 하여야한다고 생각하였지만, '숭고한 개인의 의견보다도 어리석은 군중의 생각이 우선한다'는 민주주의적 생각도 있다. 이러한 생각은 '나를 책임지는 것은 나 자신이 아니라 우리 사회이다'라는 데까지 발전한다. 필자의 경험에 의하면 절대와 상대는 그 어느 것도 절대적이지 않다는 것이 절대적이다.

수학이 보편성을 가지는 까닭은 그 바탕에 깔려있는 정신이 매우 순수하여, 그것으로부터 얻을 수 있는 다양하고 놀라운 결과들을 누구나 이해할 수 있도록 설명할 수 있기 때문이다.

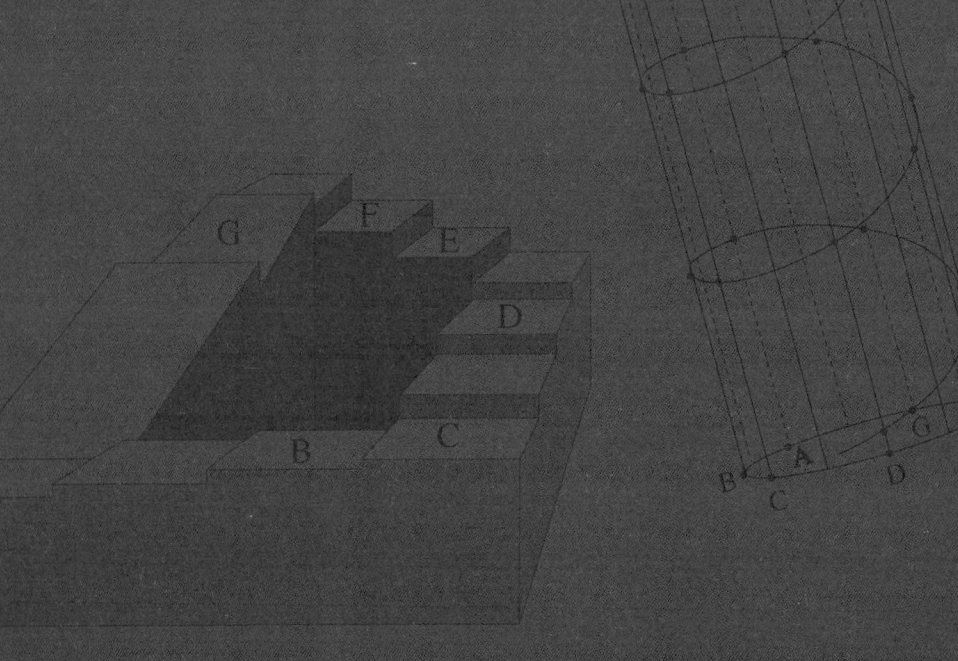

애벌레가 누에고치 되었다가,

껍질을 깨고 나와 날개 돋아 하늘을 날듯이.

물이 얼음 되기도 하고, 증기가 되기도 하듯이,

변태란 진정한 나를 이해하는 것이라 할 수 있다.

우리는 자라면서 많은 것을 배우기도 하지만,

동시에 잘못된 편견을 더욱 많이 가지게 된다.

깨침은 이러한 '안다는 생각'을 모두 버릴 때 찾아오게 된다.

제 2 장

예술과 수학

천구의 화음

그림, 다시 태어나

삼라만상

천구의 화음

사람들의 귀는 '천구의 음악'으로 가득 차있지만,
우리가 태양을 바라볼 수 없는 것처럼, 그 소리를 듣지 못한다.
— 키케로cicero(기원전 106?~기원전 43)

수학적 두뇌 없이는 음악을 할 수 없다.
— 나운영羅運榮(1922~1993)

    음악은 수학과 가장 오랜 친구 중에 하나이다. 수학자들은 고대로부터 하모니, 즉 조화를 중요시하였고, '마테마타' 속에는 음악이 한 과목으로 자리 잡고 있었다. 피타고라스는 사람의 마음과 몸을 잘 조율된 현의 진동에 비유하였고, 마음과 몸이 서로 조화를 이룰 때에만 사람은 제 구실을 완벽하게 한다고 하였다.
    '천구의 화음'이라는 제목은 피타고라스학파들이 항상 이야기하던 우주의 조화를 뜻하기도 하고, 단테A. Dante(1265~1321)의 《신곡La divina commedia》에 나타나는 천구들의 음악적 조화를 뜻하기도 하며, 또 케플러 J. Kepler(1571~1630)가 쓴 《세상의 조화Hamonices Mundi》라는 책의 정신을 뜻하기도 한다.

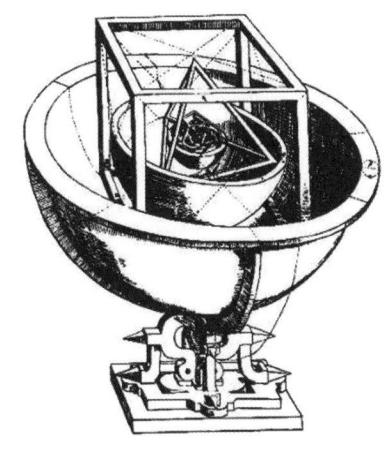

케플러의 초기 우주관.

케플러는 우주의 조화를 믿어 의심하지 않았다. 그는 행성(화성, 수성, 목성, 금성, 토성)이 움직이는 궤도를 이해하기 위하여 플라톤의 입체, 즉 정다면체를 통하여 우주의 질서를 설명하려고 시도하였으나, 관측 결과와 잘 맞지 않아 곧 이를 포기하였다. 그러나 그는 행성들에 대한 브라헤T. Brahe(1546~1601)의 방대한 관측 자료를 바탕으로, 결국 행성의 궤도는 태양을 중심으로 하는 원이 아니라 태양이 한 초점에 있는 타원이라는 것을 발견하였다.

그는 나아가 행성이 태양과 가까울 때는 움직이는 속도가 얼마나 빨라지는가를 설명하였으며, 태양을 도는 행성의 주기가 궤도 장축 길이의 1.5거듭제곱에 비례함을 밝혀내어, 코페르니쿠스N. Copernicus(1473~1543)의 지동설이 설명하지 못한 문제점들을 크게

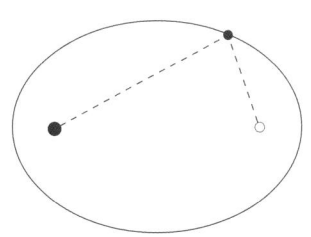

타원의 점에서 두 초점까지의 거리의 합은 일정하다.

■ cf. [램, I, p. 252].

보완하여, 많은 사람들이 지동설을 믿을 수 있게 하였다. 케플러는 지구가 내는 소리는 '미–파–미' 라 하였고, 다른 행성들이 내는 소리도 설명하였다. 그는 오늘날과 같은 현대적인 의미의 장조와 단조의 개념도 확립하였다.

☆ ★ ☆

음악이란 무엇일까? 오늘날 우리가 '도레미파솔라시도' 라고 부르는 '7음계'는 어떻게 정해진 것일까?

피타고라스 당시에는 주로 현의 길이로 음의 높고 낮음을 설명하였으나, 갈릴레오는 음의 높고 낮음은 현이 시간당 진동하는 수, 즉 **주파수**周波數, frequency를 의미한다는 것을 발견하였다. 팽팽하게 당기는 힘인 장력張力과 사용하는 재질이 같은 현에서는 현의 길이와 주파수는 서로 반비례한다. 그러므로 긴 현은 진동이 느리고 낮은 소리가 나며, 짧은 현은 진동이 빠르고 높은 소리가 난다. 마치 참새는 높은 소리로 지저귀지만, 곰이나 코끼리가 내는 소리는 훨씬 저음인 것처럼. 악기의 진동은 주변의 공기 분자가 따라 진동하게 하고, 그 분자의 진동은 다시 그 주위의 공기 분자들을 진동시킨다. 이 진동은 멀리 사람의 귀까지 전달되어, 고막이 같이 진동하게 한다. 고막의 진동은 달팽이관을 통하여 '정화' 되어 뇌에 자극을 준다. 결국 우리가 듣는 것은 진동, 즉 수를 듣는 것이다.

■ 서로 다른 것 중에서 같은 것을 발견하는 것[異中同求]은 세상의 이치 가운데 가장 으뜸이다.

　자연의 현상인 주파수를 사람의 귀를 통한 뇌 또는 마음의 감정으로 받아들인 것을 '음고音高, pitch'라고 부른다. 우리가 노래를 즐길 때에는 음의 '절대 높이'보다도 '음고의 차', 즉 음정音程이 매우 중요한 요소이다. 마치 '생일 축하합니다'라는 노래가 특정한 음조音調를 가진 것이 아니라, 여러 사람이 자연스럽게 같이 높이를 맞추어 노래하고, 설령 다른 음조에 맞추어 노래한다 하더라도 그 노래를 다른 노래라고 보지 않는 것처럼, 음악에서 가장 중요한 요소는 절대 음 자체보다 음들의 차이인 음정이라 할 수 있다. 피타고라스는 더 나아가서 서로 다른 음정이라 하더라도 '같은 종류'의 음정으로 볼 수 있다는 것을 발견하였고,■ 그것은 바로 한 **옥타브**octave 음정인 두 음을 말한다.

　노래방에서 반주에 맞추어 노래를 할 때, 너무 높거나 낮은 음의 노래는 한 옥타브를 낮추거나 높여서 부를 수 있다. 그 때 우리는 여전히 노래를 잘 맞추어 부른다고 생각하지, 틀리게 부른다고 생각하지는 않는다. 성인 남자와 여자의 목소리도 한 옥타브 정도 차이지만, 매우 조화롭게 들린다.▪

그러면 '완전화음', 즉 옥타브란 무슨 뜻일까? 현악기는 현의 길이에 따라 음의 높낮이가 달라지는 것을 피타고라스는 잘 알았고, 한 옥타브란 바로 길이의 비가

$$1 : 2$$

인 현이 내는 소리의 차이라는 것을 발견하였다.▪▪ 그러므로 두 옥타브의 음정은 길이의 비가 $1:4$인 현이 내는 음의 차이를 뜻하고, 세 옥타브 음정은 $1:8$을 뜻하며,

$$1, \ 2, \ 4, \ 8, \ 16, \ 32, \ 64, \cdots$$

등이 모두 같은 종류의 음을 나타내는 한 가족이라는 것이다. 물론

$$1, \ 1/2, \ 1/4, \ 1/8, \ 1/16, \ 1/32, \ 1/64, \cdots$$

▪ 남성이 말할 때의 소리는 110Hz(A2) 정도고, 여성이 말할 때는 220Hz(A3) 정도다[독일 물리학자인 헤르츠H. Hertz(1857~1894)의 이름을 따서 1초에 한번 진동하는 것을 1Hz(헤르츠)라고 말한다]. 1939년에 국제적인 음의 기준으로 440Hz를 A음(A4)으로 정했다. 이 음은 높은음자리표가 있는 오선지에서 가운데에 나타낸다. 'symphony'라는 단어는 원래 '일치'를 뜻하는데, 고대에는 한 옥타브 음정으로 노래를 부르는 것을 뜻했다[Kapparaff (2002), p. 65].

▪▪ 현의 길이로 음의 높낮이를 말할 때에는 현의 팽팽한 정도와 밀도가 일정하다고 가정한다.

▪▪▪ 일정한 비율로 변하는 수열.

▪▪▪▪ 1, 2, 3, 4, … 처럼 일정한 차이로 변하는 수열.

▪▪▪▪▪ 나중에 음고류를 다시 정의한다.

▪▪▪▪▪▪ 반대 방향으로 도는 등각와선等角渦線, equi-angular spiral, logarithmic spiral을 그려 원점에서 교점들 사이의 거리를 '현의 주파수'라고 보아도 좋다.

등도 같은 이유로 다 한 가족이고,

$$3, 6, 12, 24, 48, 96, \cdots$$

등도 모두 한 가족이다.

위에 나오는 것과 같은 등비수열▪▪을 다음과 같이 등차수열▪▪로 배열한 것을 '로그log 척도'라고 부른다.

$$\frac{1}{64} \quad \frac{1}{32} \quad \frac{1}{16} \quad \frac{1}{8} \quad \frac{1}{4} \quad \frac{1}{2} \quad 1 \quad 2 \quad 4 \quad 8 \quad 16 \quad 32 \quad 64$$

로그 척도로 표현한 양수

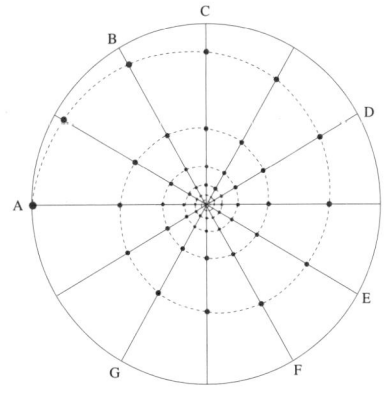

점선으로 그려진 등각와선.

다음 그림은 원점에서 뻗어나가는 열두 방향의 반직선들과 자기닮음비가 2인 '등각와선'의 교점들을 그려, 12가지 **음고류**音高類, pitch class를 보여주는 것이다.▪▪ 원점에서 교점들까지의 선분은 현을 나타낸다고 볼 수 있다.▪▪ 두 음이 '같은 음고류'라는 말은 음정이 한 옥타브, 두 옥타브, ⋯ 등의 차이가 난다는 뜻이고, 그것은 두 주파수의 비율이 2의 거듭제곱이라는 뜻과 같다.

기타guitar를 보면 브릿지bridge에서 나온 현string이 몸통body과 기타의 목neck을 지나 머리head 쪽의 줄감개turning key에 감겨있는데, 기타의 목에는 금속으로 만든 여러 개의 프렛fret이 박혀있어, 그곳을 눌러 현을 뜯으면 다양한 음을 낼 수 있다. 그런데 줄받침nut에서 열두 번째 프렛이 있는 곳은 정확하게 개방현의 소리보다 한 옥타브가 높은 음을 내는 곳으로, 그 길이는 현의 전체 길이의 절반이 되는 곳임을 알 수 있다. 이 지판finger board에는 보통 두 개의 점을 찍어 표시하고 있다. 기타의 목에 배열되어 있는 프렛은 등비수열을 이루고 있다.

'옥타'는 8을 뜻하는데, 한 옥타브는 도에서 레미파솔라시를 거쳐 다시 높은 도음까지를 뜻한다. 오늘날의 셈법에 의하면 낮은 도와 높은 도 사이는 여덟 계단이 아니고 일곱 계단이지만, 옛날에는 이러한 혼란이 흔히 있었다.

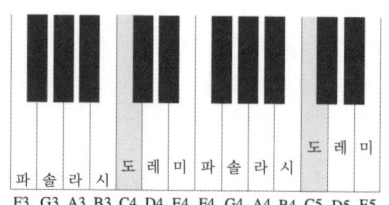 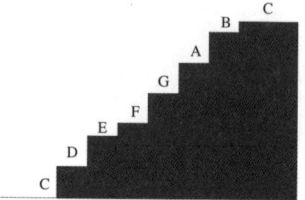

화음和音

음악에 대한 피타고라스학파의 또 다른 발견은 '화음'이 바로 '자연수의 비'를 뜻한다는 것이다. 그중에서도 가장 으뜸인 것(같은 음고류를 나타내는 1:2를 제외하면)은 음양(여와 남)의 비인

$$2 : 3$$

이다.▪ 길이의 비가 3:2(또는 주파수의 비가 2:3)인 현이 내는 소리의 차를 '완전5도'라고 부르는데, 이는 피아노의 도음C4과 솔음G4 사이의 간격이고, 이 간격은 파음F4과 높은 도음C5 사이의 간격과 같다.

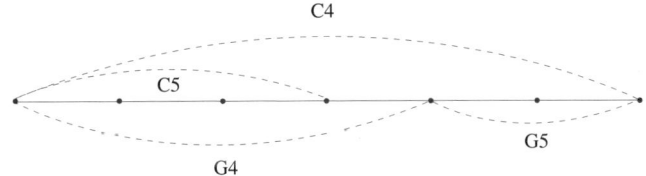

이때 솔음G4과 높은 도음C5을 내는 현의 길이의 비는 4:3임을 알 수 있다.▪▪ 이러한 음정을 '완전4도'라 부르고, 이는 도C4음과 파F4음 사이의 간격과 같다. 그러므로

$$(완전4도) + (완전5도) = (한 옥타브)$$

라는 등식을 얻는다.▪▪▪

▪ 이 비는 태극기의 세로와 가로의 비이고, A4용지와 B4용지의 넓이의 비이다.
▪▪ 이 비는 교실에 있는 투사기 스크린의 가로:세로의 비이다.
▪▪▪ 3 + 4 = 7

 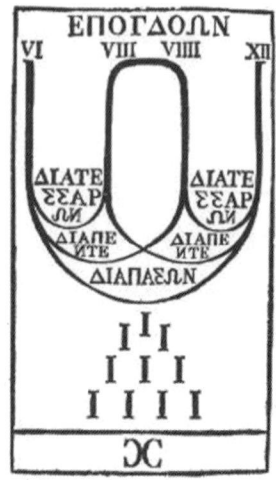 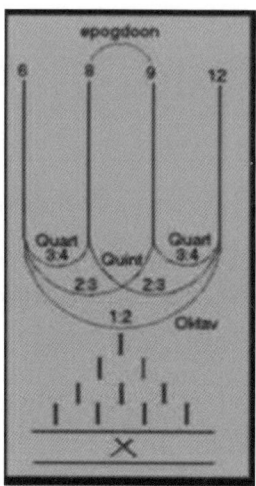

라파엘로의 〈아테네 학당〉에 나타난 피타고라스의 테트락티스.

    1과 1/2의 조화평균은 2/3로서 이는 완전5도 음정을 뜻하고, 1과 1/2의 산술평균은 3/4로서 이는 완전4도 음정을 뜻한다. 결국 기본적인 화음은 피타고라스의 제4삼각수인 테트락티스(十)

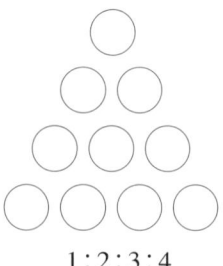

1 : 2 : 3 : 4

에 나타나는 비로 설명됨을 알 수 있다.

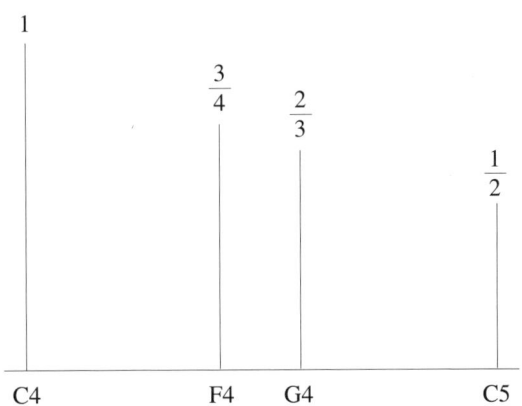

이제 테트락티스에서 '도레미파솔라시도'를 어떻게 얻는지 살펴보자. 먼저 기준으로 하는 도음C4을 내는 현의 길이를 1이라고 하자. 위 그림은 한 옥타브 높은 도음C5을 내는 현의 길이는 1/2이고, 솔음 G4을 내는 현의 길이는 2/3, 파음F4을 내는 현의 길이는 3/4임을 나타낸다. 솔음G4을 내는 현의 길이의 2/3는 4/9(= 2/3×2/3)이고, 이와 같은 길이의 현이 내는 음은 솔음G4보다 완전5도 높은 음인 레음D5이다. 따라서 처음 기준인 도C4음과 한 옥타브 범위 안에 있는 레음D4을 내는 현의 길이는 4/9의 두 배인 8/9이다.

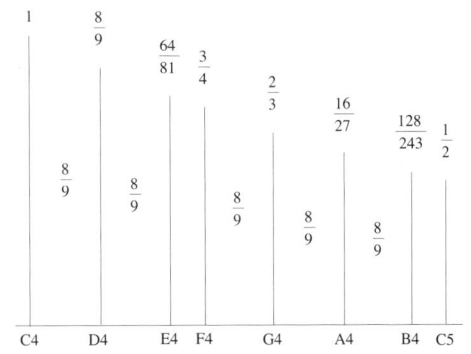

이제 레음D4보다 완전5도가 높은 음인 라음A4은 현의 길이가 $16/27(= 8/9 \times 2/3)$인 현에 의하여 나는 음이고, 다시 라음A4보다 완전5도 높은 음인 미음E5을 내는 현의 길이는 $32/81(= 16/27 \times 2/3)$이다. 따라서 주어진 한 옥타브 구간 안에 있는 미음E4은 길이가 $64/81$인 현에 의하여 나는 소리이다. 다시 미음E4보다 완전5도 높은 음인 시음B4은 현의 길이가 $128/243(= 64/81 \times 2/3)$인 현에 의하여 소리가 난다.

피타고라스의 이론에 의하면 '온음정'은 완전5도 음정과 완전4도 음정의 차이로서 현의 길이가 $8/9(= 2/3 \div 3/4)$배인 현에 의하여 들을 수 있고* '반음정'은 길이가 $243/256$배인 현에서 들을 수 있다.

완전5도씩 높아지는 바이올린 4현의 조율.

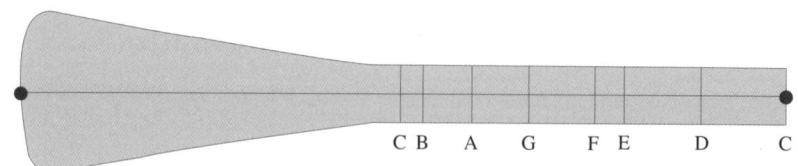

피타고라스의 일현금—絃琴, monochord

---

* 온음정 높은 음은 주파수가 9/8배라는 뜻이다.
** 字는 仲. 기원전 7세기에 활동.
*** cf. [권태욱].
**** 좌변과 우변만 있고, 속이 빈 것을 플라톤의 '람다λ'라고 부른다[Kapparaff(2002), p. 72].

삼분손익법

중국에서는 현악기 대신 주로 대나무를 사용하여 음의 표준인 '황종율관黃鐘律管'을 정하였다. '관포지교管鮑之交'로 유명한 제齊나라의 관이오管夷吾가 쓰고, 후세에 더해진 것으로 알려진 《관자管子》에 의하면 화음의 원리는 3분의 1을 빼거나 더하는 '삼분손익법三分損益法'에 있다. 삼분손익법이란 기준으로 삼고 있는 굵기가 일정한 대나무에 대하여 길이가 2/3이거나 또는 4/3인 대나무가 내는 음이 화음을 이룬다는 뜻이다. 그러므로 삼분손익법은 피타고라스의 완전5도 음정과 완전4도 음정이 화음의 기본이라는 생각과 일치한다. 이제 음양과 삼분손익법에서 궁상각치우宮商角徵羽 오음계가 어떻게 정해지는지 살펴보자.

먼저 '플라톤의 삼각형'을 생각해본다. 플라톤의 삼각형은 '하나'에서 시작하여 음과 양으로 갈라지는 모습을 하고 있다. 이 삼각형에서는 음(2, 짝수, 여성)의 쪽으로 가면 2배씩 되고, 양(3, 홀수, 남성)의 쪽으로 가면 3배씩 된다. 이때의 수들을 현이나 대나무의 길이로 생각하면, 음의 방향으로 가면, 한 옥타브 음정의 차이를 뜻하므로, 모두 같은 음고류를 나타낸다.

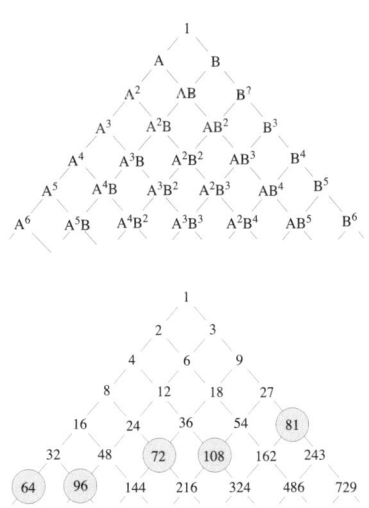

플라톤의 삼각형에서 남성의 수인 $3^4 = 9 \times 9 = 81$을 기준(宮)으로 하자. 이에 1/3을 더하면 108(徵)을 얻고, 108에서 1/3을 빼면 72(商), 여기에 1/3을 더하면 96(羽), 여기에 1/3을 빼면 여성의 수인 $2^6 = 64$(角)를 얻는다. 이때 나타나는 수치들은 대나무의 길이를 나타내므로 낮은 음부터 나열하면 다음과 같이 오음계를 얻는다.

108(徵), 96(羽), **81**(宮), 72(商), 64(角)

플라톤의 삼각형에서 제6차 남성의 수인 $3^6 = 729$에서 시작하여 삼분손익법으로 여성의 수인 $2^9 = 512$에 도달할 때까지 얻어지는 일곱 가지 수는

972(도), 864(레), 768(미), **729**(파), 648(솔), 576(라), 512(시)

로서 이러한 길이의 굵기가 같은 대나무로 연주하면, 피타고라스의 7음계를 얻는다.

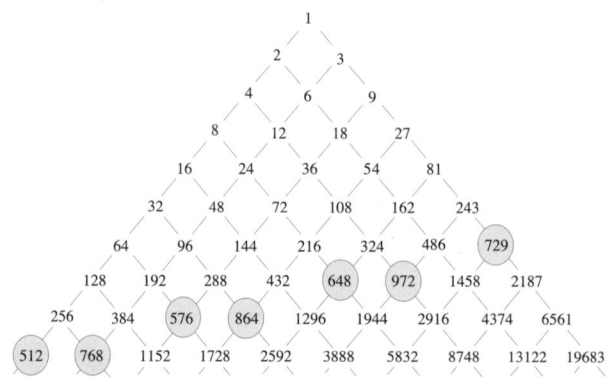

다음은 우리나라의 평조와 계면조, 중국의 5음계, 서양의 7음계를 대비한 그림이다. 우리나라의 음악은 서양음악과 달리, 각 음의 고유한 주파수가 분명하게 정해져있지 않고, 일정한 범위를 가지고 있다는 것이 더 적절하게 보인다.

마치 자시子時나 축시丑時 등이 분명한 시각을 나타내기보다 일정한 범위의 시간대를 나타내는 것처럼. 우리나라는 궁宮음을 가운데 두고, 낮은 음으로 하일下一, 하이下二 등이 있고, 높은 음으로 상일上一, 상이上二 등이 있다.

등호(=)처럼 정확한 것을 좋아하는 서양과 부등호(≤)처럼 전체의 부분임을 좋아하는 동양적인 사고방식은 체스판이나 바둑에 말을 놓는 위치에서도 나타나고, 집 주소를 정할 때 길 이름을 따르느냐 또는 구역 이름을 따르느냐에서도 나타난다.

아래 그림은 평조와 계면조가 서로 대칭을 이루고 있는 모습을 그린 것이다.

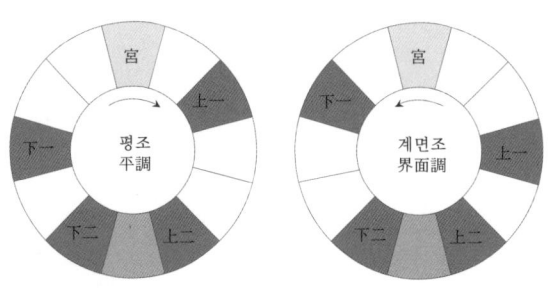

우리나라 최초의 음악서인 《악학궤범樂學軌範》은 1493년 성종 24년에 발간되었다. 비록 여기에는 귀중한 자료들이 많기는 하나, 이론적인 부분이 다소 빈약하여, 후일에 다산 정약용이 《악서고존樂書孤存》(1816년, 순조 16년)을 통하여 상당한 비판을 한다. 우리 전통 음악이 어려운 이유는 서양의 디지털(자연수)적인 사고에 바탕을 두지 않고, 아날로그(실수)적인 사고에 바탕을 두었기 때문이라 생각된다. 서양이 수직선數直線에서 정수점들을 보았다면, 우리는 정수점들의 사이인 구간을 보았다고 말할 수 있다. 이 때문에 오늘날에도 한국의 음악가들이 전통 음악의 이론적인 체계를 세우기가 어렵다고 느낀다.

조선 제7대 임금인 세조(재위 1455~1468) 때 창안된 한국의 전통 악보.

순정률

프톨레마이오스는 5층 삼각수 $1:2:3:4:5$를 사용하여 피타고라스의 7음계

$$1, \frac{8}{9}, \frac{64}{81}, \frac{3}{4}, \frac{2}{3}, \frac{16}{27}, \frac{128}{243}, \frac{1}{2}$$

을 단순히 하였다. 그는 $\frac{16}{27}, \frac{64}{81}, \frac{128}{243}$ 대신에 이와 가까운 $\frac{15}{25} = \frac{3}{5}$, $\frac{64}{80} = \frac{4}{5}, \frac{128}{240} = \frac{8}{15}$을 사용하였고, 이때 얻은 음계

$$1, \frac{8}{9}, \frac{4}{5}, \frac{3}{4}, \frac{2}{3}, \frac{3}{5}, \frac{8}{15}, \frac{1}{2}$$

를 '순정률'이라고 부른다. 이들은 현의 길이의 비율을 나타낸 것이고, 이들의 역수는 주파수의 비율을 나타낸다.

주파수가

$$1, 2, 3, 4, 5, 6$$

인 음에서 1, 2, 4는 모두 같은 음고류에 속하고, 3과 6도 같은 음고류에 속한다. 이 음들을 1과 2 사이에 넣으면(즉, 같은 음고류에 속하는 것으로 분류하면), 3은 한 옥타브 낮은 3/2, 5는 두 옥타브 낮은 음정인 5/4에 해당된다.

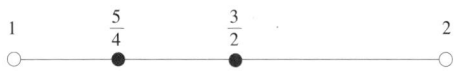

이제 이 음들에 음양의 조화, 즉 '삼분손익법'을 적용하면 다음 음들을 얻는다.

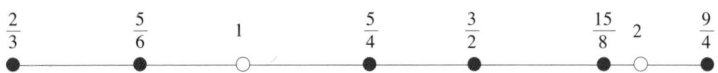

이를 다시 한 옥타브 범위 속인 1과 2 사이의 음으로 바꾸면, 다음 순정률을 얻는다.

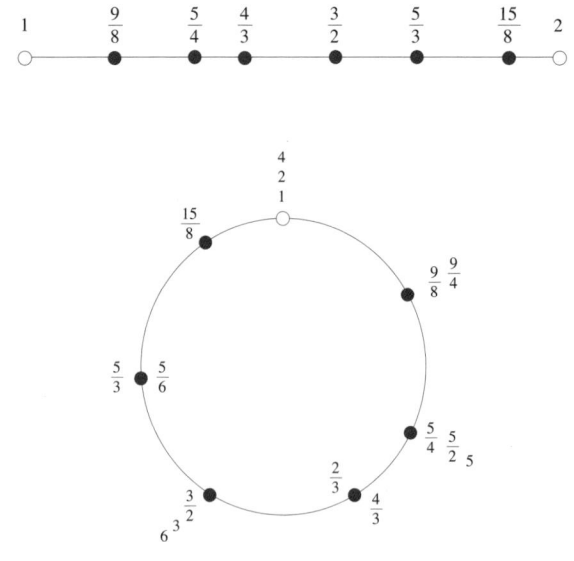

그러므로 위 그림에서 5/3에 해당되는 음의 주파수를 국제 표준인 A음의 주파수인 440㎐로 두면, 다음 C장조의 주파수를 얻는다.

(단위: Hz)

계이름	도	레	미	파	솔	라	시	도
음이름	다C	라D	마E	바F	사G	가A	나B	다C
순정률 주파수	264	297	330	352	396	440	495	528
평균율 주파수	261.6	293.7	329.6	349.2	392.0	440	493.9	523.3

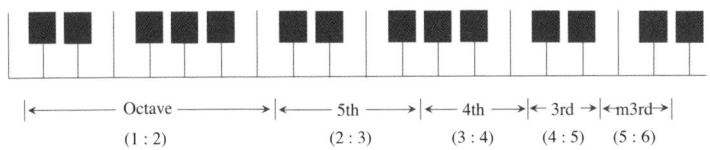

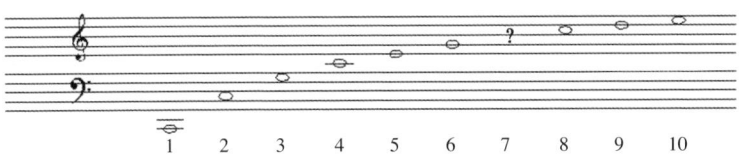

 순정률에서는 장조의 제I화음인 도미솔(264 : 330 : 396), 제IV화음인 파라도(352 : 440 : 528), 제V화음인 솔시레(396 : 495 : 594)의 주파수의 비가 모두

$$4 : 5 : 6$$

으로 등차수열의 비를 이룸을 알 수 있다. 피타고라스학파들은 현의 주파수라는 개념 대신 현의 길이를 다루었으므로 그들은 위 비율의 역수인

$$\frac{1}{4} : \frac{1}{5} : \frac{1}{6}$$

를 얻었고, 이를 화음을 이루는 '조화수열' 이라 하였다.

순정률에서는 반음정이 $\frac{4}{3} \div \frac{5}{4} = \frac{16}{15}$ 이지만, 온음정은 $\frac{9}{8}$ 과 , $\frac{5}{4} \div \frac{9}{8} = \frac{10}{9}$ 두 가지로 나타나, 순정률로 조율한 기타에서 카포capo를 이용하여 조바꿈한 노래를 부르면, 조금 어색한 노래가 된다.

12음계

유명한 갈릴레오의 아버지인 빈센초 갈릴레이Vincenzo Gallilei(1520?~1591)는 7음계의 온음들 사이에 반음을 넣은 12음계를 설명하였다.

반음정의 배수	계이름	음정
0	도	同音unison
1		단2도
2	레	장2도
3		단3도
4	미	장3도
5	파	완전4도
6		삼온정음
7	솔	완전5도
8		단6도
9	라	장6도
10		단7도
11	시	장7도
12	도	옥타브(8도)

우리나라에서 우륵이 열두 현의 가야금을 만든 것도 그 역사가 1500년이 된다.

$$2, 5, 7, 12, 19, 31$$

은 모두 우리와 가까운 친구들이다.[*]

음악이란 반복(기대)과 변화(놀라움)의 어울림이다. 열두 계단 중에서 다섯 계단을 선택하여 음조를 정하는 방법 중에서 가장 조화롭고, 가장 변화를 주는 방법이 '오음계'이고, 열두 계단 중에서 일곱 계단을 선택하여 음조를 정하는 방법 중에서 가장 조화롭고, 가장 변화를 주는 방법이 '칠음계'라 할 수 있다.

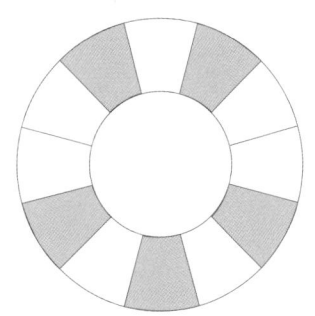

다음은 12를 다섯 조각으로 분할하는 방법 13가지와 각 경우의 표준 편차를 나타낸 표이다. 이 중에서 마지막 분할 2,2,2,3,3이 가장 표준편차가 작다는 것을 알 수 있다.

분할	1,1,1,1,8	1,1,1,2,7	1,1,1,3,6	1,1,1,4,5	1,1,2,2,6	1,1,2,3,5
표준편차	3.1305	2.60768	2.19089	1.94936	2.07364	1.67332
분할	1,1,2,4,4	1,1,3,3,4	1,2,2,2,5	1,2,2,3,4	1,2,3,3,3	2,2,2,2,4	**2,2,2,3,3**
표준편차	1.51658	1.34164	1.51658	1.14018	0.894427	0.894427	**0.547723**

---

[*] 음양, 오행, 궁상각치우, 월화수목금토일, 빨주노초파남보, 도레미파솔라시, 백설공주와 일곱 난장이, 남녀 칠세 부동석, 칠칠 사십구제, 자축인묘진사오미신유술해, 일 년 열두 달, 황도십이궁, 바둑판 19×19 = 360 + 1(天元), 큰 달 31일, 1+2+4+8+16 = 31 등.

주파수

현이나 관의 길이가 음의 높낮이를 나타낸다는 생각에서 주파수가 음의 높낮이를 나타낸다는 생각으로 발전한 것은 갈릴레오 덕분이라고 한다. 현을 뜯을 때 나타나는 식인

$$2 \text{ (주파수)} \times \text{(현의 길이)} = \sqrt{\text{(현의 장력)}} \;/\; \sqrt{\text{(현의 밀도)}}$$

에서 현의 장력과 밀도가 일정할 때, 현의 주파수와 길이가 서로 반비례함을 알 수 있다.[*]

장력은 현을 팽팽하게 하는 힘의 크기를 말하므로 그 단위는 $kg \cdot m/s^2$으로 나타낼 수 있다. 그러므로 위 등식의 우변의 단위는 $\sqrt{kg \cdot m/s^2} \;/\; \sqrt{kg/m} = m/s$ 이고, 이는 좌변의 단위와 같음을 알 수 있다.

차량으로 서울 외곽순환고속도로의 판교 방향으로 시흥 부근을 달리다보면, 345m 구간에서 노래하는 고속도로를 즐길 수 있다. 이

---

[*] 길이가 L, 장력이 T이고, 밀도(즉, 단위 길이 당 질량)가 ρ인 현의 진동 $u(x,t)$는 파동방정식
$$Tu_{xx} = \rho u_{tt} \quad (0 \leq x \leq L, \; t \geq 0)$$
을 만족시킨다는 것을 1749년에 달랑베르D'Alembert가 유도했다. 이때 현의 주파수는 $\omega = \dfrac{\sqrt{T}}{2L\sqrt{\rho}}$ 임을 유도할 수 있다. 이때 양 끝이 고정되어있는 현이 진동하게 되면 현의 '점' x의 진동은 시각 t에 대하여

$$a_1 \sin\left(\frac{\pi x}{L}\right)\cos(2\pi\omega t) + a_2 \sin\left(\frac{2\pi x}{L}\right)\cos(4\pi\omega t) + a_3 \sin\left(\frac{3\pi x}{L}\right)\cos(6\pi\omega t) + \cdots$$

로 표현된다. 그러므로 현은 장력이 클수록 높은 소리가 나고, 무거울수록 낮은 소리가 난다. 또 더블베이스와 같은 큰 악기는 바이올린 같이 작은 악기보다 낮은 소리를 낸다. cf. [Boyce & DiPrima, p. 552], [Braun], [Bleecker & Csordas].

때 바닥에 2.4cm 너비의 홈을 알맞은 간격으로 파놓아, '떴다 떴다 비행기' 동요를 들을 수 있다. 실제로 각 음을 내기 위하여 홈과 홈 사이의 '최단 거리'를 다음과 같이 두었고, 박자를 위해서는 같은 음이 10m 구간에 고르게 있는 것을 '한 박자'로 삼았다.

진동으로 표현한 수 (단위 : cm)

계이름	도	레	미	파	솔	라	시	도
홈 사이의 최단 거리	10.6	9.5	8.4	8	7	6.3	5.6	5.3

라이프니츠는 "음악이란 인간의 혼이 셈을 하여서 느끼는 기쁨이다. 셈한다는 것을 인식하지는 않지만"이라고 말하였다. 사실 우리가 걷는 것도 일종의 셈이라 할 수 있다. 셈은 바로 '헤아림'이다.

손뼉치기

여러 사람이 두 무리로 편을 갈라, 한 무리는 손뼉을 1초에 한 번씩 치고, 다른 무리는 손뼉을 1초에 두 번씩 친다고 하자. 이때 들리는 소리는 한 옥타브 화음이라 할 수 있다. 또 한 무리가 1초에 두 번씩 손뼉을 칠 때, 다른 무리가 1초에 세 번 손뼉을 친다면, 이때 들리는 화음은 완전5도 음정이다. 양손으로 책상을 두드려 보자. 한 손이 두 번 두드릴 때, 또 한 손은 세 번 두드리면, 완전5도 음정을 듣는 것이다.

두 사람이 박수를 칠 때, 한 사람은 매초 한 번씩 치고, 또 한 사람은 $\sqrt{2}$초마다 한 번씩 친다면, 이론적으로 두 사람은 결코 두 번 이상

손뼉을 같이 치는 일이 없을 것이다. 하지만 낸캐로우 C. Nancarrow 같은 현대 음악가는 이러한 박자로 음악을 작곡하기도 한다.

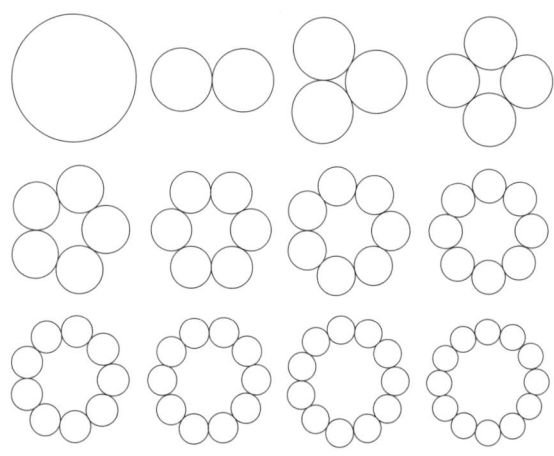

진동으로 표현한 수

피타고라스 콤마

다음 그림은 여든여덟 개의 표준 피아노 건반에서 가장 낮은 도음 C1에서 출발하여 가장 높은 도음인 C8에 도착할 때, 한 옥타브씩 일곱 번 증가하여 도착한 것과, 완전5도씩 열두 번 증가하여 도착한 것이 같음을 보여주는 그림이다.

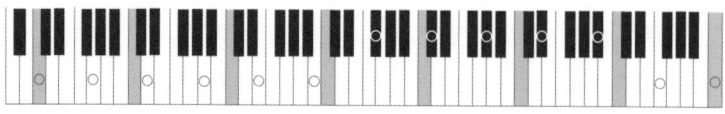

이 관계를 주파수의 비율을 사용하여 나타나면

$$2^7 = \left(\frac{3}{2}\right)^{12}$$

이라는 식을 얻는다. 이 식은 변형하면

$$2^{19} = 3^{12}$$

이 되는데, 좌변은 짝수의 거듭제곱인 짝수이고, 우변은 홀수의 거듭제곱인 홀수이다. 피타고라스가 그토록 강조하고 추구한 조화는 결국 짝수와 홀수, 음과 양이 같다는 모순된 결론에 도착하였다. 세상을 유리수로 설명할 수 있다는 공측성의 믿음이 붕괴되듯이, 화음을 2:3 또는 자연수의 비로 설명할 수 있다는 믿음을 무너뜨리는 식이 바로 위 등식이다.

실제로

$$2^{19} = 524288 < 531441 = 3^{12}$$

이고, 이 두 수의 비율

$$\left(\frac{3}{2}\right)^{12} \div 2^7 = \frac{3^{12}}{2^{19}} \approx 1.01364$$

을 '피타고라스의 콤마' 라고 부른다.

피타고라스 콤마는 반음씩 두 번 올라 온음이 되기 위해 부족함을 메우는 수이다.

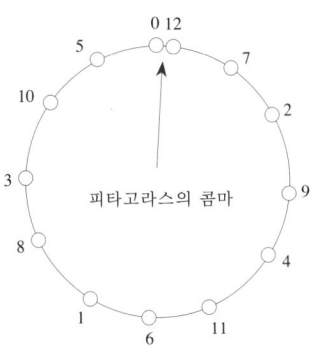

피타고라스의 콤마

천구의 화음 115

$$\frac{9}{8} = \frac{256}{243} \times \frac{256}{243} \times \frac{531441}{524288} \qquad \left(\frac{3^2}{2^3} = \frac{2^8}{3^5} \times \frac{2^8}{3^5} \times \frac{3^{12}}{2^{19}}\right)$$

다시 말하면, 반음정 올린 파음F#과 반음정 내린 솔음G♭ 사이의 간격이 바로 피타고라스 콤마이다.

평균율

피타고라스와 그 학파들의 음악 이론은 중대한 모순을 안고 있었고, 그로 인하여 한 옥타브 사이에 열 두 음을 고르게 놓는다는 의미가 분명해지기 시작하였다. 즉, 주파수가 일정한 비율로 열두 번 증가하여 2배가 되기 위해서는 각 단계마다

$$2^{1/12} \approx 1.06$$

의 비율로 증가하여야 된다는 것을 인식하였다.■ 즉 기준 음의 주파수를 1이라 하면, 한 옥타브 높은 음의 주파수는 2이고, 반음정 높은 음의 주파수는 $2^{1/12}$, 온음정 높은 음의 주파수는 $2^{1/6}$이다. 이와 같이 음고를 정한 것을 평균율이라 한다.

	도	레	미	파	솔	라	시	도
평균율	1	$2^{1/6} \approx$ 1.12246	$2^{1/3} \approx$ 1.25992	$2^{5/12} \approx$ 1.33484	$2^{7/12} \approx$ 1.49831	$2^{3/4} \approx$ 1.68179	$2^{11/12} \approx$ 1.88775	2
순정률	1	9/8 = 1.125	5/4 = 1.25	4/3 ≈ 1.33333	3/2 = 1.5	5/3 ≈ 1.66667	15/8 = 1.875	2

그러므로 평균율에서 한 옥타브를 두 번 만에 고르게 오르려면, 그 때의 주파수 비율, 즉, 도음C과 반음정 올린 파음F$^\#$ 사이의 음정을

$$\sqrt{2}$$

로 하여야 한다. 이 음정을 '삼온음정tritone' 또는 '증4도음정augmented fourth'이라고 부른다. 피타고라스의 화음에 대한 설명은 또 다시 무리수에 의하여 좌절되었다. 평균율은 십진소수법을 체계적으로 도입한 스테빈이 1585년에 처음으로 설명하였다. 또 데카르트의 친구이고 수도사이자, 수학자인 메르센M. Mersenne(1588~1646)이 1636년에 펴낸 《보편적 조화Harmonie Universelle》에도 평균율은 설명되어있다. 평균율은 '음악의 아버지'라고 불리는 바흐J. S. Bach(1685~1750)에 의하여 널리 퍼지게 되었다.▪▪ 바흐의 작품은 '신성한 수학 작품'이라고도 부른다.▪▪▪

중국에서는 주재육朱載堉(1536~1610)이 1584년에

$$2^{1/12} \approx 1.059463094$$

임을 보였고, 이를 이용하여 평균율을 설명하였으나, 널리 활용되지는 않았다.

▪ 연이율이 6%면, 12년 후에는 원리금이 원금의 두 배가 된다.
▪▪ 1482년 이전부터 스페인에서는 기타guitar를 만들 때 평균율을 사용했다[Dunne, McConnell].
▪▪▪ cf. [부어스틴, 《창조자들 2》, p. 348].

로그함수

로그함수는 감각을 표현하는 가장 좋은 함수이다.■ 어두운 곳에서는 촛불 하나가 큰 도움을 주지만, 대낮에는 촛불이 있으나 마나 한 것처럼 느껴진다. 우리의 감각은 외부 자극의 절대량을 인식한다기보다 현재 상황에 대한 변화의 비율을 인식하는 편이다. 시끄러운 곳에서는 큰 소리를 내더라도 대화하기 힘들지만, 쥐 죽은 듯이 조용한 곳에서는 바늘 떨어지는 소리까지 들을 수 있는 것도 같은 이치이다. 맹물에 소금을 조금 넣으면 맛이 크게 달라진 것을 느끼지만, 바닷물에 소금을 더 넣는다고 해서 그 맛이 크게 다르다고 느끼지는 않는다. 이와 같은 감각의 변화를 적절하게 표현하는 것이 로그함수이다. 그러므로 빛의 밝기를 룩스lux로 나타낼 때에나, 소리의 크기를 데시벨db로 나타낼 때, 액체가 산성인지 알칼리성인지 그 도수를 pH로 나타낼 때, 모두 로그함수를 사용한다. 별을 밝기로 구분할 때에도 로그함수를 쓰며, 지진의 세기나 엔트로피를 나타낼 때에도 로그함수를 사용한다. 로그 값이 하나씩 오르는 것은 실제 크기가 일정한 비율로 늘어나는 것을 뜻한다. 즉, 로그함수란 곱셈을 덧셈으로 바꾸는 함수를 뜻한

■ '함수'란 두 집합 사이의 '관계'를 나타내는 것으로, 처음 집합을 '정의역domain', 그 다음 집합을 '공역codomain'이라고 부른다. 이때 정의역의 각 원소에 대하여 공역의 원소가 오직 하나 대응된다. 정의역의 원소에 대응되는 공역의 원소들을 다 모은 집합을 함수의 '치역'이라 부른다. 집합론에서는 '집합'이라는 무정의 용어를 사용하고, 이를 이용하여 나머지 모든 것을 잘 설명한다. 함수函數, function라는 말은 라이프니츠가 처음 사용했다. '函數'는 'function'의 '음역'으로, 마치 정의역의 원소가 상자[函]를 통과하여 새로운 것으로 변화한 의미를 담고 있다. 이러한 초보적인 의미는 날로 진화하여 오늘에 이르렀다. 집합 A와 B 사이의 '관계'란 곱집합 A×B의 한 부분집합을 뜻한다.

■ 거꾸로 이 성질을 만족시키는 연속함수는 로그함수라는 것을 보일 수 있다.

■ $e = \frac{1}{0!} + \frac{1}{1!} + \frac{1}{2!} + \frac{1}{3!} + \frac{1}{4!} + \cdots = 2.7182818284\cdots$

■ 마치 알고리즘의 복잡도를 말할 때 정보량을 비트bit, binary digit 수의 로그 값으로 나타내듯이.

다. 좀 더 정확하게 표현하면, 정의역이 양수 전체의 집합 R_+이고, 치역이 실수 전체의 집합 R인 연속함수

$$L : R_+ \to R$$

가 임의의 양수 x, y에 대하여 등식

$$L(xy) = L(x) + L(y)$$

를 만족시킬 때, 이러한 성질의 함수 L을 '**로그함수**'라고 부른다. 이 정의에서 L이 로그함수라면, 그것의 영이 아닌 상수배도 여전히 로그함수라는 것을 알 수 있다. 로그함수는 모두

$$L(1) = 0, \quad L(1/x) = -L(x)$$

과 같은 성질을 가지고 있고, 더 나아가 임의의 정수 n에 대하여

$$L(x^n) = n \times L(x)$$

임을 알 수 있다.■■

로그함수 L에는 $L(b) = 1$이 되는 양수 b가 오직 하나 있다. 이 값을 로그함수의 '**밑**base'이라 한다. 로그함수는 밑에 의하여 오직 하나로 정해진다. 밑이 b인 로그함수를 $\log_b(x)$와 같이 나타낸다. 밑이 10인 로그함수는 '상용로그함수'라 부르고, 밑이 자연상수■ e인 로그함수는 '자연로그함수'라고 부른다. 하지만 한 옥타브가 뜻하는 의미 때문에 음악에서는 밑이 2인 로그함수를 사용한다.■

다음 표는 자연수 일부와 그 로그 값을 나타낸 표이다.

x	1	2	3	4	8	16	32	64	128	256	512	1024
$\log_2(x)$	0	1	?	2	3	4	5	6	7	8	9	10

자연수를 2진법을 사용하여 나타내면

$$2 = 10_2,\ 4 = 100_2,\ 8 = 1000_2,\ 16 = 10000_2,\ \cdots$$

이다. 이때 나타나는 자리의 개수는 그 자연수의 로그 값에 1을 더한 수이다. 일반적으로 자연수의 로그 값은 그 밑을 진법으로 사용하였을 때, 정수부분을 표현하는 데 드는 시간 또는 비용이라 말할 수 있다. 위 표에는 3의 로그 값 $L(3) = \log_2(3)$이 기록되어있지 않은데, 이 값은 다음과 같이 알 수 있다.

2<3<4에서 1<L(3)<2를 안다.
8<3^2<16에서 3<2 L(3)<4를 얻고, 따라서 1.5<L(3)<2를 안다.
16<3^3<32에서 4<3 L(3)<5를 얻고, 따라서 1.$\dot{3}$<L(3)<1.$\dot{6}$을 안다.
64<3^4<128에서 6<4 L(3)<7을 얻고, 따라서 1.5<L(3)<1.75를 안다.

일반적으로 2^n<3^m<2^{n+1}에서 n<m L(3)<n+1을 얻고, 따라서
n/m<L(3)<(n+1)/m

을 안다.∎ 실제로

∎ 물론 이러한 원시적인 방법을 쓰지 않고도 로그값을 구하는 획기적인 방법이 바로 '미분과 적분에 관한 산법calculus', 즉 '미적분법'이다.

∎∎ '어둠 속의 빛' 장 부분 참고. 부록에서 이 수열을 얻는 알고리즘을 설명했다.

$$\log_2(3) \approx 1.58496$$

이다. 이 값에 가까운 유리수들을 구하는 방법으로 가장 좋은 방법은 연분수를 이용하는 것이다.

$$\log_2(3) = 1 + \cfrac{1}{1 + \cfrac{1}{1 + \cfrac{1}{2 + \cfrac{1}{2 + \cfrac{1}{3 + \cdots}}}}} = [1,1,1,2,2,3,1,5,2,\cdots]$$

이로부터 $\log_2(3)$의 '소수부분', 즉, $\log_2(3/2)$에 가까운 유리수열은

$$1, \frac{1}{2}, \frac{3}{5}, \frac{7}{12}, \frac{24}{41}, \frac{31}{53}, \frac{179}{306}, \frac{389}{665}, \cdots$$

임을 알 수 있다.** 이 수열이 인류가 5음계와 12음계를 주로 사용하게 된 것을 설명하기도 하고, 나아가 41음계의 가능성도 설명하고 있다.

로그함수는 네이피어에 의하여 발견되었다. 그는 십진법을 이용하여 현대적인 소수점 표현을 널리 퍼뜨렸다. 로그함수 발견으로, 복잡한 계산을 하여야 하는 수고가 줄어든 천문학자들의 수

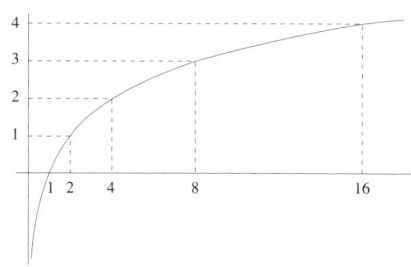

로그2 함수의 그래프.

팬플루트.

명이 두 배로 늘어났다고 라플라스Laplace(1749~1827)는 말하였다.

우리가 하프나 그랜드피아노, 팬플루트 등에서 보는 모습은 바로 로그함수의 그래프이다.

음고류

이제 기준 음의 주파수가 ω_0일 때, 주파수가 ω인 음의 음고류를 다음과 같이 정의한다.

$$(\text{음고류}) = \langle \log_2 (\omega / \omega_0) \rangle$$

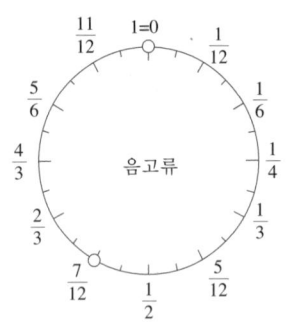

이 식에서 $\langle \ \rangle$는 그 속의 실수의 정수 부분을 버리고 남은 '소수 부분'을 뜻한다.[■] 이러한 정의에서 기준음의 음고류를 0으로 두었음을 알 수 있다. 또 한 옥타브, 두 옥타브, 세 옥타브 등의 음정 차이가 나는 두 음은 같은 음고류임을 알 수 있다. 음고류는 원 위의 점으로 나타낼 수 있다. 그러한 그림은 순정률 단원에서 이미 보여주었다.

위 그림은 완전5도와 완전4도가 더하여 한 옥타브가 되는

$$\frac{7}{12} + \frac{5}{12} = 1$$

[■] 그러므로, 예를 들면, $\langle 3.14 \rangle = 0.14$이다.

것을 나타낸 것이다.

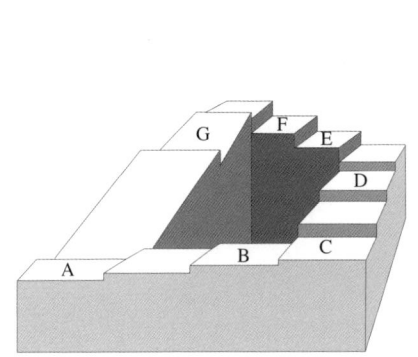 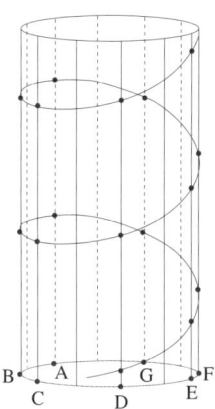

센트 Cent

'센트'라는 말은 100이라는 뜻이다. 음악가들은 한 옥타브 음정을 1200등분하여, 반음정 차이를 100센트로 정하였는데, 이러한 기준으로 **음정**音程, interval, pitch difference을 정의하면 다음과 같다.

$$(센트) = 1200 \times \log_2(주파수의 비율)$$

그러므로 피타고라스의 콤마는

$$1200 \times \log_2(3^{12}/2^{19}) = 1200 \times (12 \times \log_2(3) - 19) \approx 23.46 \text{ (cent)}$$

임을 알 수 있다. 즉, 피타고라스의 콤마는 반음정의 1/4보다도 작음을 알 수 있다.

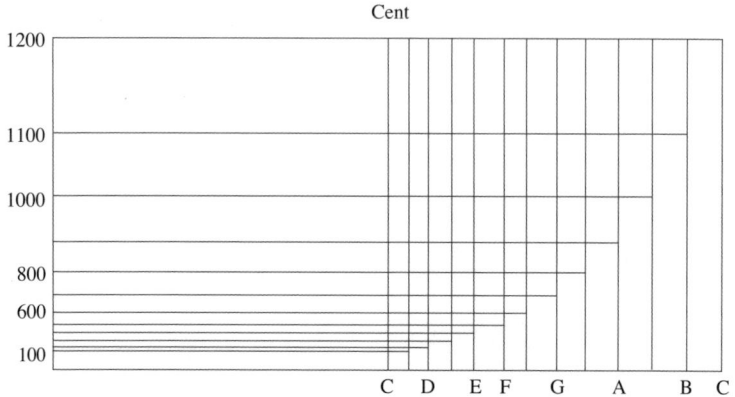

삼각함수

다음 그림과 같은 직각삼각형에서 예각 B의 사인sine, 正弦값과 코사인cosine, 餘弦값은

$$\sin B = \frac{b}{c}, \quad \cos B = \frac{a}{c}$$

로 정의한다.

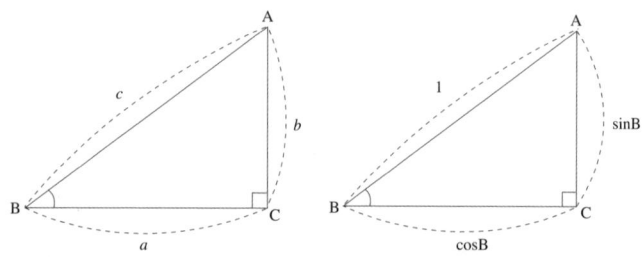

■ 대표적인 주기적週期的, periodic 운동.

그러므로 빗변의 길이가 1인 직각삼각형에서 나머지 두 변의 길이는 각각 한 예각의 sin과 cos값으로 나타난다. 이와 같이 각의 크기에 따라 얻어지는 함수를 **'삼각함수'** 라고 부른다.

고대 이집트와 바빌로니아에서는 하늘을 관측하여 계절과 시각을 알고, 넓은 사막을 건너면서 길을 잃지 않고, 건물을 바로 세워 튼튼하게 지으면서, 삼각함수를 널리 사용하였다. 삼각함수는 원 운동■을 설명하는 것으로 좌표평면에서 표준단위원

$$x^2+y^2 = 1$$

의 각 점의 좌표 (x, y)를 나타낼 때 사용된다. 원점에서 원 위의 점 (x, y)를 바라보는 방향이 제1축(즉, x축)과 이루는 각의 크기를 t라고 하면

$$x = \cos t, \ y = \sin t$$

로 주어진다.

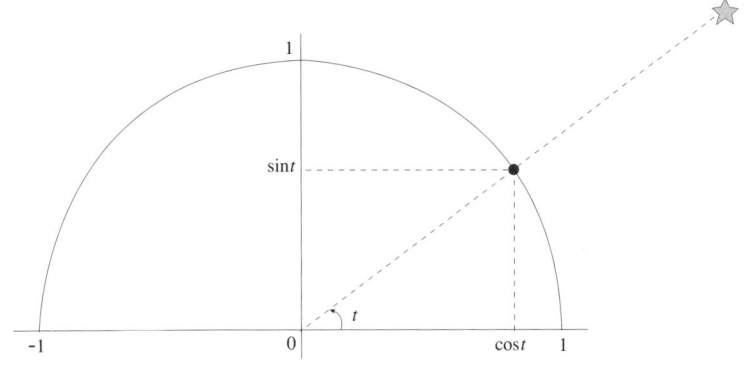

다음 그림은 원 운동을 하고 있는 점의 그림자를 종이에 출력하는 장면을 보여준다. 이때 종이에 그려진 곡선이 사인곡선이다.

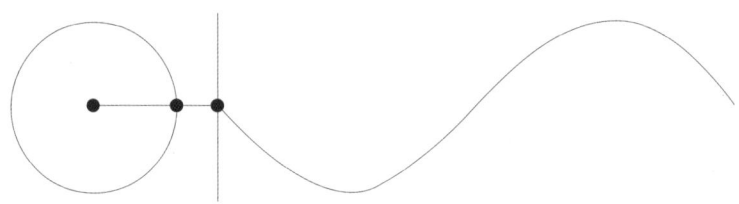

사인 곡선은 파도가 너울거리는 것이나 현이 진동하는 모습에서 볼 수 있다. 원기둥 모양의 양초에 종이를 감은 다음, 칼로 양초의 단면이 타원이 되도록 자른 다음, 종이를 펼치면 사인 곡선이 나타난다. 사인 함수를 평행이동하면 코사인 함수가 되기 때문에, 이 두 함수의 그래프는 같은 모습을 하고 있다.

☆ ★ ☆

'각角, angle'이란 출발점이 일치하는 두 반직선을 뜻한다. 이때 출발점을 각의 '꼭짓점', 각各, each 반직선을 각角의 '변'이라고 부른다. 각의 두 변이 동일한 직선 위에 있지 않으면, 각은 오직 한 평면 위에 있게 된다. '각의 크기'를 재는 방법에는 여러 가지가 있다. 역사적으로는 60분법을 사용하여, '온각'을 1년의 날수에 맞춘 360°라 하였

■ 사실 고대의 바빌로니아인들은 60°를 한 단위로 사용하기도 했다.

고, 평각을 180°, 직각을 90°, 정삼각형의 한 내각의 크기를 60°라 하였다.■ 물론 크기가 180°를 넘는 각을 이야기할 때에는 각을 재는 방향을 같이 생각하여야 하고, 이때 각의 크기는 음수가 되기도 한다. 그러나 하루를 뜻하는 1°는 '고귀한' 자와 컴퍼스로는 작도가 불가능한 각이다. 이런 뜻에서 60분법은 적합한 기준이라 말하기 어렵다. 비록, 조상들이 주입한 교육에 의하여 우리가 익숙하게 느낀다 하더라도.

또 각의 크기를 재기 위한 기준으로 많이 사용되던 것 중의 하나는 '직각' ∠R이다. 우리나라 중학교 과정에서도 오랫동안 사용하던 것인데, 이를 기준으로 하면, 평각은 2∠R이요, 온각은 4∠R이다. 프랑스의 보르다 J. C. de Borda(1733~1799)는 십진법을 이용한 미터법에 관여하면서, 직각을 100으로, 온각은 400으로 나타낼 것을 주장하였다. 이때의 단위를 오늘날 그라드 grad라 부르지만, 많이 사용하지는 않는다.

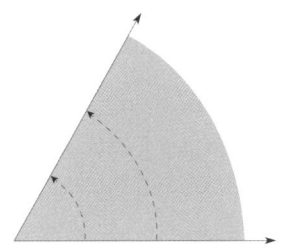

원이라는 것이 회전을 뜻한다면, 온각은 1회전, 평각은 1/2회전

등으로 부를 수도 있을 것이다. 그러나 오늘날의 수학자들이 각의 크기를 재기 위하여 가장 널리 쓰는 방법은 바로 '라디안radian'이라고 부르는 **호도법**이다. 호도법에서는 각의 꼭짓점에서 원을 그려, 원의 반지름의 길이에 대한 각의 내부에 있는 호의 길이의 비율을 '각의 크기'로 정한다. 이때 꼭짓점에서 그리는 원의 크기와 상관없이 이 비는 일정하고,▪ 각의 크기는 단위가 없는 '수'로 나타난다.

원에서 지름에 대한 둘레의 길이의 비는

$$\pi\ (=3.1415926\cdots)$$

이므로, 호도법에서 온각의 크기는 2π, 평각의 크기는 π, 직각의 크기는 $\frac{1}{2}\pi$가 된다. 호도법은 마치 평각의 크기 π를 단위로 하여 각을 재는 것처럼 느껴진다.

기준	온각	평각	직각	정삼각형의 한 내각
60분법	360°	180°	90°	60°
직각	$4\angle R$	$2\angle R$	$\angle R$	$\frac{2}{3}\angle R$
그라드 (grad)	400 grad	200 grad	100 grad	$66\frac{2}{3}$ grad
온각	1회전	$\frac{1}{2}$ 회전	$\frac{1}{4}$ 회전	$\frac{1}{6}$ 회전
호도법 (rad)	2π	π	$\frac{1}{2}\pi$	$\frac{1}{3}\pi$

그러므로

$$1° = \pi/180 \approx 0.017, 60° \approx 1.05, 90° \approx 1.57, 180° = \pi \approx 3.14 \text{ (rad)}$$
$$1 \text{rad} \approx 57.30°$$

등을 알 수 있다.

이러한 여러 가지 견해 중에서 학자들은 왜 호도법을 좋아하는가? 그것은 바로 미분공식

$$\frac{d}{dt} \sin t = \cos t$$

를 버릴 수 없기 때문이다.** 미美가 바로 진眞이다. 코페르니쿠스가 지구는 태양 주위를 돈다고 말한 것도 그것이 자연을 아름답게 설명하기 때문이다.

☆ ★ ☆

실수 t에 대하여 삼각함수 $\sin t$와 $\cos t$는 다음과 같이 정의한다. 먼저 좌표평면에 '표준단위원(즉, 중심이 원점이고 반지름의 길이가 1인 원)'을

---

* 유클리드 기하학을 믿는다면…
** 지수함수와 삼각함수는 복소수의 세계에서는 모두 한 가족이라는 아름다운 식

$$e^{it} = \cos t + i \sin t$$

도 미적분학이 이룩한 성과다. 위 식에 $t = \pi$를 대입하면, 등식

$$e^{i\pi} + 1 = 0$$

을 얻는다. 이 식은 가장 중요한 다섯 가지 상수 0, 1, π, e, i와, 가장 중요한 세 가지 연산 +, ×, ^(거듭제곱), 그리고 가장 중요한 관계인 = 으로 이루어져있다. 대단한 조화다.

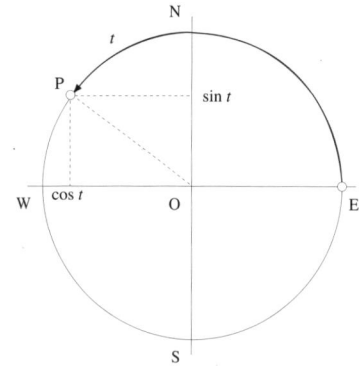

그린 다음, 동극점 E(1,0)에서 호를 따라 북극점 N(0,1) 방향으로 거리가 t 가 되는 점 P를 구한다. 이때 점 P의 제1좌표를 $\cos t$, 제2좌표를 $\sin t$ 라 정한다.

그러므로 삼각함수 $\sin t$ 와 $\cos t$ 는 모든 실수 t 에 대하여 정의된다. 삼각함수의 그래프는 다음과 같이 2π 를 주기週期, period로 하여 반복하는 함수이다.

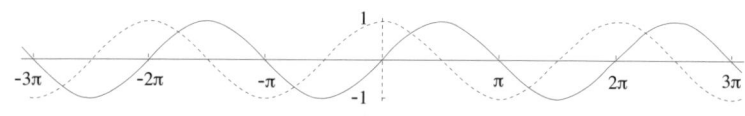

sin함수(실선)와 cos함수(점선)의 그래프

만약 t 가 시각(초)을 나타낸다면, 삼각함수는 진동을 나타내는 가장 기본적인 함수이다.

함수 $\sin(2\pi t)$ 는 주기가 1초이고, 일반적으로 주기가 $1/\omega$, 즉 주파수가 ω Hz 인 사인함수는

$$S_\omega(t) := \sin(2\pi\omega t)$$

로 표현된다. 따라서 음높이의 기준으로 삼는 가음A은

$$S_{440}(t) := \sin(880\pi t)$$

로 표현된다.

다음은 완전 화음(즉, 한 옥타브 화음) $S_\omega(t) + S_{2\omega}(t)$를 나타낸 그림이다.

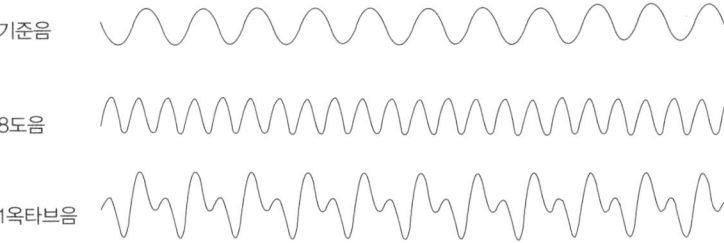

다음 그림은 5도 화음 $S_{2\omega}(t) + S_{3\omega}(t)$를 나타낸 것이다.

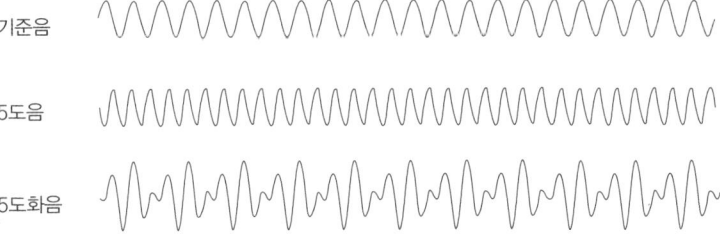

다음 그림은 테트락티스 1 : 2 : 3 : 4를 나타낸다.

푸리에

음색

다 같은 도음이라 하더라도, 피아노가 내는 음과 바이올린이 내는 음이 다르듯이, 우리는 순수한 음을 듣기보다는 다양한 잡음이 섞여, 고유한 색 또는 맛을 가진 음을 듣는다. 그러므로 이러한 음들은 단순하게 삼각함수 하나로 표현되지는 않는다.

프랑스의 수학자이자 나폴레옹의 자문관을 하였던 푸리에 J. Fourier (1768~1830)는* 주기적으로 반복하는 함수는 삼각함수의 합으로 나타남을 발견하여, 그 논문을 1807년 프랑스 학술원에 제출하였다. 그는 함수 $f(t)$ 의 주기가 $1/\omega$이면

$$f(t) = a_0 + \sum_{n=1}^{\infty} \{a_n \cos(2n\pi\omega t) + b_n \sin(2n\pi\omega t)\}$$

임을 보였다. 이때 ω는 이 함수의 '고유 주파수'라 부르는 것으로, '기음 基音, fundamental'을 정해주고, 계수 $a_1, a_2, a_3, \cdots, b_1, b_2, b_3, \cdots$ 등은 기음과 그 '배음 倍音, harmonics'의 세기를 나타낸다. 두 악기가 같은 기음으로 연주되더라도, 다른 색을 가진 것은 바로 기음에 대한 배음의 세기가 다르기 때문이다.

관악기의 경우도 관 속으로 공기를 불어 넣으면, 관이 열린 곳에는 공기의 밀도가 낮고, 관이 막힌 곳에는 밀도가 높아 그러한 공기의 진동은 삼각함수로 표현된다.

---

* 푸리에와 로제타스톤의 이야기는 '어둠 속의 빛' 장을 참고.

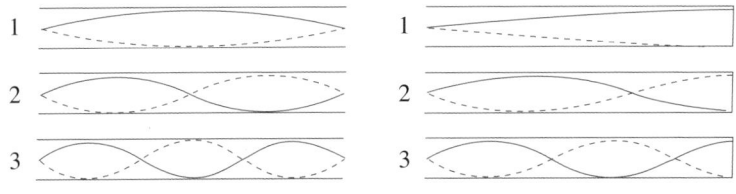

양쪽이 열린 관과 한쪽이 닫힌 관의 진동

예를 들어, 클라리넷이 내는 소리는 기음에 대하여 짝수 배음은 없고, 홀수 배음만 있는 삼각함수의 합으로 나타난다.

$$\sin(2\pi\omega t)+0.75\sin(6\pi\omega t)+0.5\sin(10\pi\omega t)+0.14\sin(14\pi\omega t)$$
$$+0.5\sin(18\pi\omega t)+0.12\sin(22\pi\omega t)+0.17\sin(26\pi\omega t)$$

클라리넷의 음색

플루트가 내는 소리가 순수하게 느껴지는 이유는 기음과 2배음이 주를 이루고, 나머지 배음은 아주 약하기 때문이다.

과거에 음반을 만들 때에는 소리의 파동에 따라 음반에 홈이 파여 있어서, 전축의 바늘이 그 홈을 따라 지나가며 진동하는 소리를 증폭하여 소리나 음악을 들었다. 그러나 푸리에 해석에 의하면, 모든 소리는 기음의 주파수와 배음들의 크기

$$\omega, a_0, a_1, b_1, b_1, a_2, b_2, \cdots$$

천구의 화음

에 의하여 정해지므로, 과거에 즐기던 아날로그를 우리의 청각이 허용하는 범위 안의 디지털로 바꿀 수 있게 되었다. 아날로그 식으로 이해하던 음악을 디지털로 이해하게 되자, 이제는 다양한 전자음악을 만들고, 새로운 소리를 들을 수 있게 되었으며, 20세기 초반에 녹음된 잡음 섞인 음악에서 잡음을 제거하는 방법까지 알게 되었다.

이러한 진보는 인류가 디지털적인 사고를 이해하고 그것을 활용할 수 있게 되었기 때문에 일어난 것이다. 하지만 그것이 아날로그가 저급함을 의미하지는 않는다. 아직도 인류는 아날로그를 완전히 이해하지 못하고 있다. 그것을 이해하는 날에는 전혀 새로운 혁명이 올 것이다.

진동

세상에는 많은 종류의 진동이 있다. 태어나서 돌아갈 때까지 우리의 심장은 뛰고 있고, 걸을 때에는 왼발, 오른발 교대로 움직이며, 말이나 낙타처럼 네발짐승은 더욱 조화로운 방법을 사용하여 걷는다. 물고기는 지느러미를 움직이고, 날짐승은 날개를 움직여 하늘을 난다. 천체는 더욱 무심하여 언제나 조화를 이루고 있다. 세상의 많은 소리는 진동을 통하여 전달되지만, 그 진동이 귀라는 감각 기관이 감지할 수 있는 한계를 넘게 되면, 더 이상 들을 수 없다. 하지만 더 빠른 진동은 라디오를 통하여 들을 수 있고, 음식을 익혀주며, 따스함으로, 빛으로, X선으로 나타난다.

진동의 전달은 공명의 과정이다. 우리가 글이나 그림 등을 통하여 작가와 공감할 수 있는 것도 넓은 의미의 공명이라 할 수 있다.

☆ ★ ☆

물체는 고유한 진동을 가지고 있는데, 이를 스펙트럼이라 한다. 거꾸로 스펙트럼을 알아 그것이 어떤 사물에서 나온 것인지 알 수 있다면, 사물과 스펙트럼은 같은 것이라 할 수 있다. 과학자들이 멀리 있는 별이 내는 빛을 보고, 별의 성분이나 운동을 밝히는 것도 이러한 '거꿀 생각'을 활용한 것이다. 의사들이 청진기를 이용하여 환자의 심장이나 폐의 소리를 듣고, 이로부터 여러 진단을 내리는 것도 다 '거꿀 생각'을 활용하는 것이다.

이는 마치 북소리를 듣고, 그 북이 어떻게 생겼는지 알 수 있느냐는 질문과 같은 것으로 이와 같은 문제를 '역문제inverse problem'라고 부른다. 역문제를 해결하면, 땅속에 굴이 있는지, 수맥이 있는지, 유전이 있는지 알 수 있고, 커다란 식량 창고의 깊숙한 곳에 쌀이 들어있는지도 알게 해준다.

음색이 다른 북.

☆ ★ ☆

진동이 물체의 실체라는 생각은 현대 물리학자들이 끈string을 이용하여 만물을 설명하려는 데에서도 찾을 수 있다.

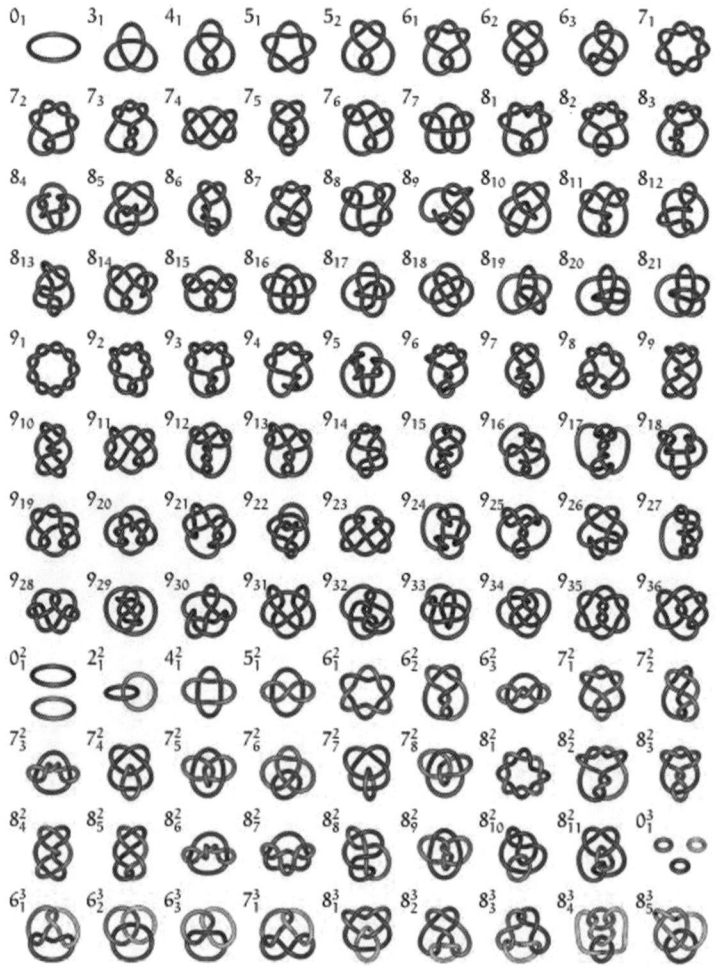

매듭의 분류

- [Vamvacas, p. 479].

오늘날 우리가 스펙트럼의 언어에서 듣는 것은
실로 원자들이 연주하는 천구의 음악이자,
자연수의 관계로 이루어진 조화이다.
- 독일의 물리학자 좀머펠트 Arnold Sommerfeld(1868~1951)

음악과 그토록 오래 함께해 왔음에도 불구하고
음악에 대한 지식을 진정으로 이해하게 된 것은
수학의 도움에 의해서였다는 사실을
고백하지 않을 수 없다.
- 프랑스의 작곡가 라모 J. P. Rameau(1683~1764)

그림, 다시 태어나

라파엘로, 〈아테네 학당〉*

> 작은 산이 큰 산을 가리나니 小山蔽大山
> 멀고 가까움이 같지 않구나 遠近地不同
> – 다산 정약용

> 같은 것일지라도 우리의 눈에서 멀리 떨어져있는지 가까이 있는지에 따라 크기가 달리 보인다. … 또, 밝은 색을 칠하거나 어두운 색을 칠하는가에 따라 볼록 또는 오목하게 착각한다. 온갖 이러한 착각이 우리의 마음속에 생기는 것은 명백하다.
> – 플라톤, 《국가》, 10권

우리가 사물을 보거나 듣고, 또는 맛보고, 냄새 맡거나, 만져보아 느끼는 것은 사실事實일까? 사실이란 무엇일까? 우리의 느낌은 다른 사람들이 느끼는 것과 같을까? 플라톤은 '동굴의 우화'를 통하여 우리가 감각으로 느끼는 물질세계는 이데아 세계의 그림자에 불과하며 실

---

* 로마 바티칸궁 서명실의 벽화(1509~1510, 프레스코화, 770cm), 플라톤과 아리스토텔레스를 비롯하여 피타고라스, 파르메니데스, 소크라테스, 유클리드(아르키메데스?) 등을 볼 수 있다.

재實在하는 것은 바로 이데아의 세계라고 하였다.

다음은 직육면체를 두 가지 방법으로 그린 것이다.

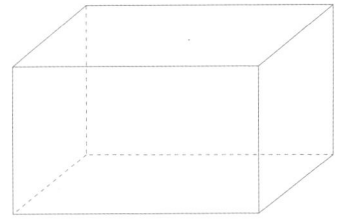 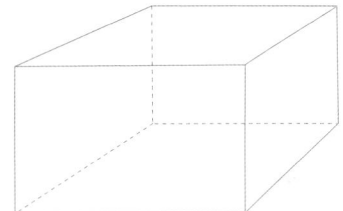

어느 것이 옳게 그린 것일까? 직육면체에서 서로 평행인 두 모서리를 평면에 그릴 때에는 만나지 않는 평행선으로 그리는 것이 옳을까? 아니면, 관찰자에게 가까이 있는 것과 멀리 있는 것을 다르게 표현하는 것이 옳을까? 아니면, 우리 눈의 망막에 맺힌 상像처럼 그린 것이 옳을까?

화가들이 공간에서 본 것을 화면이라는 평면에 담는 방법은 세월에 따라 다양하게 변해왔다. 오늘날에도 어린이들이 그

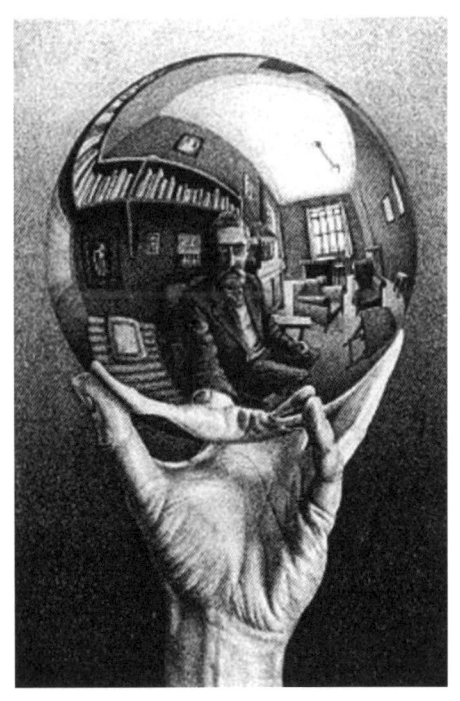

에셔M. C. Escher(1898~1972), 〈Hand with Reflecting Sphere〉, 1935, Lithograph, 318×213㎜.

그림, 다시 태어나 **139**

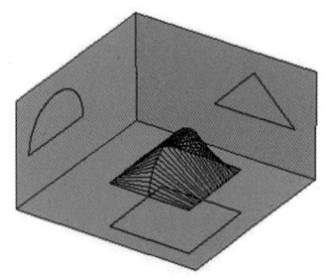

평면도, 정면도, 측면도.

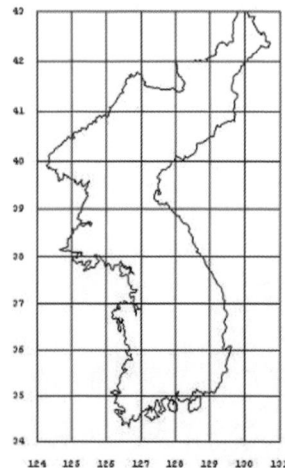

림을 처음 그릴 때에는 자신이 중요하게 본 것을 강조하게 되는 것을 안다. 고대 벽화나 중세 이전의 회화에서도 이러한 '생각의 표현'이 강조되었고, 대부분의 그림이 입체감을 주는 '멀고 가까움'을 나타내지는 않아서 사실감이 떨어졌다.■

회화나 건축 설계 등의 가장 중요한 문제 중의 하나는 '삼차원 공간의 물체를 이차원 면에 표현하는 좋은 방법이 있는가?'이다. 둥근 지구를 평면 지도로 나타내는 문제도 여간 어려운 것이 아니다.

☆ ★ ☆

르네상스■■ 시대의 화가들은 실천적인 건축가였고, 공학자였을 뿐 아니라 이론적인 수학자의 재능도 가지고 있었는데, 그들은 입체를 평면에 표현하는 방법을 개발하여 회화에 혁명을 일으켰다. 그들은 이 과정에서 먼 것은 작게, 가까운 것은 크게 그린다는 '원근법'을 매우 강조하였고, 그것을 통하여 '그림의 중심'과 '관찰자의 위치'를 나타내었다.

■ 후일에 사진기라는 발명품이 등장하여 사물의 정교한 광학적인 표현이 가능해지자, 회화에서는 다시 관념적인 표현이 강조되었다.
■■ 르네상스 renaissance는 '문예부흥'이라고도 말하지만, '다시 태어남'을 뜻한다.
■■ 화가의 눈을 한 점으로 묘사했다.

공간의 점 P가 화면이라는 평면에 표현될 때에는 화가의 눈 E와 점 P를 연결한 직선이 화면과 만나는 점 P´으로 나타난다.■

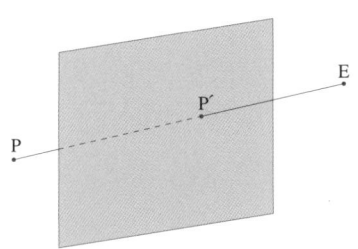

뒤러 Albrecht Dürer(1471~1528), 《화가의 매뉴얼》(1525).

또 공간의 직선은 화면에서 여전히 직선으로 나타나는데,* 그 이유는 '직선과 눈 E가 만드는 평면'과 '화면이라는 평면'의 교선이 직선이기 때문이다.

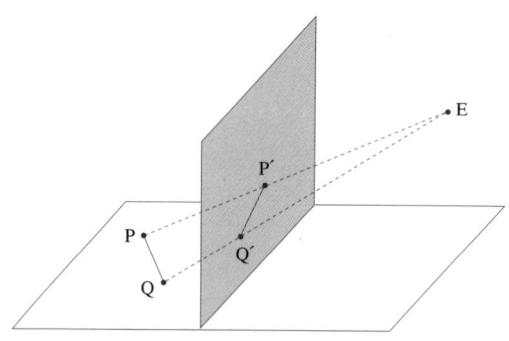

이와 같이 고대 그리스의 기하학은 르네상스 시대의 화가들이 풍경을 화면에 담을 때 기본으로 사용하는 원리가 되었다.

르네상스 시대에 이탈리아의 알베르티Leon Alberti(1404~1472)는 《회화론Della Pittura》(1435~1436)을 저술하면서 제1권을 에우클레이데스(즉, 유클리드)의 《원소元素, stoicheia》**에 나오는 기하학의 내용들로 가득 채웠다. 다음은 회화론의 서문에 나오는 글이다.

> 이 책은 우아하고 고귀하기 이를 데 없는 회화예술을 자라나게 하는 자연의 뿌리인 수학의 내용으로 채워져있다.

---

* 공간의 직선이 화면에 한 점으로 나타나거나 또는 전혀 나타나지 않는 경우가 있는데, 이러한 예외적인 경우는 다루지 않기로 한다.
** 에우클레이데스의 '스토이케이아'는 1607년에 '기하원본幾何原本'으로 번역되어 중국에 소개되었고, 우리나라에서는 '원론原論'이라고 부르기도 한다.

레오나르도 다빈치Leonardo da vinci(1452~1519)도 원근법은 회화의 가장 기본임을 제자들에게 매우 강조하였다.

레오나르도 다빈치, 〈최후의 만찬〉.

훨씬 이전에 그려진 지오토Giotto di Bondone(1267~1337)의 〈최후의 만찬〉에는 원근감이 없어 살아있는 그림 같지 않다.

지오토, 〈최후의 만찬〉.

그림, 다시 태어나 143

라파엘로Raffaello Sanzio(1483~1520)는 〈아테네 학당〉에서 저서 《티마이오스》를 들고 하늘을 가리키는 플라톤과 저서 《에티카Ethica》를 들고 땅을 가리키는 아리스토텔레스 사이를 '시심視心'으로 하여 표현하였다(단원 처음의 그림 참조).

시심은 화가의 눈, 즉 시점視點 E에서 화면에 내린 수선의 발이다. 시심은 화가의 눈높이를 반영하는 점으로 우리가 그림을 감상할 때에 그 점과 같은 높이에서 보아야 화가가 의도하는 느낌을 받을 수 있는 점이다.

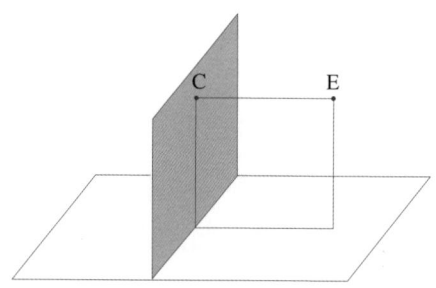

화면은 바닥면에 수직이고, 시점(E)을 화면에 내린 수선의 발이 시심(C)이다.

다음 그림은 점 P를 화면에 나타낸 점 P′이, 점 P의 수선의 발 H와 시심 C를 연결한 직선 위에 있음을 보여주는 그림이다.

■ 화가의 눈을 시점視點, point of sight, 화면picture plane을 투상면投象面, plane of projection, 화가가 수직으로 서있는 바닥면을 기면基面, ground plane, 눈과 물체를 잇는 선을 시선視線, visual line 또는 투상선投象線, projecting line이라고 한다. 또 화면과 바닥면의 교선을 기선基線이라 한다. 시점을 기면에 내린 수선의 발은 정점停點, station point이라 한다.

■ 여기에서 '일반적으로 일어난다' 는 것은 '확률 1로 일어난다' 는 뜻이다. 그러므로 나머지 경우는 확률 0으로 일어난다.

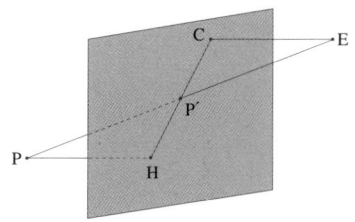

소실점

공간에서 한 평면과 한 직선은

1) 오직 한 점에서 만나거나
2) 서로 평행이거나 (즉, 만나지 않거나) 또는
3) 직선이 평면에 완전히 포함된다.

이 세 가지 경우 중에서 일반적으로 일어나는** 경우인 1)을 살펴보자.

화면과 오직 한 점에서 만나는 직선 *l*을 생각하자. 이때 시점 E를 지나고 직선 *l*에 평행인 직선이 화면과 만나는 점 V를 직선 *l*의 소실점消失點, vanishing point이라고 부른다.

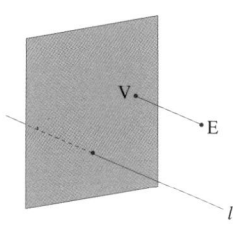

그림, 다시 태어나

직선 l과 화면이 만나는 점을 P라 하고, l의 점 Q와 시점 E를 연결한 직선이 화면과 만나는 점을 Q´이라 하였을 때, Q´은 직선 PV 위의 점이다.[※] 또 Q가 l을 따라 점점 멀리감에 따라 Q´은 V에 한없이 가까워진다. 그러한 이유 때문에 점 V를 직선 l의 소실점이라고 부른다.

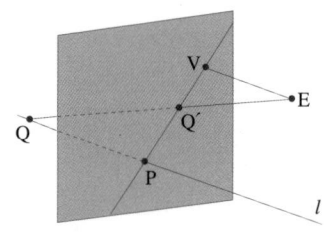

또 직선 m이 직선 l과 평행이면, 이들은 같은 소실점을 가진다는 것은 정의에서 바로 알 수 있다. 그러므로 소실점은 '평행선들이 무한히 먼 곳에서 하나됨'을 화면에 나타낸 것이다.

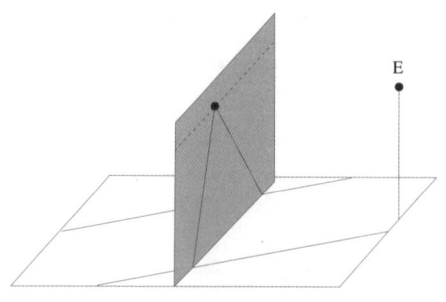

[※] 편의상 직선 l이 시점 E를 지나지 않는다고 가정한다. 이때 '직선 l과 시점 E를 지나는 평면'과 화면의 교선이 바로 직선 PV이다.

[※※] 중앙소실점을 주소실점principal vanishing point이라고도 부른다.

이러한 소실점 중에서 가장 기본이 되는 소실점은 '중앙소실점'으로 바닥의 직선 중에서 화면을 수직으로 통과하는 직선의 소실점을 뜻한다.** 즉, 중앙소실점은 바로 시심이다.

다음 그림은 화면으로부터 수직으로 뻗은 서로 평행인 두 직선 m, n과 그것을 바라보는 화가의 눈 E와 화면에 그려진 중앙소실점, 즉 시심 C를 그린 것이다.

바닥에서 평행인 두 직선 m, n은 화면에서는 한 점 C에서 만나는 것처럼 표현되는데, 이 점이 바로 중앙소실점이다. 한없이 뻗어있는 기차의 철로 한가운데 서서 멀어져가는 철길을 바라보면, 평행인 두 철선이 아주 멀리서 만나는 것처럼 보인다. 이 만나는 점을 화면에 찍은 것이 중앙소실점이다.

그림, 다시 태어나 147

지평선

바닥면, 즉 기면基面 위에 있는 직선들의 소실점은 화면에서 일정한 직선 위에 놓여있다. 이 직선은 기선基線, 즉 바닥면과 화면이 만나는 선에 평행인 선으로, '지평선地平線, horizon' 또는 '수평선水平線'이라고 부른다.■

제주도 서귀포에서 바라본 수평선.

수평선은 관찰자의 키 높이를 나타낸다. 다음 사진에서 중앙소실점은 길의 가장자리 선들이 만나는 것처럼 보이는 곳이고, 그 점의 높이가 행인보다 높으므로, 행인의 키가 작가(또는 카메라)의 눈높이보다

■ 지구가 평평하다면.
■■ '평행사변형 타일'도 비슷하게 보인다.

낮다는 것을 알 수 있다.

거리점

다음 그림은 정사각형 타일이 깔려있는 바닥을 화폭에 담은 것이다.■■

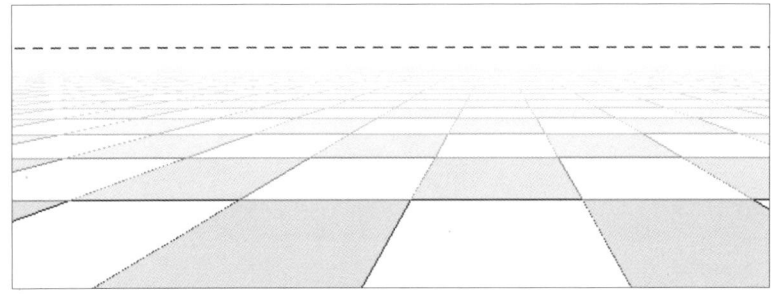

화폭에 점선으로 그린 것은 지평선을 뜻하고, 바닥에 있는 직선들의 소실점들이 모두 모인 곳이다. 이러한 소실점 중에서 화가의 왼쪽 45° 방향으로 나가는 직선의 소실점 L을 '좌측소실점', 화가의 오른쪽 45° 방향으로 나가는 직선의 소실점 R을 '우측소실점'이라고 부르기로 한다. 이러한 좌·우 소실점은 정사각형 타일의 대각선을 연결한 직선들의 공통 소실점이다.

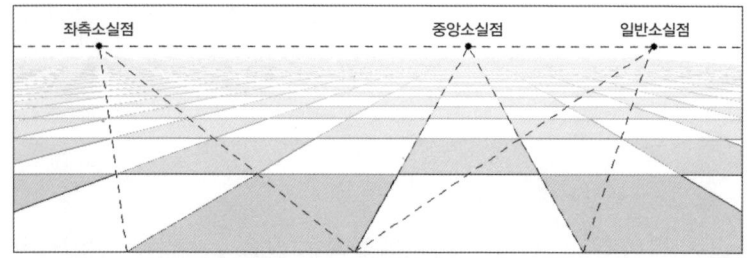

다음 그림은 좌측소실점과 중앙소실점 사이의 거리 $\overline{CL}$ 이 화가의 눈과 화면사이의 거리 $\overline{CE}$ 와 같음을 보여주는 그림이다.

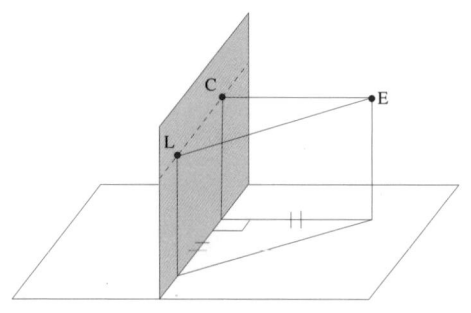

△CLE는 직각이등변삼각형이므로 $\overline{CL} = \overline{CE}$ 다.

물론 우측소실점과 중앙소실점 사이의 거리도 화가와 화면 사이의 거리와 같다. 그러므로 좌·우소실점 각각을 거리점距離點, distance point 또는 대각소실점diagonal vanishing point이라고 부른다. 그림을 감상할 때에는 중앙소실점에서 이 거리만큼 떨어진 곳에서 보는 것이 화가가 그림을 그릴 때의 위치라는 것을 알 수 있다.

정사각형 그리기

아래 그림은 바닥, 즉 기면에 놓인 정사각형을 화면에 그릴 때, 그 높이를 구하는 방법을 서술한 것이다. 바닥의 정사각형은 변 M*Q*가 기선(즉, 바닥면과 화면의 교선)에 놓여있고, MQ는 정사각형의 높이를 나타낸다. 이 높이는 화면에 HQ로 나타난다. 우리가 이해하려는 것은 화면에서 H의 위치를 어떻게 구하는가 하는 것이다.

아래 그림에서 C*는 지평선 위의 점으로 바닥에 내린 수선의 발이 Q*인 점이다. 그리고 E*도 지평선 위의 점으로 선분 C*E*의 거

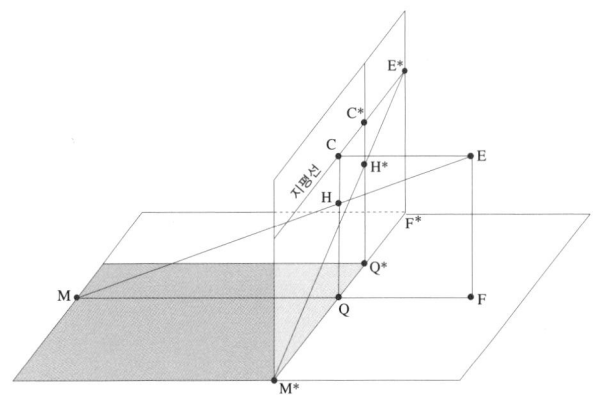

리가 화가의 눈 E와 화면 사이의 거리와 같도록 잡은 점이다. 그러므로 $\overline{QF} = \overline{CE} = \overline{C^*E^*} = \overline{Q^*F^*}$ 이다.

이제 선분 E^*M^*와 선분 C^*Q^*의 교점을 H^*라고 하면, 우리는

$$\overline{HQ} = \overline{H^*Q^*}$$

임을 증명한다.

(증명) 먼저 두 직각삼각형 △EMF와 △E*M*F*는 밑변의 길이와 높이가 같으므로, 서로 합동인 삼각형이다. 그러므로 ∠EMF = ∠E*M*F*이다. 따라서 한 예각의 크기가 같고, 밑변의 길이가 같은 두 직각삼각형 △HMQ와 △H*M*Q*도 서로 합동이다. 따라서 $\overline{HQ} = \overline{H^*Q^*}$다. (증명 끝)

그러므로 H는 'H*를 지나고 기선에 평행인 직선'과 직선 CQ의 교점이다.

다음 그림은 위 그림에서 화면을 추출하여 다시 그린 것이다. 색칠된 부분이 화면에 표현된 정사각형의 모습이다.

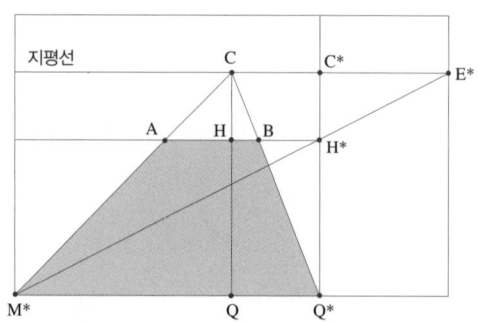

따라서 사각형 타일이 깔려있는 바닥을 그리는 것은 다음 그림과 같이 매우 쉬운 일이 된다. 이러한 화법은 알베르티의 《회화론》에도 설명되어있다.

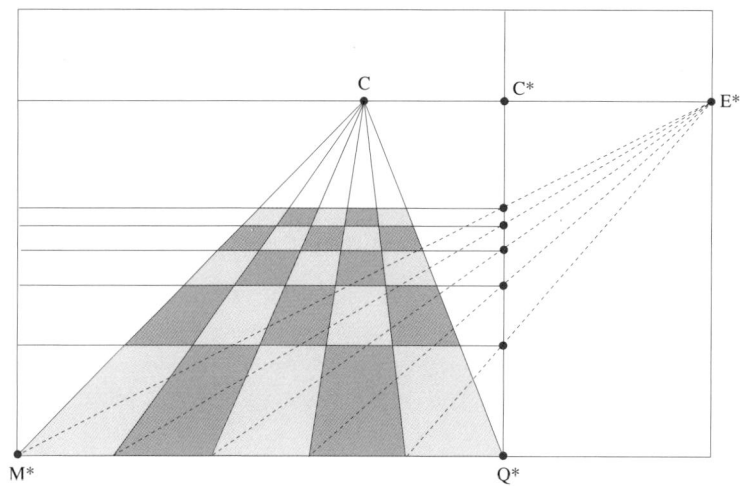

위 그림에서 선분 C*Q* 위에 찍은 점들은 조화수열을 보여준다는 것을 곧 설명할 것이다.

조화평균

두 양수의 역수들의 산술평균의 역수를 처음 두 양수의 '조화평균調和平均, harmonic mean'이라고 한다. 그러므로 두 양수를 a, b라고 하면, 그 조화평균 h는 등식

$$\frac{1}{h} = \frac{1}{2}\left(\frac{1}{a} + \frac{1}{b}\right)$$

을 만족시킨다. 따라서

$$h = \frac{2ab}{a+b}$$

임을 알 수 있다.

다음 그림은 동일 직선 위의 점 O, A, B에 대하여 $\overline{OH}$ 가 $\overline{OA}$, $\overline{OB}$ 의 조화평균이 되도록 같은 직선 위의 점 H를 작도하는 법을 보여 준다.

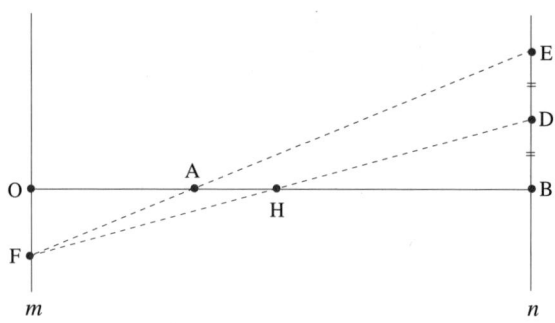

먼저 점 O와 점 B를 각각 지나는 평행선 m, n을 그린다. 그리고 점 B에서 일정한 간격으로 점 D와 점 E를 찍는다. 그리고 점 E와 A를 지나는 직선과 직선 m의 교점 F를 구한다. 그러면 직선 FD와 선분 OB가 만나는 점 H가 바로 조화평균점이다.

그 까닭은 다음 그림에서 보는 바와 같이 선분 GY의 길이가 선분 OX의 길이의 역수에 비례하기 때문이다. 따라서 E와 B의 평균점인 D를 F와 연결하면 A와 B의 조화평균점 H를 얻는다.

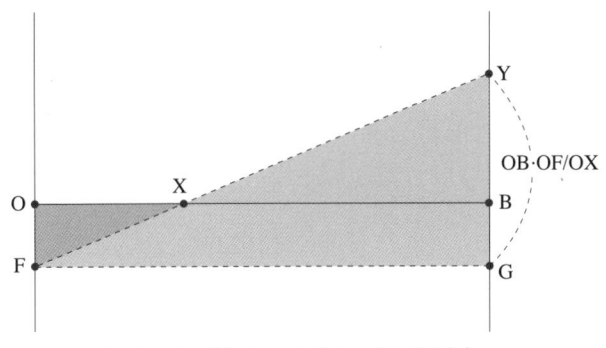

OXF ∽ GFY이므로 OX : OF = GF : GY이다.

어떤 수열의 각 항의 역수들로 이루어진 수열이 등차수열을 이루면, 처음 수열을 조화수열이라고 부른다. 대표적인 **조화수열**의 보기로는

$$1, \frac{1}{2}, \frac{1}{3}, \frac{1}{4}, \cdots$$

을 들 수 있다. 조화수열에서 각 항은 앞뒤 두 항의 '조화평균'이다. 피타고라스학파의 도미솔, 파라도, 솔시레 화음은 모두 길이의 비가 $\frac{1}{4} : \frac{1}{5} : \frac{1}{6}$ 인 조화수열로 이루어진 현이 내는 음들이다.

바닥에 체크 무늬가 깔려있는 모습을 화면에 담으면 조화수열을

볼 수 있다. 직선 도로를 따라 일정한 높이의 전신주가 일정한 간격으로 있을 때, 그것을 보는 사람들에게 전신주의 높이들은 조화수열을 보여 준다. 마치 소리의 화음을 들을 수 있는 것처럼 조화를 볼 수 있다.

그 이유는 다음과 같다. 앞에서 정사각형 타일을 화면에 담는 법과 조화평균을 작도하는 법을 살펴보았다. 그러므로 아래 그림에서 OH_2, OH_1, OB는 조화수열을 이룬다. 이 길이들은 $\triangle CA_2B_2$, $\triangle CA_1B_1$, $\triangle CAB$의 높이들이다. 따라서 이 삼각형들의 밑변의 길이인 $\overline{A_2B_2}$, $\overline{A_1B_1}$, $\overline{AB}$도 조화수열이고, 대응하는 변들의 길이인 $\overline{CA_2}, \overline{CA_1}, \overline{CA}$도 조화수열을 이룬다. 또 이들의 비는 $\triangle CA_2T_2$, $\triangle CA_1T_1$, $\triangle CAT$의 닮음비이므로, 전신주들의 높이인 $\overline{A_2T_2}, \overline{A_1T_1}, \overline{AT}$도 조화수열을 이룬다.

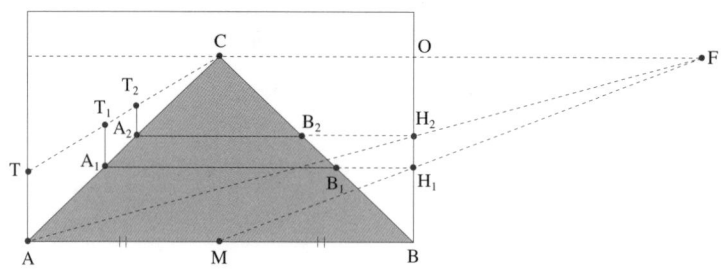

A_1B_1은 AB와 A_2B_2의 조화평균이고, T_1A_1은 TA와 T_2A_2의 조화평균이다.

알베르티의 《회화론》에 나오는 정사각형 타일의 그림에서도 조화수열이 보이는 것을 이제는 잘 알 수 있다.

평행사변형 쪽매붙이기

주어진 평면에서 '쪽매붙임tiling, tessellation, mosaic'란 한 가지 또는 그 이상의 기본 도형들과 합동인 도형을 이용하여 평면을 빈틈없이, 겹치지 않게, 가득 채운 것을 말한다. 공간에서도 쪽매붙임을 생각할 수 있고, 그것은 소금이나 흑연, 다이아몬드 등의 결정 구조에서도 발견된다.

'평행사변형 쪽매붙임'은 기준으로 하는 평행사변형과 합동인 평행사변형을 이용하여 변은 변끼리, 꼭짓점은 꼭짓점끼리 접하도록 평면에 만든 쪽매붙임을 뜻한다. 물론 '정사각형 쪽매붙임'은 평행사변형 쪽매붙임의 한 종류이다.

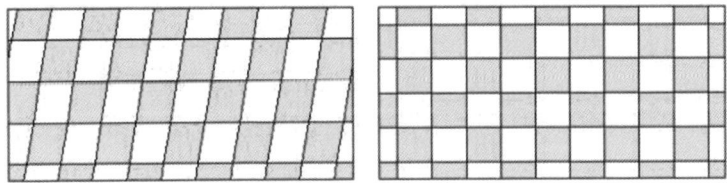

평행사변형 쪽매붙임과 정사각형 쪽매붙임

바닥에 평행사변형 쪽매붙임이 깔려있는 모습을 창문을 통하여 바라볼 때, 창문에 비친 상은 어떠한 모습일까? 다음은 창문에 비친 평행사변형 쪽매 하나의 모습에서 다른 쪽매들이 어떻게 보이는지 추론하는 과정을 그린 것이다.

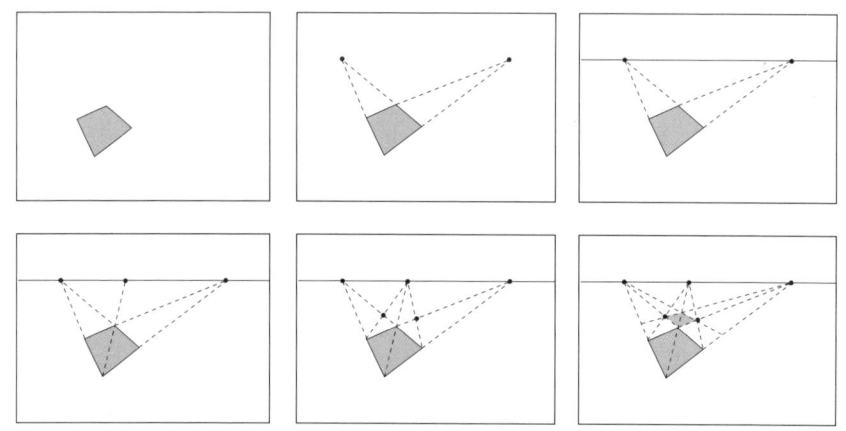

이 과정을 조화수열의 특징을 이용하면 아주 쉽게 그릴 수 있다.

2점 투시

다음 그림은 직육면체가 바닥에 놓여있어 밑면은 화면과 수직이고, 다른 면들은 화면과 평행하지 않아, 직육면체의 모서리가 지평선 위의 두 소실점을 향하고 있는 모습을 그린 것이다.

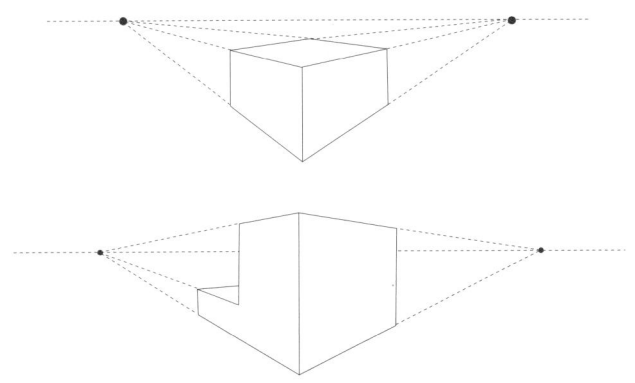

3점 투시

다음 그림은 직육면체의 밑면도 기면과 수직이 아니고 다른 면들도 화면과 평행하지 않아, 직육면체의 모서리가 세 소실점을 향하고 있는 모습을 그린 것이다.

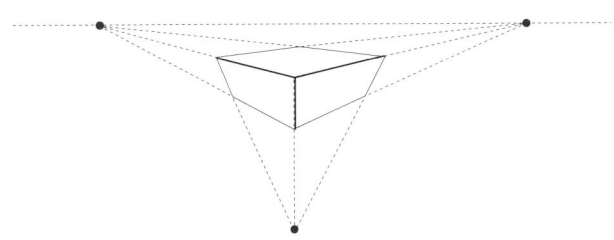

원의 그림자

고대 그리스인들은 원의 그림자가 타원이라는 것을 잘 알고 있었다.[*]
타원에 대한 이해는 케플러에 의하여 행성의 궤도로 발전하였다.

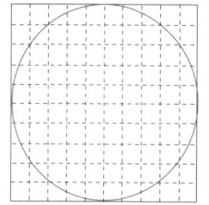 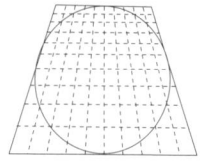 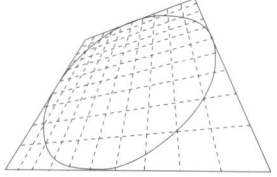

원은 바라보는 방향에 따라 여러 모습의 타원으로 보인다.
사물을 볼 때 접하는 곡선들은 여전히 접하게 보인다.
대각선들의 교점도 변함없이 나타난다.

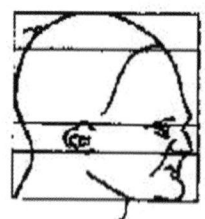 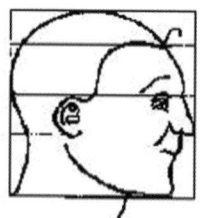 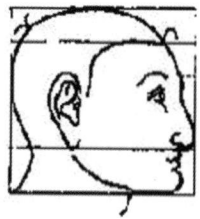

사후인 1528년에 발간된 뒤러의 책에 나오는 그림

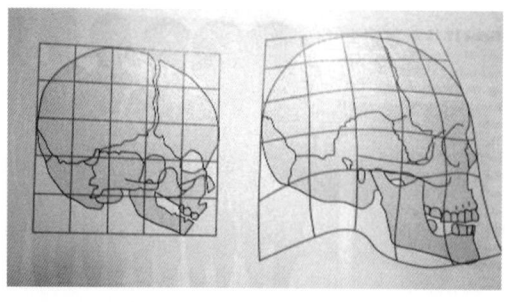

어릴 때 모습과
커서의 모습

---

[*] 원의 그림자는 때에 따라 포물선이나 쌍곡선이 되기도 한다. 원, 타원, 쌍곡선, 포물선은 사영기하학에서는 모두 한 가족이다.

르네상스 시대 화가들의 연구로 기하학은 더욱 발전하여, 결국 데 자르그Gerard Desargue(1593~1662) 등에 의하여 '사영기하학射影幾何學, projective geometry'이 탄생하였다.

기하학자들은 투시에서 변하지 않는 것을 발견하였는데, 그것은 바로 동일 직선 위에 있는 네 점의 '복비複比, cross ratio'라는 것이다. 일반적으로 공간의 네 점 A, B, C, D 에 대하여 복비 [A, B, C, D]는 다음과 같이 정의한다:

$$[A, B, C, D] = (AC/AD) / (BC/BD) = \frac{AC \cdot BD}{AD \cdot BC}$$

이제 **복비 불변의 법칙**, 즉 직선 m 위에 있는 네 점 A, B, C, D의 그림이 직선 m' 위의 네 점 A´, B´, C´, D´으로 나타날 때

$$[A, B, C, D] = [A´, B´, C´, D´]$$

임을 증명하여보자.

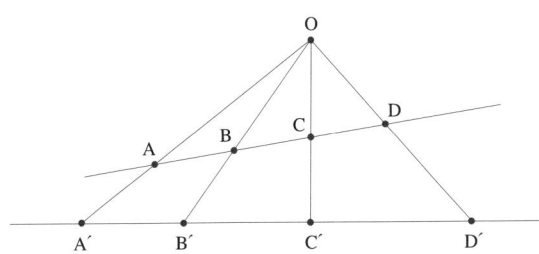

(증명) 먼저 ∠AOB=α, ∠BOC=β, ∠COD=γ라고 두면, 사인법칙law of sines[*]에서 AC=OC sin(α+β) / sin(∠OAB), BD= OD sin(β+γ) / sin(∠OBD), AD=OD sin(α+β+γ) / sin(∠OAB), BC=OC sin β/ sin(∠OBD) 이고, 따라서

$$[A, B, C, D] = \frac{\sin(\alpha+\beta)\sin(\beta+\gamma)}{\sin(\alpha+\beta+\gamma)\sin\beta}$$

이다. 마찬가지 이유로 이 값은 [A′, B′, C′, D′]과 일치한다.
(증명 끝)

사영기하학은 여러 방향에서 항공 촬영한 여러 사진들을 어떻게 이어 큰 사진을 만드는지 알려준다.

예를 들어 아래와 같은 문제를 해결하여 보자.

다음은 평지에 수직으로 세워 둔 두 전신주 A와 B 사이에 누워있는 사람 X의 '사진' 이다. 사진에서 사람의 위치는 선분 AB의 중점의 위치에 있다고 하자. 실제로 두 전신주는 높이가 서로 같고, 두 전신주 사이의 실제 거리는 100m라고 할 때, 전신주 A와 사람 X 사이의 실제 거리는 얼마일까? 사진에서는 전신주 A와 B의 높이의 비가

---

[*] 사인법칙 : △ABC에서 외접원의 반지름을 R이라고 하면, $\frac{a}{\sin A} = \frac{b}{\sin B} = \frac{c}{\sin C} = 2R$ 이다.

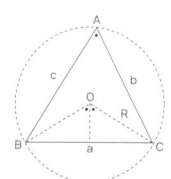

2 : 3으로 나타났다고 하자.

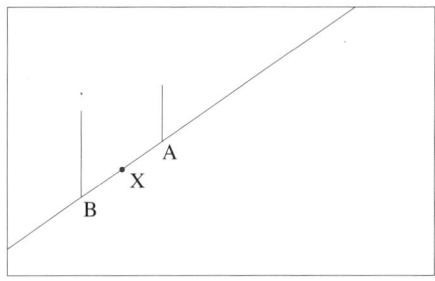

이 문제를 해결하기 위해서 복비 불변의 법칙을 적용하여 보자. 먼저 사진에서 전신주의 꼭대기를 연결한 직선이 A와 B를 연결한 직선과 만나는 점을 O라 하자.

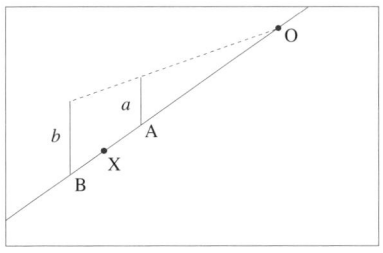

그리고 대응하는 실제 상황의 점들을 O´, A´, X´, B´이라고 하면, 복비 불변의 법칙은

$$[O', A', B', X'] = [O, A, B, X]$$

를 말한다. 한편 실제 상황에서 O'은 무한원점(無限遠點)이므로

$$[O', A', B', X'] = A'X' / A'B' \quad \cdots ①$$

이고, 그림에서 전신주 A와 전신주 B의 높이의 비를 $a:b$라고 하면,

$$[O, A, B, X] = (OB/OX)/(AB/AX) = (OB/((OA+OB)/2))/2$$
$$= \frac{1}{1+\dfrac{OA}{OB}} = \frac{1}{1+\dfrac{a}{b}} = \frac{b}{a+b} \quad \cdots ②$$

이다. 이제 식 ①과 ②를 비교하면

$$A'X' = \frac{b}{a+b} A'B'$$

를 얻는다. 그러므로 사람의 실제 위치 X'은 A'과 B'을 $b:a$로 내분한 점의 위치에 있다.

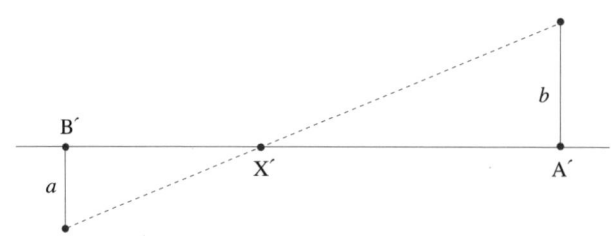

문제에서 A´B´ = 100m로 주어져있고, 사진에서 $a:b = 2:3$이므로, 구하는 거리는

$$A'X' = \frac{3}{2+3} \times 100 = 60 \text{ (미터)}$$

이다.

변태

변태變態란 모습을 바꾸는 것을 뜻하고 '깨침' 또는 '부활' 이라고도 말한다. 애벌레가 누에고치 되었다가, 껍질을 깨고 나와 날개 돋아 하늘을 날듯이. 물이 얼음 되기도 하고, 증기가 되기도 하듯이, 변태란

진정한 나를 이해하는 것이라 할 수 있다. 우리는 자라면서 많은 것을 배우기도 하지만, 동시에 잘못된 편견을 더욱 많이 가지게 된다. 깨침은 이러한 '안다는 생각'을 모두 버릴 때 찾아오게 된다. 나 이외에도 있다는 것을 아는 사람은 '생각하는 사람'이고, 남이 아니라는 것을 아는 사람은 깨친 사람이다.

> 미술은 거짓된 것이지만 그것은 진실을 알게 해준다.
> ― 피카소P. Piccasso(1881~1973)

살라만상

> 내가 밝은 곳에서 거기에다 부여한 형태는
> 어둠 속에서 본 것의 백분의 일에 지나지 않는다.
> — 에셔

쪽매붙이기

'쪽매붙이기'란 특정한 조각들과 합동인 조각, 즉 쪽매들을 이용하여 평면을 빈틈없이 그리고 중복 없이[■] 채우는 행위를 뜻하고, 그 행위의 결과물을 '쪽매붙임tiling, mosaic, tessellation, quilt'이라 한다.

[■] '중복이 없다'는 말은 조각들이 이웃할 때에는 경계에서는 만나지만, 각 조각의 내부의 점은 다른 조각에 속하지 않는다는 뜻으로 사용하였다.

이때 쪽매붙임을 위하여 주어진 특정한 조각 각각을 '**쪽매원형**
prototile'이라 한다. 쪽매원형이 한 조각뿐인 쪽매붙임을 '**일면**mono-
hedral **쪽매붙임**'이라 한다. 즉, 일면쪽매붙임은 모든 쪽매들이 서로 합
동인 쪽매붙임이다. 공간에서도 쪽매붙임을 생각할 수 있으며, 식물
의 씨앗, 생물들의 세포, DNA 또는 소금이나 흑연, 다이아몬드 등 많
은 결정crystal들의 모습에서 볼 수 있다.

우리는 평면을 채우는 쪽매붙임만을 살펴보기로 한다.

☆ ★ ☆

평면의 쪽매붙임 중에서 가장 흔하게 볼 수 있는 것이 다각형을 이
용한 쪽매붙임이다. 이때 다각형의 변은 변끼리 만나고, 꼭짓점은
꼭짓점끼리 만나는 쪽매붙임을 '**변대변**edge-to-edge **쪽매붙임**'이라고
말한다.

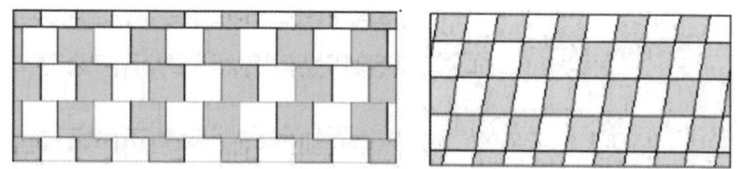

오른쪽 그림은 '변대변 쪽매붙임'이다.

정규쪽매붙임

정다각형 하나를 쪽매원형으로 사용하는 변대변 쪽매붙임을 '**정규쪽**

매붙임'이라 하는데, 정규쪽매붙임이 가능한 쪽매원형에는 정삼각형, 정사각형 그리고 정육각형 등 세 가지가 있다.

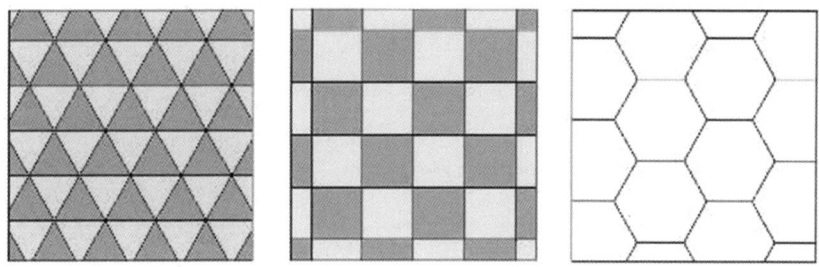

그 이유는 정n각형의 한 내각의 크기가[※]

$$\frac{n-2}{n} \times 180°$$

이고, 이 값이 360°의 약수가 되는 경우는 $n = 3, 4, 6$의 경우뿐이기 때문이다.

정삼각형 쪽매붙임에서 각 삼각형의 중심을 인접한 것끼리 이은

[※] 어떤 삼각형이든지 내각의 합은 평각이다. 물론 실험으로 알 수 있는 것은 아니다. 오늘날까지 행해진 많은 실험에서 삼각형의 세 내각의 합이 평각이 아니라는 어떤 증거도 찾지 못했다. 연속적인 양을 측정하는 실험은 항상 오차가 있기 때문에, 실험으로 밝힐 수 있는 것은 부등식이지 등식은 아니다. 그러므로 삼각형의 세 내각의 합이 평각이라는 것은 유클리드 기하학의 가장 중요한 '믿음' 가운데 하나고, 우리는 그 믿음을 따르고 있다(물론 수학자들은 믿음을 '공리公理'라고 부른다. 산술에서는 '하나' 다음이 '둘'이고 '둘' 다음이 '셋'이듯이, 어떤 자연수에도 '그다음 자연수'가 있다는 것을 믿는다. 수학의 바탕에는 이와 같은 소박한 믿음들이 깔려있다). 길이가 같은 두 막대를 한 평면에 수직으로 세웠을 때, 두 막대의 밑동 사이의 거리가 두 막대의 꼭대기 사이의 거리와 같다는 것도 '삼각형의 내각의 합이 평각이다'라는 믿음에서 나온다.

사각형은 대각선에 의하여 두 개의 삼각형으로 나뉘고, '믿음에 의하여' 사각형의 내각의 합은 평각의 두 배인 온각이다. 마찬가지 이유로 n각형의 내각의 합은 평각의 (n−2)배다.

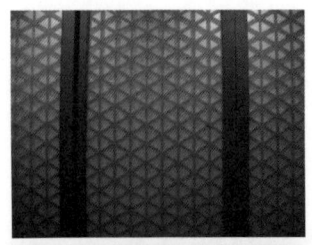

위 | 한지가 발라져있는 문.
아래 | 수덕사 문창살.

선분들은 정육각형 쪽매붙임을 이루고, 거꾸로 정육각형 쪽매붙임에서 각 육각형의 중심을 인접한 것끼리 이은 선분들은 정삼각형 쪽매붙임을 이룬다. 이와 같이 연관된 쪽매붙임을 서로의 쌍대 쪽매붙임이라 한다. 정사각형 쪽매붙임은 스스로 쌍대이다.

정육각형 쪽매붙임은 거북의 등이나 벌집의 모습에서 볼 수 있고, 축구골대의 망에서도 볼 수 있다. 지하도로의 바닥 무늬에서 흔히 볼 수 있는 것 중의 하나는 다음 그림과 같이 같은 크기의 원들로서 장식한 동그라미 문양이 있다. 앞으로 살펴볼 대칭성을 이해하게 되면, 이러한 동그라미 문양은 정삼각형 문양과 같은 '대칭성'를 가지고 있다는 것을 알 수 있다.

☆ ★ ☆

정사각형 또는 더욱 일반적으로 평행사변형에서 한 변의 양 꼭짓점을 잇는 곡선을 대변으로 평행이동하여 새로운 쪽매원형을 만들 수 있고, 이를 이용하면 다양한 무늬를 만들 수 있다.

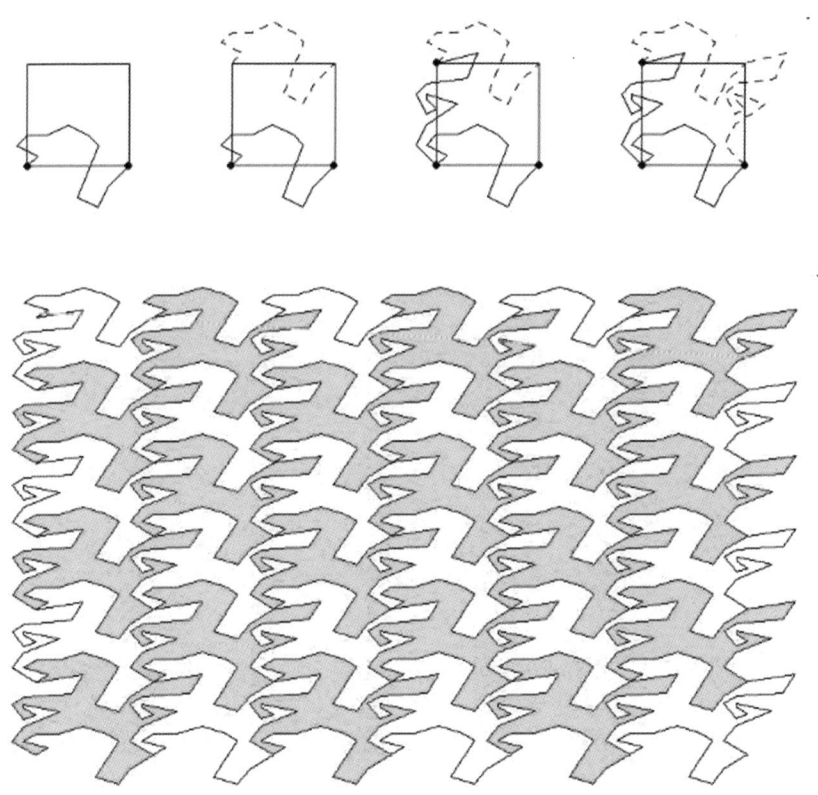

평행사변형에서 한 변의 양 끝점을 잇는 곡선을 그 변에 수직인 직선에 대하여 뒤집은 다음, 평행이동시켜 대변에 붙이면, 새로운 쪽매를 얻는다.

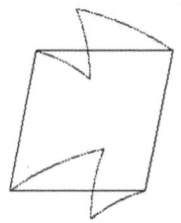
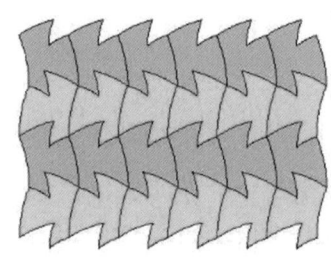

☆ ★ ☆

정육각형 ABCDEF에서 꼭짓점 A와 B를 잇는 곡선을 점 B를 기준으로 시계방향으로 120° 회전시켜 점 B와 C를 잇는 곡선을 얻고, 또 점 C와 D를 잇는 곡선을 점 D를 기준으로 같은 방법으로 회전시켜 점 D와 E를 잇는 곡선을 얻고, 또 점 E와 F를 잇는 곡선을 점 F를 기준으로 같은 방법으로 회전시켜 점 F와 A를 얻는 곡선을 얻는다. 이때 얻은 도형을 이용하면 다양한 쪽매붙임을 만들 수 있다.

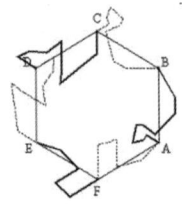

또 정삼각형 ABC에서 꼭짓점 A와 B를 잇는 곡선을 점 B에 대하여 시계방향으로 60° 회전시켜 점 B와 C를 잇는 곡선을 얻고, 또 점 C에서 선분 CA의 중점인 M까지 잇는 곡선을 점 M에 대하여 반 바퀴 회전시켜, 점 M과 A를 잇는 곡선을 얻을 수 있다. 이와 같이 얻은 도형을 이용하면 다양한 사방연속무늬를 만들 수 있다.

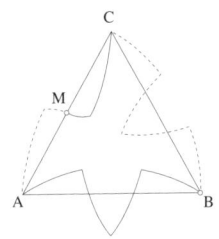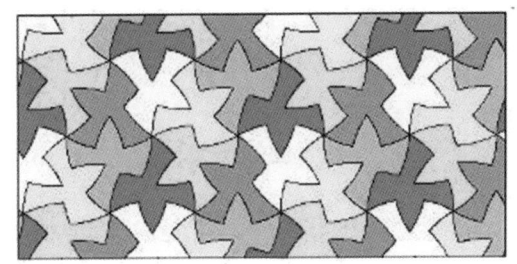

일면쪽매붙이기

모든 사각형은 내각의 총합이 360°이므로, 사각형 하나를 원형으로 하는 쪽매붙이기가 항상 가능하다.

☆ ★ ☆

삼각형은 한 변의 중점에 대하여 180° 회전시킨 것과 자신을 이으면 평행사변형이 된다. 그러므로 모든 삼각형은 쪽매원형으로서의 자격을 가지고 있다.

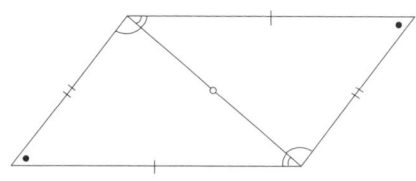

☆ ★ ☆

20세기 초에 라인하르트K. Reinhardt가 일면쪽매붙임이 가능한 볼록 오각형의 다섯 가지 유형을 발견하였다.

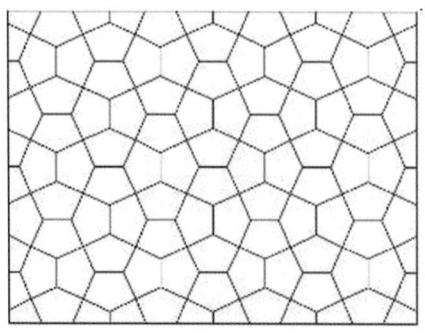

그리고 나서 1968년에 케르슈너R. B. Kershner가 세 가지 유형을 더 발견하였고, 이러한 발견에 대하여 가드너M. Gardner가 1975년에 〈사이언티픽 아메리칸Scientific American〉이라는 잡지에 기사를 실었다. 이 기사가 나간 후 같은 해에 제임스Richard James Ⅲ가 아홉째 번 유형을 발견하였다. 아들이 보고 있던 잡지에서 가드너의 기사를 우연히 읽은 쉰 살이 넘은 마조리에 라이스Marjorie Rice(1923~)라는 주부는 부엌일을 하면서 오각형 쪽매붙임을 틈틈이 연구하여, 1976년에 열째 번 유형을 발견하였다. 고등학교 졸업 후에는 수학을 공부한 적이 없던 라이스는 그다음 해에도 세 가지 유형을 더 발견하였다.

마조리에 라이스.

마조리에 라이스의 오각형 쪽매.

1985년에는 슈타인R. Stein에 의하여 열넷째 번 오각형이 발견되었으나, 그 이후로 어떠한 진전도 없다.

☆ ★ ☆

일면쪽매붙임이 가능한 볼록 육각형의 분류는 1918년 라인하르트에 의하여 이루어졌다. 그는 쪽매붙임이 가능한 볼록 육각형을 다음과 같이 세 가지 종류로 구분하였다.

1) 평행등대변육각형 – 한 쌍의 대변이 서로 평행이고 길이가 같은 육각형■

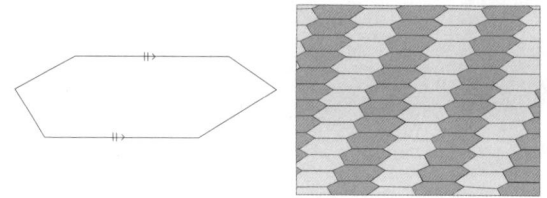

2) 삼각형의 각 변에 밑각이 30°인 이등변삼각형을 붙여서 얻은 육각형

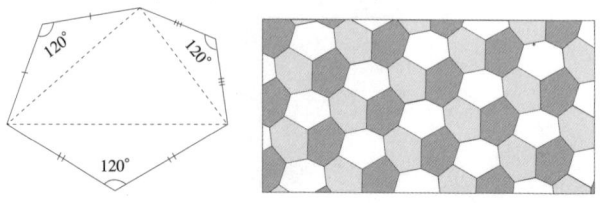

3) 다음 그림과 같은 경우

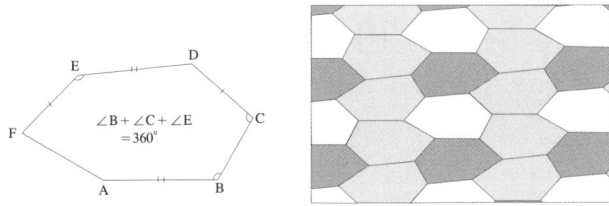

유형 3)의 경우는 뒤집은 쪽매도 같이 사용한다.

콘웨이J. H. Conway 기준

평행등대변육각형으로 쪽매붙이기가 가능한 것처럼 콘웨이는 평면의 영역이 다음과 같은 경우에 이 영역을 원형으로 하여 쪽매붙이기가 가능함을 발견하였다.

영역의 경계에 다음 조건을 만족시키는 점 A, B, C, D, E, F가 있다.

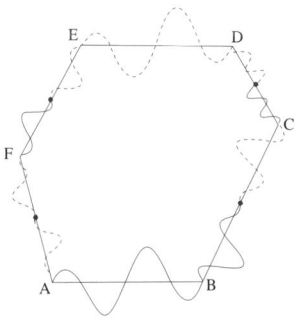

1) 경계선 AB를 평행이동하여 경계선 ED를 얻는다.
2) 경계선 BC, CD, EF, FA는 각각 '자기점대칭'이다.■■

■ 볼록인 평행등대변육각형은 평행사변형의 한 쌍의 대변에 각각 삼각형을 붙여서 만들 수 있다. 평행등대변육각형에서 평행이고 길이가 같은 두 대변의 길이가 0으로 줄어들면 사각형이 된다. 또 평행등대변육각형에서 한 내각이 평각으로 변하면 한 쌍의 변이 평행인 오각형, 즉 '평행오각형'이 된다. 이러한 뜻에서 사각형, 평행오각형 심지어 삼각형도 넓은 의미의 평행등대변육각형이라 할 수 있다.

■■ 평면의 한 점에 대하여 반바퀴(180°) 회전시키는 변환 T에 대하여 어떤 평면 도형 F가 T(F) = F 인 경우, F를 '자기점대칭'이라고 부른다.

☆ ★ ☆

1927년 라인하르트는 n이 7이상이면, 볼록 n각형으로는 일면쪽매붙이기가 불가능함을 보였다.

제주도 주상절리

다면쪽매붙이기

두 가지 이상의 정다각형을 이용한 변대변 쪽매붙이기 중에서 꼭짓점 모습이 동일한 것을 '아르키메데스 쪽매붙이기' 라고 부른다.▪ 이러한 쪽매붙이기에는 다음 여덟 가지가 있다. 이 중에서 처음 두 개는 거울대칭으로 같은 쪽매붙임으로 본다.

▪ 케플러는 《우주의 조화》에서 '아르키메데스 쪽매붙이기' 를 설명했다.

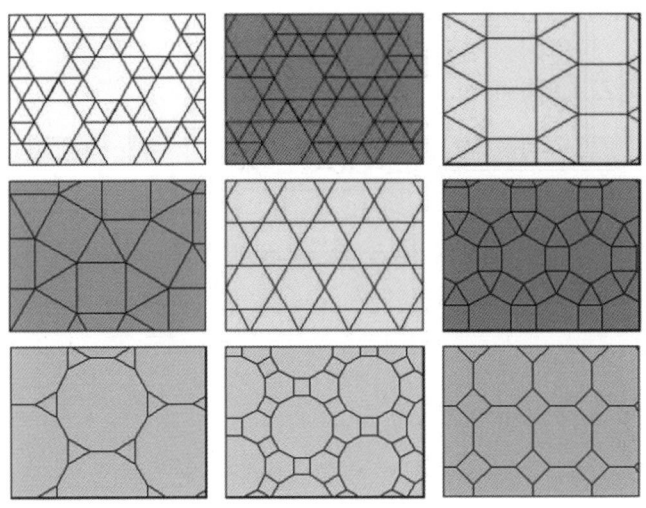

이와 같은 경우뿐인 이유는 정다각형의 내각들이 한 점에서 모여 360°를 이루는 것을 방정식으로 나타낼 수 있고, 그 방정식을 풀면 위의 경우가 나오기 때문이다.

대천해수욕장의 해변도로

삼라만상 179

주기불가 쪽매

쪽매붙임들 중에는 일정한 방향으로 평행이동한 곳에 똑같은 모양이 반복되는 것이 있다. 이때 서로 독립적인 두 방향으로■ 평행이동 하여도 같은 모양이 반복되는 무늬를 '벽지 무늬' 또는 '사방연속무늬' 라고 부른다. 정다각형 쪽매붙임이나, 아르키메데스 쪽매붙임 등이 모두 사방연속무늬들이다. 이러한 사방연속무늬들은 독립적인 두 방향으로 '주기'를 가지고 있다.

정사각형 쪽매붙임에서 각 쪽매마다 대각선을 임의로 그으면, 직각이등변삼각형을 원형으로 하는 주기적이 아닌 쪽매붙임을 얻는다.

그러나 직각이등변삼각형들을 다시 배열하면 주기적인 쪽매붙임을 얻을 수 있다.

'몇 가지 조각을 원형으로 하여 만든 쪽매붙임이 항상 주기가 없

■ 여기에서 방향은 벡터를 뜻하고, 두 벡터가 '독립적'이라는 것은 '한 벡터를 양 또는 음으로 늘이거나 줄여 다른 벡터를 얻을 수 없다'는 뜻이다.
■■ 황금비란 1과 $\sqrt{5}$의 평균값을 뜻한다

을 수 있을까?'라는 질문은 오랫동안 풀리지 않았지만, 1964년에 2만 조각이상을 사용하면 가능하다는 긍정적인 답이 나왔다. 이와 같이 모든 쪽매붙임이 비주기적인 쪽매원형을 '주기불가 쪽매'라고 부르기로 한다. 주기불가 쪽매의 조각 수는 점점 줄어들어, 1975년에 영국의 펜로즈R. Penrose(1931~)는 연kite과 살dart 두 조각으로 가능함을 보였다. 연과 살은 '72° 마름모'를 두 조각낸 것인데, 각각은 황금비 삼각형 두 개로 이루어져있다.

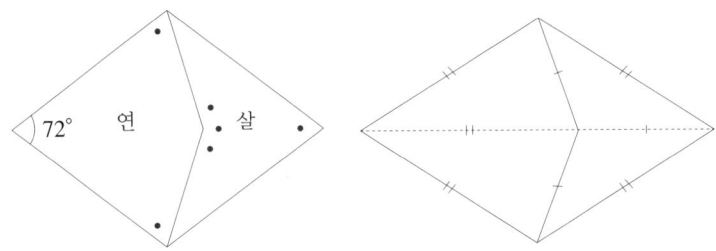

황금비 삼각형이란 가장 짧은 변에 대한 긴 변의 길이의 비가 황금비인 이등변 삼각형을 뜻하는 것으로 두 가지 종류가 있다.■■

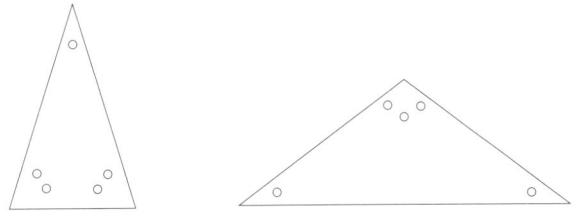

두 가지 황금비 삼각형 (o 하나는 36°를 나타낸다.)

연과 살을 붙일 때에는 점이 찍혀진 꼭짓점들은 그들끼리, 점이 찍혀있지 않은 꼭짓점들도 그들끼리 만나도록 이어나간다(이러한 제한은 연과 살의 모습을 조금 변형하여 없앨 수 있다).

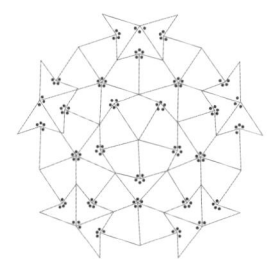 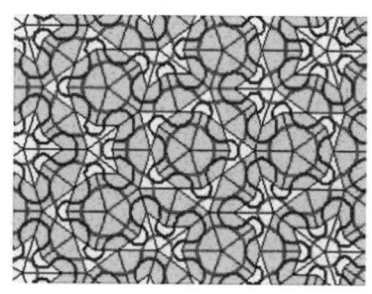

펜로즈의 연과 살 대신에 두 가지 '황금비 마름모'를 이용하여 쪽매붙이기를 할 수도 있다. 황금비 마름모는 황금비 삼각형의 밑변을 붙여서 만든 마름모이다.

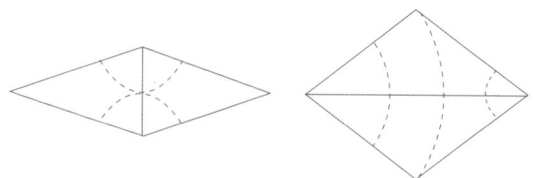

무늬가 있는 두 가지 황금비 마름모

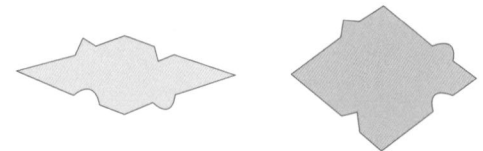

홈이 있는 마름모

이때 마름모들을 원호 무늬가 맞게 이어도 되고, 또는 홈이 파인 마름모들을 홈이 맞도록 이어도 된다. 한 조각으로 주기가 없는 쪽매붙임이 가능한지는 아직도 알려져있지 않다. 다음 그림도 주기를 가질 수 없는 쪽매붙임을 나타낸다.

마름모를 이용한 펜로즈 쪽매.

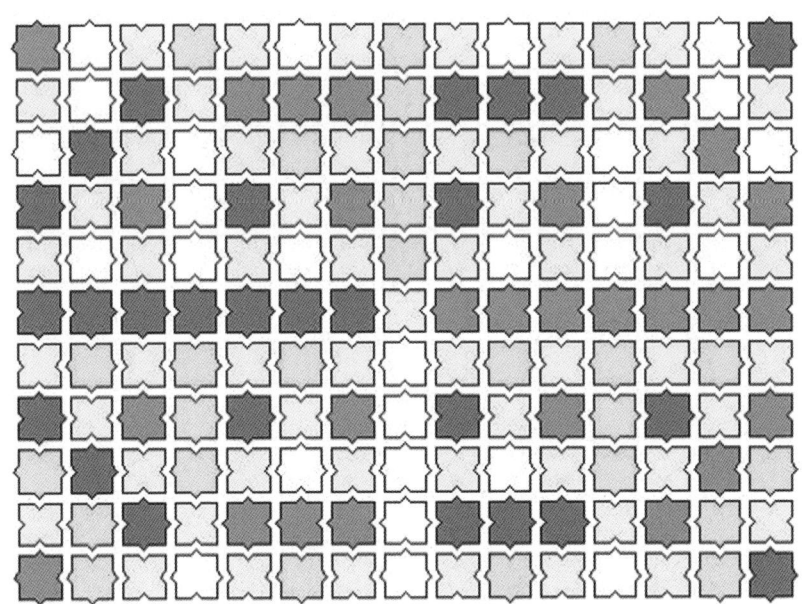

비주기적 쪽매붙임 Aperiodic Tiling.

2008년 베이징올림픽 수영경기장 워터큐브Water Cube.

대칭성

사물을 분류하는 방법으로는 합동, 닮음 등 다양한 방법이 있다. 그 가운데 하나가 대칭성을 보는 것이다.■ 예를 들어, 정사각형은 90° 회전시켜도 여전히 같은 모양을 하고 있고 또 대각선을 따라 뒤집어도 여전히 같은 모양이다. 이와 같이 '변화 중에서 도형을 변화시키지 않는 것'을 다 모은 것을 그 도형의 '대칭군對稱群, symmetry

----

■ 위상동형homeomorphism이나 호모토피homotopy를 다루는 위상수학topology에서는 더 많은 것을 같은 것으로 볼 수 있게 한다. 대동소이大同小異.

■■ 군群, group이라는 개념은 프랑스의 젊은 수학자 갈루아E. Galois(1811~1832)에 의하여 탄생한 것으로, 오늘날 수학에서 가장 중요한 개념 중의 하나이다. 어떤 대상을 변화시키지 않는 변환이 있으면, 역변환도 주어진 대상을 변화시키지 않는다. 또 주어진 대상을 변화시키지 않는 변환이 둘 있으면, 이 두 변환을 차례로 시행하여도 여전히 주어진 대상은 변화가 없다. 그러므로 주어진 대상에 대하여 그것을 변화시키지 않는 변환들을 모은 집합은 '합성'이라는 연산에 대하여 닫혀있고, 역변환도 포함하고 있다. 이와 같은 집합의 추상적인 특징을 추출한 개념이 바로 군이다. 군은 5차 이상의 고차방정식이 왜 '근의 공식'을 가지지 않는지 설명하고, 에너지나 운동량 보존법칙 등을 설명하며, 소립자들을 비롯한 만물의 이론에 핵심적인 역할을 한다.

■■■ 360° 회전은 회전하지 않은 것과 같은 것으로 본다. 이러한 '변환 같지 않은 변환'을 '항등변환'이라 한다. 회전변환이나 선대칭변환 등은 모두 함수들인데, '두 함수가 같다'는 것은 '변환을 시행하는 과정이 아니라 변환의 결과가 같다'는 뜻이다.

group'이라고 부른다.▪▪ 정사각형에는 90°, 180°, 270°, 360° 회전대 칭이▪▪ 있고, 좌우대칭, 상하대칭, 대각선대칭 두 가지 등 모두 여덟 가지 대칭이 있다.

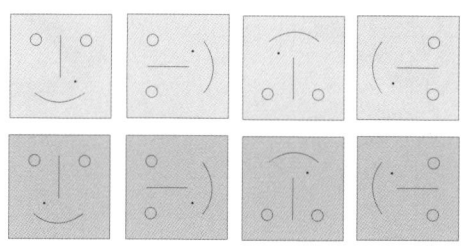

대칭성을 보는 입장에서는 두 무늬가 '같은 대칭군'을 가지면 그 무늬들은 '같은 종류'이다.

마찬가지로 정삼각형에는 120°, 240°, 360° 회전대칭과 중선(즉, 꼭짓점과 대변의 중점을 이은 선)에 대한 뒤집는 대칭 등 모두 여섯 가지 대칭이 있다.

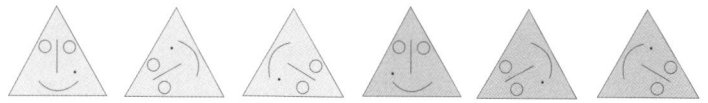

n이 3 이상의 자연수일 때, 정n각형에는 n개의 회전대칭과 n개의 선대칭이 있다. 이러한 대칭군을 D_n이라고 부르기로 한다.

D_1은 좌우 대칭만으로 생성된 대칭군을 뜻하고, D_2는 좌우 및 상

하 대칭으로 생성된 도형의 대칭군을 뜻한다.[*]

D_1 대칭군 　　　　　　D_2 대칭군

평면의 문양 중에는 이러한 정다각형의 대칭성 이외에 바람개비처럼 회전대칭은 있지만, '거울 대칭'은 없는 무늬들이 있다. 날개가 n개인 바람개비의 대칭군은 C_n으로 나타낸다. '항등변환' 이외에는 아무런 대칭변환을 가지지 않는 대칭군은 C_1이다.

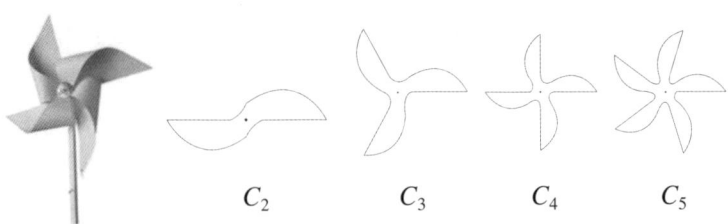

C_2　　　C_3　　　C_4　　　C_5

'이면군 Dihedral group'은 '순환군 Cyclic group'을 포함하고, 이들의 원소의 개수는

---

[*] '생성'은 '합성을 여러 번 한다'는 뜻으로 사용했다.
[**] cf. [김명환·김홍종].

$$|D_n|=2n, \quad |C_n|=n$$

이다. 대칭성만을 보면 삼각형에는 세 가지 종류가 있다:

정삼각형(D_3), 이등변삼각형(D_1), 일반삼각형(C_1).

레오나르도 다빈치는 평면 무늬 중에서 유한개의 대칭성을 가지는 무늬의 대칭군은 C_n이든지 또는 D_n이라는 것을 밝혔다.** 그러므로 다음 그림은 유한한 대칭성을 가지는 모든 평면무늬를 보여준다.

☆ ★ ☆

띠에 새겨진 무늬처럼 주기적으로 반복되는 무늬라든지, 또는 벽지에 새겨진 사방으로 반복되는 무늬 등도 대칭성으로 분류할 수 있고, 나아가 결정crystal을 이루는 물질들의 대칭성을 이해하면, 같은 탄소로 이루어진 흑연과 다이아몬드가 매우 다른 성질을 가지고 있는 것도 설명할 수 있다.

유한한 대칭성을 가진 입체들의 대칭군을 분류할 수도 있는데, 이때 각기둥이나 각뿔 형태들이 기본이고, 예외적인 도형이 플라톤의

삼라만상

입체라고 부르는 다섯 가지 정다면체들이다. 이러한 뜻에서 정다면체는 만물을 구성하는 입자라고 플라톤이 설명한 것도 아주 그른 것은 아니다. 대부분의 바이러스들은 정다면체 형상을 하고 있다. 보통 《기하학 원본》 또는 《원론》이라고 부르는 유클리드의 유명한 책 《원소》도 플라톤의 입체를 설명하는 것으로 끝나고 있다.

사물을 구별하고 분류하는 과정에서 사물의 공통점을 발견하게 된다. 이러한 발견은 구체적인 것에서 출발하여 추상화 과정을 통하여 이루어진다. 서로 다른 것 중에서 같은 것을 발견하는 것은 매우 큰 기쁨을 준다.■

■ cf. [김홍종(2005)].

김홍주, 〈퀼트〉.

삼라만상 189

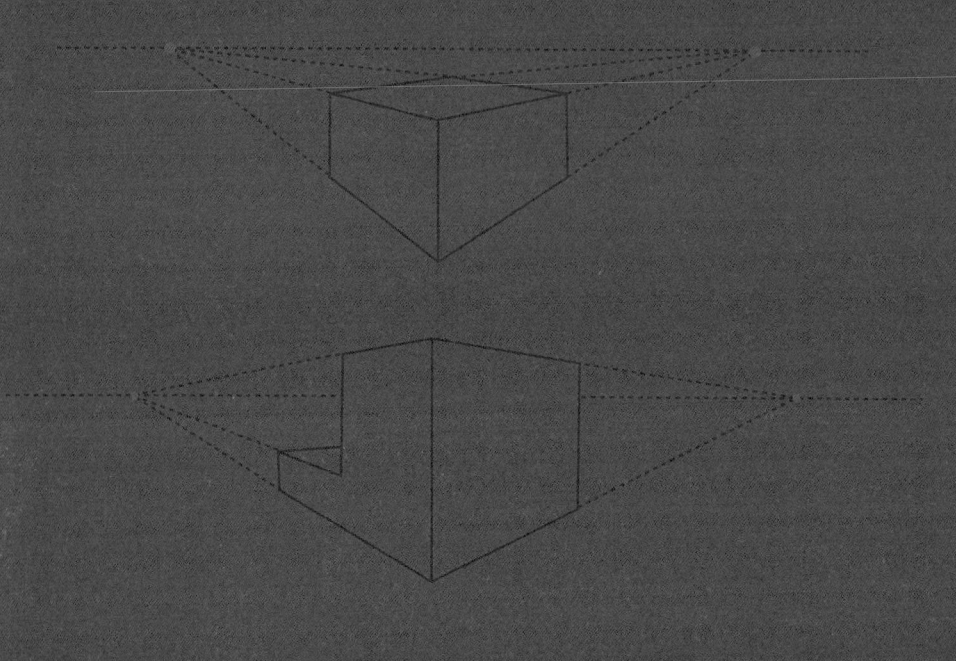

더불어 사는 사회. 서로 다른 생각을 가진 사람들이

어우러져 사는 사회. 나의 의견이 존중 받는 만큼

다른 사람의 의견도 존중해야하는 사회에서는

어떻게 나눠야 공평할까?

제3장

사회와 수학

더불어 사는 사회, 민주주의

공평한 분배

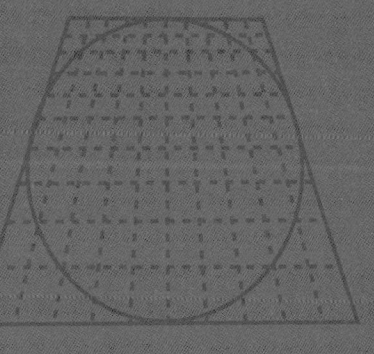
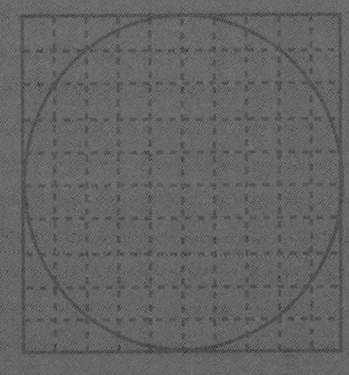
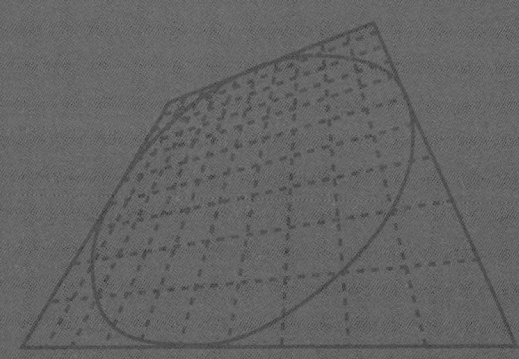

더불어 사는 사회 민주주의

투키디데스는 민주주의가 얼마나 어리석은 것인지, 그리고 한 인간이 다수보다 얼마나 더 현명한지 나에게 깨우쳐주었다.
- 홉스Thomas Hobbs(1588~1679)

민주주의는 투표가 아니라 셈이다
It's not the voting that's democracy; It's the counting.
- 영국의 극작가 스토파드Tom Stoppard(1937~)

오늘날 대부분의 국가에서 채택하고 있는 사회의 제도는 '민주주의'지만, 그 의미는 매우 다양하다. 민주주의民主主義, democracy란 과연 무슨 뜻일까?

지금부터 2500여 년 전 고대 그리스에서 만들어진 이 단어는 민중을 뜻하는 '데모'와 권력을 뜻하는 '크라시'의 합성어이다. 국어사전에는 '국민이 권력을 가지고 그 권력을 스스로 행사하는 제도 또는 그런 정치를 지향하는 사상'이라고 풀이하고 있다. 이 풀이를 따른다면, '국민'이 무슨 뜻인지 설명해야하는데, 그러려면 '국가'라는 개념을 설명해야한다. 국가가 폭력집단과 무엇이 다른가? 국경은 무엇인가? 국민이 선거권을 가진다면, 어린아이도 선거권을 주어야하는가? 성인은 무엇을 기준으로 정하는가? 수많은 비용을 들여가며 누군지도 모르는 후보자에게 직접선거를 해야하는가? 민주주의를 설명하기는 매우 어렵다. 민주주의의 바탕에는 '자유'와 '평등'이라는 사상이 깔려있다고도 한다.

그런데 모든 사람은 평등한가? 어떤 사람은 열심히 일하고, 또 어떤 사람은 빈둥빈둥 노는데, 평등한 대우라는 것은 무슨 뜻인가? 미국의 초대 국무장관을 지내고 제3대 대통령이었던 제퍼슨Thomas Jefferson(1743~1820)이 '모든 사람은 평등하게 태어났다All men are created equal'고 말하였을 때도, 여성과 흑인은 '사람'으로 인정하지 않았다.

언론의 자유? 신문과 방송이 특정 집단의 이익을 대변하고 다양한 폭력을 행사하면서도 사회와 인류의 발전에 공헌할 수 있을까? 개인이 열심히 일해서 돈을 무진장 벌 수 있는 제도가 좋을까? 아니면 개인은 하루 여덟 시간 이상 일해서는 안 되고, 다른 사람도 돈을 벌 수 있는 기회를 주는 제도가 좋을까? 국가는 개인을 책임져야하는가? 개인은 국가를 책임져야하는가? 국민은 납세와 병역의 의무를 져야하는가? 개인은 국민이 되길 거부할 수 있는 권리가 있는가? 또는 인위적인 국경에 반대할 자유가 있는가?

여러 사람이 더불어사는 사회에서 개인이 자유를 누리면서도 타인의 자유와 조화를 이룰 수 있다면, 더 이상 바랄 것이 없다. 그러나 사람이 모이면 의견이 다른 경우가 빈번하게 발생하기 마련이고, 결국 민주주의를 실현하기 위해서는 개인의 의견을 종합하여 집단의 의견을 이끌어내는 합리적인 과정이 필요하다.

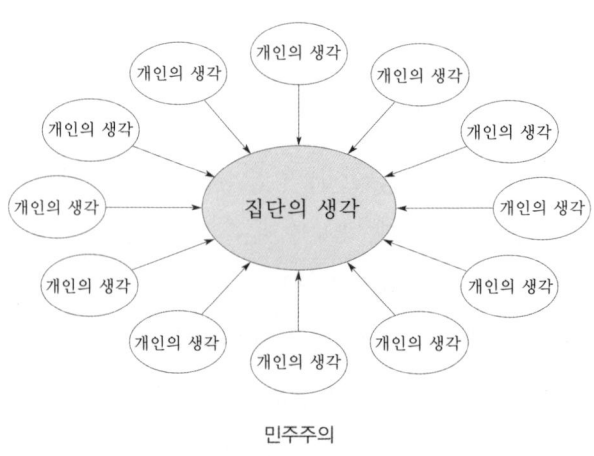

민주주의

만약 우리가 민주주의를 신봉하고, 개인들의 의견을 종합하여 집단의 의견을 결정하는 과정을 중요하게 생각한다면, 개인들은 집단의 의견에 승복하고 따라야할까? 아니라면 자신의 의사가 관철될 때까지 투쟁하는 것을 허용해야할까?

과거에 인류는 폭력을 통해 자신의 생각을 표현하기도 하였고, 아직도 강대국의 침략과 반항 세력의 테러가 빈번히 일어나고 있다. 물론 정의와 사랑, 진리와 종교를 위해서라고 말하기도 한다. 아직도 사회 곳곳에는 다양한 탈을 쓴 조직적인 폭력배들을 만날 수 있다. 그 무기는 칼과 총일 수도 있고, 붓과 글일 수도 있다. 하지만 모든 문제를 폭력으로 해결하겠다는 생각은 덕목으로 볼 수 없다.

다른 예로, 먼저 오는 사람에게 배정하는 '선착순'이라는 제도를 보자. 과거 명절이면, 고향가는 기차표를 구하기 위해 서울역 앞에서 며칠 밤을 새우면서 줄을 서는 사람들이 있었다. 또 좋은 유치원에 아이를 입학시키기 위하여 줄을 서기도 하고, 백화점 세일에 선물을 타기 위하여 줄을 서기도 하며, 군인 간 오라버니는 얼차려로 멀리 있는 소나무까지 뛰어갔다가 늦게 오는 바람에 소나무를 다시 돌아오는 벌을 받기도 한다.

또 제비뽑기 등의 '추첨'이나 '사다리 타기'와 같은 '무작위 선발 제도'를 살펴보자. 이러한 제도를 학생들이 학교를 선택하는 데 적용할 수 있을까? 남녀공학에 진학하고 싶어하는 학생도 있을 것이며, 특별한 과목에 흥미를 가지는 학생도 있을 것이고, 특정한 종교를 강요받고 싶지 않은 사람도 있을 텐데, 추첨으로 학교를 배정하는 방식이 과연 국가의 정책으로 적절할까? 학생에게는 원하는 학교에 지원할 기회를 주고, 학교에는 원하는 학생을 선발할 기회를 줄 수 있을까? 한심한 정치인이나 무능한 공무원을 보면, 차라리 그들을 '무작위 선발'로 뽑는 게 낫겠다고 생각할 수도 있다.

만장일치 제도는 어떨까? 모든 사람의 의견이 일치되면 좋겠지만, 그런 경우가 항상 일어나는 것도 아니고, 때에 따라서는 집단의 횡포로 이어질 수도 있다. 그 단순함 때문에 우리 사회에 가장 익숙한 선출법은 조금이라도 더 많은 수의 의견을 따르자는 '다수결 제도'이다. 이 장에서는 '순위표시법'을 통하여 대표를 선출하는 다양한 방법을 살펴보기로 한다. 순위표시법이란 여러 후보자들 중에서 오직 한 사람에 대해서만 기표하는 것이 아니라, 후보자 전원에 대하여 좋아하는 순서를 매기는 방법을 말한다.

순위표시법

어떤 마을에서 대표를 뽑기 위한 선거를 치르기로 하였다고 하자. 이때 후보로 김중자, 노무자, 이인자, 정동자 네 사람이 출마하였고, 마을의 유권자 100명은 각 후보에 자신이 추천하는 순서를 투표용지에 ○표 하여 적어냈다고 하자.

(투표용지)

후보	김중자	노무자	이인자	정동자
선호순위에 ○표	1 2 3 4	1 2 3 4	1 2 3 4	1 2 3 4

선거관리위원회에서는 유권자들이 투표용지에 각 후보의 순위를 ○로 표하여야 하고, 그 순위가 모두 달라야한다는 것을 충분히 홍보한다. 그러므로 투표용지에 ①, ②, ③, ④가 각각 한 번씩 나타나지 않으면, 그 표는 무효가 된다는 점도 널리 알린다. 이론적으로 네 명에 순위를 매기는 방법에는 모두

$$4! = 4 \times 3 \times 2 \times 1 = 24$$

가지가 있지만, 실제로 다음 다섯 가지 경우가 일어났다고 하자.

〈표 1〉   (총 100표)

득표수	38	27	21	11	3
1순위	김중자	이인자	정동자	노무자	이인자
2순위	노무자	노무자	이인자	정동자	정동자
3순위	이인자	정동자	노무자	이인자	노무자
4순위	정동자	김중자	김중자	김중자	김중자

이 표를 '다수결 제도'로 해석하면, 각 유권자들의 1순위만 조사하면 되고, 이때

김중자 38표, 이인자 27+3 = 30표, 정동자 21표, 노무자 11표

가 되어 김중자가 대표로 당선된다. 다수결 제도는 어려운 문제를 쉽게 해결하려는 생각에서 비롯된다. 이제 이인자의 생각을 들어보자.

쌍쌍비교법

이인자는 다음과 같이 말한다.

> 여러분! 다수결 제도야말로 민주사회에서 가장 어리석은 제도랍니다. 김중자씨를 1순위로 추천하는 유권자가 비록 38%나 되지만, 나머지 유권자 62%는 김중자 씨야말로 가장 추천하지 않는 사람입니다. 과반수가 반대하는 사람을 어떻게 우리의 대표로 뽑을 수 있단 말입니까? 하지만 저를 보십시오. 저와 김중자 씨를 비교하면 국민의 뜻은
>
> 이인자 : 김중자 = 62 : 38

이라는 것은 분명하구요. 저와 노무자 씨를 비교하면,

이인자 : 노무자 = 51 : 49

로서 역시 제가 더 지지를 받고 있습니다. 정동자씨와 비교해도

이인자 : 정동자 = 68 : 32

입니다. 그러니 결국 국민의 뜻에 따라 제가 대표가 되어야 합니다.

국민 여러분, 운동장에서 세 팀이 축구를 동시에 하는 것 보신 적이 있습니까? 야구 경기를 세 팀 이상이 동시에 하는 것을 보신 적이 있습니까? 쌍쌍비교법은 각종 운동 경기에서도 오랫동안 사용하던 방법입니다.

국민 여러분, 저를 대표로 뽑아주셔서 정말 감사합니다.

힘든 일을 해야하는 대표로 뽑힌 것에 대해 왜 감사의 마음을 느끼는지 모르겠지만, 이인자의 주장도 그럴듯해 보인다. 이인자의 생각은 18세기 말에 자유, 평등, 박애를 부르짖으며 많은 사람을 단두대로 보낸 프랑스 혁명 당시에 콩도르세 Marquis de Condorcet(1743~1794)▪ 가 제안한 '쌍쌍비교법' 이다. 이 방법에 의하면 두 후보 사이에 우열을 가려, 승리한 후보는 1점을 얻고(패배한 후보는 득점이 없다), 두 후보가 비긴 경우에는 각각 0.5 점을 얻어, 최다 득점을 한 후보를 대표로 뽑는 방법이다. 그러므로 위 보기의 상황을 그림으로 나타내면 다음과 같다. 그림에서 화살표 머리는 득점을 나타낸다.

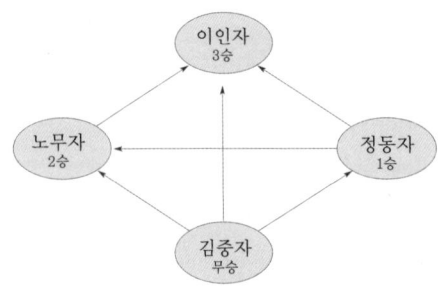

▪ 콩도르세는 수학적 사회과학의 창시자로 불린다[cf. 애들러, pp. 9, 208]. 콩도르세는 1783년 프랑스 학술원을 위하여 오일러의 추모사를 쓰기도 하였다. 콩도르세는 새로운 세상을 위해 노력한 학자이지만, 혁명은 그를 받아들이지 않았다.

쌍쌍비교를 통해 다른 어떤 후보보다 우위에 있는 후보를 '**콩도르세 후보**'라고 부른다. 쌍쌍비교법에서 콩도르세 후보는 당연히 대표로 뽑히지만, 경우에 따라 콩도르세 후보는 아니어도 최다득점으로 당선될 수도 있다. 그러나 쌍쌍비교법을 바라보는 노무자의 생각은 또 다르다.

보르다 셈법

이제 노무자의 말을 들어 보자.

여보시오. 당신들은 대학 문 앞에도 못 가 보았소? 평점이 A인 학생은 4점, B인 학생은 3점, C인 학생은 2점, D인 학생은 1점 아니요? 그러니 당연히 후보를 정할 때에는 1순위로 지지하는 사람에게 4점, 2순위로 지지하는 사람에게 3점, 3순위로 지지하는 사람에게는 2점 그리고 가장 마지막으로 지지하는 사람에게는 1점을 주어 그 점수를 합하는 것이 당연하다고요. 어떻게 1순위로 지지하는 사람과 가장 싫어하는 사람에게 차이를 주지 않을 수 있어요? 그러니까 각 후보의 점수는

김중자 : $38 \times 4 + 27 \times 1 + 21 \times 1 + 11 \times 1 + 3 \times 1 = 214$
노무자 : $38 \times 3 + 27 \times 3 + 21 \times 2 + 11 \times 4 + 3 \times 2 = 287$
이인자 : $38 \times 2 + 27 \times 4 + 21 \times 3 + 11 \times 2 + 3 \times 4 = 281$
정동자 : $38 \times 1 + 27 \times 2 + 21 \times 4 + 11 \times 3 + 3 \times 3 = 218$

이고, 따라서 가장 평점이 높은 제가, 바로 노무자가 당선되는 것 아닙니까? 맞습니다. 맞고요. 원더풀, 뷰티풀~

노무자의 말에도 일리가 있다. 1순위 지지자와 2순위 지지자에 차등을 두고, 그럼에도 소수의 의견을 반영할 수도 있으니, 제법 타당한 논리이다. 이와 같은 방법으로 대표를 선출하는 방법은 1770년 프랑스의 보르다Jean-Charles de Borda(1733~1799)가 제안하였다. 그의 이름을 따서 이 방법을 '보르다 셈법'이라고 부르기로 한다.※

보르다 셈법은 순위에 따라 차등점수를 주는 것이지만, 이때 중요한 점은 점수차를 균일하게 해야한다. 예를 들어, 유권자가 각 후보마다 100점을 만점으로 하여 점수를 매긴다고 하면, 이것은 우리가 다루는 셈법이 아니다. 그 이유는 유권자들이 극단적으로 오직 한 후보에게 만점을 주고, 나머지 후보에게 영점을 주게 되면, 결국 다수결 제도와 다르지 않기 때문이다.

몇 년 전에 정부가 지역균형발전을 목표로 각종 정책을 내놓았는데, 그 가운데 '혁신도시 선발'이 있었다. 지역균형발전이라는 목적은 매우 숭고하지만, 문제는 혁신도시에 선발되고 싶어하는 도시와 선발 위원들 사이의 부적절한 관계이다. 각 도시들의 장단점을 정당하게 평가한 정직한 위원들의 점수는 별 영향력이 없고, 극단적인 판단을 하는 부적절한 위원들의 점수가 도시 간의 격차를 분명하게 하므로, 과연 이 방법이 적절한 평가법인지는 의문스럽다.

물론 보르다 셈법에서는 순위별 점수의 차이를 고르게 배당하기

※ 보르다의 셈법은 이미 니콜라우스 쿠사누스Nicolaus Cusanus(1401~1464)가 주장하였고, 니콜라우스는 콩도르세Condorcet의 쌍쌍비교법을 주장한 룰Ramon Llull(1232~1316)의 글을 알고 있었다[COMAP, p. 418]. 보르다와 콩도르세는 도량형의 통일을 위한 미터법과 십진법을 통용시키기 위한 많은 노력을 하였다[Adler]. 보르다는 온각을 360 대신 400으로 나누어 기본단위로 하는 것이 좋다고 생각하였다. 이러한 기본단위에 의하면 경도가 같은 두 지점의 위도 차이가 1이면 두 지점 사이의 거리는 100km가 된다.

만 하면, 각 순위별 점수를 어떻게 매기던지 상관없이 당선자는 항상 같게 된다. 예를 들어 다섯 명의 후보가 있을 때, 1순위에 2점, 2순위에 1점, 3순위에 0점, 4순위에 −1점, 5순위에 −2점을 주어도 선발되는 당선자는 변화가 없다. 이때 다섯 후보의 점수를 모두 더하면 0점이 된다.

하지만 마지막으로 정동자의 의견도 들어봐야 할 것이다.

최소득표자탈락제

국민 여러분, 우리가 대표를 뽑아 한없이 어려운 일들을 부탁할 때는 과반수 지지를 받는 분을 뽑는 것이 좋지 않습니까? 다수결의 문제점은 바로 극소수의 표를 받고도 대표가 된다는 것입니다. 그런데 과반수 지지를 받는 대표를 뽑기 어려운 이유는 자격 없는 어중이떠중이들이 출마하였기 때문이죠. 그러니 1차 투표에서 가장 적은 표를 얻은 사람을 탈락시키고, 다시 2차 투표를 통해 거기에서도 가장 적은 표를 얻은 사람을 탈락시키는 것이 바른 투표법이랍니다. 이와 같이 최소득표자를 계속 탈락시키면, 결국에는 과반수 지지를 받는 후보를 뽑게 됩니다. 저는 국민 여러분의 뜻을 겸허히 받아들이겠습니다.

정동자의 말도 일리가 있다. 실제로 1차 투표에서 최소득표자를 탈락시키고, 2차 투표에서 다시 최소득표자를 걸러내고, 또다시 3차 투표를 실시하면 많은 시간과 비용이 든다. 이러한 문제점을 보완한 방법이 바로 '순위표시법'이다. 처음부터 1차투표에 지지하는 후보를 1순위에, 1순위 후보가 탈락될 때에 지지하는 후보를 2순위에, 2

순위 후보가 탈락될 때에 지지하는 후보를 3순위 등으로 기표하면, 한 번 투표로 여러 번 투표한 효과를 얻게 된다.

이와 같은 '최소득표자탈락제sequential run-off election'[■]에서 가장 먼저 탈락하는 사람은 1순위지지자가 11명뿐인 노무자이다. 따라서 노무자가 없는 상황에서 개표 결과는 다음의 오른쪽 표2와 같다.

득표수	38	27	21	11	3
1 순위	김중자	이인자	정동자	~~노무자~~	이인자
2 순위	~~노무자~~	~~노무자~~	이인자	정동자	정동자
3 순위	이인자	정동자	~~노무자~~	이인자	~~노무자~~
4 순위	정동자	김중자	김중자	김중자	김중자

⟨표 2⟩ 2차 투표 결과

득표수	38	27+3	21+11
1 순위	김중자	이인자	정동자
2 순위	이인자	정동자	이인자
3 순위	정동자	김중자	김중자

2차 투표의 결과를 나타내는 표2에서 이인자는 30표를 얻어 최소득표자가 되고 따라서 탈락하게 된다. 결국 최종 선발은 표3에서 보는 것처럼 정동자가 된다.

득표수	38	27+3	21+11
1 순위	김중자	~~이인자~~	정동자
2 순위	~~이인자~~	정동자	~~이인자~~
3 순위	정동자	김중자	김중자

⟨표 3⟩ 3차 투표 결과

득표수	38	27+3+21+11
1 순위	김중자	정동자
2 순위	정동자	김중자

이상에서 살펴본 것은 표1과 같은 투표 결과에서 선출방법에 따

[■] 2002년 새천년민주당에서 대통령 후보를 내기 위하여 정한 '대통령후보자 선출규정'이 바로 '최소득표자탈락제'인데 애석하게도 그 규정에는 동점자에 대한 규정이 빠져있었다. 낸슨Edward John Nanson(1850~1936)은 보르다 셈에 따라 최소득표자탈락제를 시행하자고 하였다.

라 당선자가 바뀐다는 것이다.

선거제도	다수결제도	쌍쌍비교법	보르다 셈법	최소득표자탈락제
당선자	김중자	이인자	노무자	정동자

국제올림픽위원회

국제올림픽위원회IOC, International Olympic Committee는 1993년 9월 23일 모나코의 유명한 휴양지인 몬테카를로Monte-Carlo에서 89명의 위원이 모여 '2000년 하계올림픽 개최지'를 선정하였다. 후보에 오른 도시는 베이징, 베를린, 이스탄불, 맨체스터, 시드니 등 모두 다섯 곳이었다.

	베이징	베를린	이스탄불	맨체스터	시드니	기권	합계
1차 투표	32	9	7	11	30		89
2차 투표	37	9		13	30		89
3차 투표	40			11	37	1	89
4차 투표	43				45	1	89

1차 투표에서는 이스탄불이 탈락하고, 2차 투표에서는 베를린, 3차 투표에서는 맨체스터가 탈락하였고, 최종 투표에서 시드니가 선정되었다. 휴양지에서는 많은 비용이 들더라도, 시간을 오래 끌며 투표하는 게 좋다.

| 연습문제

1. 다음은 A, B, C 세 명의 후보에 대한 유권자 11명의 선호표이다. 이 표를 보고 다음 각 경우에 득점이 높은 순으로 후보자들을 말하라.

득표수(총11)	3	2	2	4
1 순위	A	A	B	C
2 순위	B	C	C	B
3 순위	C	B	A	A

(1) 유권자들이 오직 한 명에 대하여 투표한다.
(2) 유권자들이 오직 두 명에 대하여 순위 없이 투표한다.
(3) 보르다 셈을 한다.
(4) 최소득표자탈락제를 한다.

2. 다음은 갑, 을, 병 세 명의 후보에 대한 39명의 선호표이다.

득표수(총39표)	13	12	14
1 순위	갑	병	을
2 순위	을	갑	병
3 순위	병	을	갑

이때 다음 각 제도에 따라 대표가 되는 사람이 누구인지 말하라.
(1) 다수결제도   (2) 보르다 셈법   (3) 최소득표자탈락법

콩도르세 패러독스

위 연습문제 2의 보기에서 쌍쌍비교를 하면 갑은 을에 이기고, 을은 병에 이기며, 병은 갑에 이기는 것을 알 수 있다. 마치 '가위'보다 '바

위'가 세고, '바위'보다 '보'가 세지만 '보'는 '가위'보다 약한 것처럼. 그러므로 순수한 쌍쌍비교법으로는 당선자를 확정할 수 없다.■

'추이율推移律, transitive law'이란

$$(A < B) \,\&\, (B < C) \;\Rightarrow\; (A < C)$$

를 말한다.

내가 색순이보다 금순이를 좋아하고, 금순이보다 심순이를 좋아한다면, 당연히 색순이보다 심순이를 좋아할 것 같다. 이와 같이 개인의 선호는 추이율이 성립할 것 같지만, 쌍쌍비교를 하여 얻은 집단의 선호에는 추이율이 성립하지 않는다. 이러한 현상을 '콩도르세 패러독스'라고 부른다.

과반수 기준

대표를 정할 때 기준으로 삼아야할 덕목은 상황에 따라 여러 가지가 있을 수 있지만, 그 가운데 한 가지는 '유권자의 반수를 넘는 지지를 받은 후보는 대표로 한다'는 '과반수 기준'을 생각할 수 있다.■■ 과반수 지지를 받은 후보는 쌍쌍비교를 하여도 항상 1등을 하는 콩도르세 후보이므로, 쌍쌍비교법은 과반수 기준을 만족함을 알 수 있다.

다음 선호표는 A, B, C, D 네 명에 대하여 11명이 투표한 결과이다. 이때 순위별 점수를 2, 1, 0, -1로 하여 보르다 셈을 하면 B가 가

■ 블랙Duncan Black(1908~1991)은 쌍쌍비교법으로 최다득표를 한 사람이 복수라서 대표를 뽑지 못하는 경우에는 보르다 셈을 하자고 하였다.

■■ 경우에 따라 '유권자'는 '투표에 참가한 자' 또는 '유효표를 던진 자'가 될 수 있다.

장 높은 점수를 얻어 당선된다. 그러나 1 순위에 과반수 득표를 한 A
는 3등이 되어 당선되지 않는다.

득표수	6	2	3
1 순위	A	B	C
2 순위	B	C	D
3 순의	C	D	B
4 순위	D	A	A

$\Rightarrow$

A	$6 \times 2 + 2 \times (-1) + 3 \times (-1) = 7$
B	$6 \times 1 + 2 \times 2 + 3 \times 0 = 10$
C	$6 \times 0 + 2 \times 1 + 3 \times 2 = 8$
D	$6 \times (-1) + 2 \times 0 + 3 \times 1 = -3$

그러므로 보르다 셈법은 과반수 기준을 만족시키지 않는다.

사퇴자와 무관한 제도

선거를 하다보면, 후보자들이 중간에 사퇴하는 경우가 있다. 그것도 그냥 사퇴하지 않고 '나는 누구를 지지한다'는 거창한 발표를 하면서. 처음부터 지지하고 나오지 말지. 그러나 이와 같은 경우가 아니더라도 어쩔 수 없는 상황이 생길 수도 있다.

다음은 쌍쌍비교법으로 반장 선거를 하기로 하였을 때 A, B, C, D, E 다섯 명이 출마한 경우이다. 투표에 참여한 사람은 22명이다. 모두 열심히 참여하였고, 이제 개표만 남았다. 그런데 갑자기 C 후보에게 전화가 왔다.

C야, 아빠가 외국으로 발령이 나서, 우리 가족이 다 같이 떠나야할 것 같구나… 미안하다… . 참, 당분간 또순이네 집에서 신세져야할 것 같구나…

C후보는, 자신이 당선되더라도 반장의 임무를 다할 수 없음을 알고 선관위에 사표를 제출한다. 다음은 개표한 결과 얻은 선호표이다.

(총 22표)

득표수	2	6	4	1	1	4	4
1등	A	B	B	C	C	D	E
2등	D	A	A	B	D	A	C
3등	C	C	D	A	A	E	D
4등	B	D	E	D	B	C	B
5등	E	E	C	E	E	B	A

이 표에서 쌍쌍비교하여 얻은 표는 다음과 같다.

쌍쌍비교 승점표

후보	C 사퇴 전	C 사퇴 후
A	3 (당선)	2
B	2.5	2.5 (당선)
C	2	—
D	1.5	1.5
E	1	0

문제가 되는 것은 C가 계속 게임에 남아있다면 A가 3점을 얻어 당선자가 되지만, C가 사퇴하면 B가 승점 2.5로 당선자가 된다는 것이다. A의 입장에서는 어차피 당선되지도 않을 사람이 나와서 선거를 혼탁하게 만들었다고 볼 수 있다.

그러므로 선거에 혼란을 주지 않기 위해서는 당선되지 않을 후보가 중도에 하차하더라도 당선자가 바뀌는 경우가 없는 그러한 선거제도가 좋다는 생각이 든다. 이러한 성질을 가지는 선거제도를 '사퇴자와 무관한 제도'라고 말한다.

| 연습문제

3. 최소득표자탈락제를 시행할 때, 다음 선호표를 보고, 당선자를 말하라. 또 후보자 C가 중도 하차할 때, 당선자를 밝히라.

득표수	2	1	2
1 순위	A	B	C
2 순위	B	A	B
3 순위	C	C	A

단조기준

다음은 유권자 66명이 참가하여 세 후보 Mac, Kentucky, Lotte에 대하여 조사한 선호표이다. 최소득표자탈락법을 시행할 때, '1차 투표'에서 최하인 20표를 얻은 Lotte가 탈락하고, 2차 투표에서 Mac이 42 : 24로 Kentucky를 누르고 당선된다.

득표수	22	8	16	20
1 순위	Mac	Kentucky	Kentucky	Lotte
2 순위	Kentucky	Mac	Lotte	Mac
3 순위	Lotte	Lotte	Mac	Kentucky

오늘날 선거는 한 번에 치르기보다 장기간에 걸쳐, 홍보하고, 선전하며, 민심을 읽는다고 각종 통계 자료를 수집한다. 그러다 보니, 실제로 투표를 하지 않더라도 상당히 정확하게 그 결과를 예측할 수 있게 되었다.

예를 들어 위 표에서 Kentucky, Mac, Lotte 순으로 지지한 8명의 유권자 경우를 살펴보자. 이들은 이미 대세가 Mac에게로 기울어졌다고 생각하고, 그러면 당선 될 사람에게 더욱 힘을 실어주기 위하여, 선거 당일에 지지순서를 바꾸어 Mac, Kentucky, Lotte로 기표하였다고 하자.

득표수	22	8	16	20
1 순위	Mac	Mac	Kentucky	Lotte
2 순위	Kentucky	Kentucky	Lotte	Mac
3 순위	Lotte	Lotte	Mac	Kentucky

그 결과 '1차 투표'에서 Kentucky가 최하인 16표를 얻어 탈락되고, '2차 투표'에서 Lotte가 36 : 30으로 Mac을 누르고 당선된다. 당선될 사람을 위하여 더 표를 몰아준 결과 다른 사람이 당선되는 경우이다.

어떤 선거제도에서 당선자가 정해졌을 때, 그에게만 유리하도록 선호도를 바꾸어 재투표해도 당선자가 바뀌지 않는다면, 이 제도는 '단조기준'을 만족시킨다고 말한다. 위의 예에서 본 것처럼 최소득표자탈락제는 단조기준을 만족시키지 않음을 알 수 있다.

합리적인 선거제도

합리적인 선거제도란 어떤 것일까? 합리적인 기준은 무엇일까? 앞에서 살펴본 기준에는 다음과 같은 것들이 있었다.

1) 과반수 기준 - 유권자 수의 과반을 얻은 후보는 당선된다.
2) 콩도르세 기준 - 콩도르세 후보(즉, 다른 어떤 후보와 비교하여도 우위에 있는 후보)는 당선된다.
3) 사퇴자와 무관한 기준 - 다른 후보가 중도에 사퇴하더라도 당선자가 바뀌지 않는다.
4) 단조 기준 - 당선자가 정해졌을 때, 그에게만 유리하도록 선호도를 바꾸어 재투표하여도 당선자는 바뀌지 않는다.

다음 표는 각 제도가 만족하는 기준을 표시한 것이다.

기준 제도	과반수	콩도르세	사퇴자 무관	단조
다수결 제도	O	×	×	O
쌍쌍비교법	O	O	×	×
보르다 셈법	×	×	×	O
최소득표자탈락제	O	×	×	×

위에서 열거한 기준 이외에도, '과반수가 싫어하는 후보는 당선될

■ [Casti], [Nasar].
■■ 유권자가 후보자들을 같은 순위로 평가할 수도 있고, 또 어떤 후보는 평가를 거부할 수도 있지만, 여기에서는 이러한 경우를 다루지 않는다.

수 없다' 등 여러 가지 다른 기준들을 생각할 수 있다. 좋은 선거제도는 합리적인 기준들을 만족하는 제도라고 할 수 있다.

애로우Kenneth Arrow(1921~)는 1951년 박사학위 논문에서 '3인 이상의 후보가 있을 때 모든 기준을 만족시키는 선출 방법은 존재하지 않는다'는 불가능 정리를 발표하였고, 그 공로로 1972년에 노벨 경제학상을 수상하였다.▪

사회선택

n명의 후보들의 집합 S에 대하여, 그 원소(즉, 후보)들에 순서를 부여하는 방법에는 모두

$$n! = n \times (n-1) \times \cdots \times 2 \times 1$$

가지가 있다. 이러한 방법 선체의 집합을 L(S)라고 히먼, 이 집합의 한 원소를 선택하는 것을 '개인의 선호'라고 할 수 있다.▪▪ 그러므로 유권자가 N명이고, 기권이나 무효표가 없을 때, 이들의 투표결과는 집합

$$L(S)^N := L(S) \times \cdots \times L(S)$$

의 한 원소이다. 이 원소로부터 대표를 뽑는 방법은 함수

$$L(S)^N \to S$$

이고, 후보들에 대한 집단의 선호 순서를 정하는 것은 함수

$$L(S)^N \to L(S)$$

이다. 좋은 제도가 되기 위해서는 사전에 일어날 수 있는 경우를 충분히 생각해야 하고, 동점자의 경우를 비롯하여 특별한 경우에 어떻게 대표를 결정할 것인지 분명히 하는 것이 좋다.

☆ ★ ☆

한편 투표에서 무효표가 나오면, 대부분의 경우 이를 완전히 무시하는데, 사실 무효표에도 중요한 의미를 부여할 수가 있다. 예를 들어 갑과 을 두 사람이 출마한 경우, 유권자의 일부가 참가하여 투표를 하였고, 투표자의 일부가 무효표라고 하자. 이때 무효표를 던진 사람들은 갑과 을 두 사람이 모두 부적합한 후보라고 생각하고, 의도적으로 무효표를 던졌을 수도 있다. 그러므로 선거의 결과 갑의 지지표 또는 을의 지지표보다 무효표가 많으면, 갑과 을 가운데 한 후보를 정하는 것은 부적절하다고 볼 수 있다.

☆ ★ ☆

지금은 제도가 바뀌었지만, 2003년 이전에 여러 차례 시행하였던 서울대학교의 총장 선출 방법을 살펴보자.

■ 총장의 임명권자가 따로 있으므로, 법적으로 엄밀하게 말하면, '총장으로 추천하는 자의 선출'이라고 말하는 것이 옳지만, 복잡함을 피하기로 하였다.

1. 후보 선정 위원회에서 5명을 후보로 추대
2. 투표자는 후보자 5명 가운데 2명을 기표(단, 후보가 3인 이하일 때는 단기명 투표)
3. 투표자의 과반수 득표자 선출(과반수 득표자가 없을 경우, 상위 득표자 3인을 대상으로 재투표)

    5명의 후보에 대하여 투표자가 1인에게 기표한다면, 평균적으로 각 후보가 20%의 지지를 얻을 것이고, 따라서 과반수 득표자가 있는 경우가 흔하지 않다는 것을 알 수 있다. 그러므로 시간을 벌고, 경비를 절약하기 위해서 투표자는 2인의 후보에 대하여 '순위가 없이' 기표하고, 그 결과로 한 번 선거에 의하여 총장을 선출할 수 있는 기회를 높이게 되었다.■ 물론 이러한 제도에서는 훌륭한 후보자가 나서야 될 뿐만 아니라, 투표자도 현명해야 한다. 투표자들이 자신이 극단적으로 지지하는 한 사람에 기표하고, 또 한 표는 '전혀 표를 얻지 못할 사람'이라고 판단하는 사람에게 기표한다면, 결국 '전혀 표를 얻지 못할 사람'을 선출하는 결과가 된다. 실제로 그런 사람이 당선된 적은 없지만, 이런 우려를 하는 사람들에 의하여 위 제도는 또 바뀌었다.

    복수 추천 제도는 추잡한 정치판에서 일어나는 일들이 대학에서는 덜 나오게 할 수 있고, 시간과 경비를 절약할 수 있는 장점을 가지고 있다. 브람스Steven J. Brams(1940~)는 다양한 선거제도를 연구하였고, 그중에서도 적합한 후보에 대해서만 순위 없이 기표하는 '승인투표제Approval Voting'를 옹호한다. 국제연합 안전보장이사회에서도 이러한 방법을 사용하고 있다.

고양이 목에 방울 달기

대표를 뽑을 때에는 후보가 많아서 문제가 될 수도 있지만, 후보가 없어서 문제가 되기도 한다. 대학의 학과장 같은 경우를 예로 들어보자. 2년 동안 학과를 위하여 봉사하는 것도 좋지만, 그동안 학생들의 지도와 교육, 연구와 봉사는 자연히 소홀히 될 수밖에 없으니 선뜻 학과장을 맡겠다는 사람이 없다. 그렇다고 그 학과는 학생 선발을 포기하고, 교수들과 직원들이 모두 일손을 놓을 수도 없으니, 누군가는 학과의 장을 맡아야한다. 버클리대학의 더빈L. Dubin 교수는 다음과 같은 농담을 하였다.

> 자발적으로 나오는 후보가 없다면, 우리 돈내기를 합시다. 먼저 강제적으로 후보들을 정합니다. 그리고 투표자들은 각 후보에게 돈을 겁니다. 그 후보가 당선되었을 때, 그 후보에게 기부할 금액을 적어넣는 거죠. 물론 그 후보가 당선되었을 때 얻고 싶은 금액을 써넣어도 되지요. 이러한 금액은 마이너스(-)표를 가진 음수로 표시하면 됩니다. 단, 각 투표인이 적어낸 금액의 합은 0원이 된다는 조건만 있습니다. 그리고 후보자 중에서 기부 받을 금액이 가장 높은 사람이 당선됩니다.

예를 들어, 다음 표를 보면, 후보 3이 당선될 경우 가장 많은 금액인 10만 원이 기부금으로 들어옴을 알 수 있다. 이때 후보 3은 대표를 수락하고, 약소하지만 그 금액으로 학과를 운영하게 된다.

이러한 선거는 무기명이 아니므로 실제로 적용하기는 쉽지 않다.

기부 금액표

(단위 : 만 원)

	후보1	후보2	후보3	후보4	후보5
투표인1	-1	0	2	-1	0
투표인2	1	-1	3	0	-3
투표인3	0	1	-1	0	0
투표인4	-1	-1	5	-2	-1
투표인5	0	0	0	0	0
투표인6	-1	3	1	-2	-1
계	-2	2	10	-5	-5

토너먼트

여러 팀이 출전하였을 때, 두 팀씩 짝을 지어 이긴 팀을 정하고, 이긴 팀들끼리 둘 씩 짝을 지어 시합하여 다시 이긴 팀을 가려내서, 결승전까지 가는 방법으로 최종 우승팀을 선발하는 토너먼트tournament식 경기를 생각해보자.

예를 들어, 어떤 법을 개정하기 위하여 '열나라당'에서 열심히 개정안을 만들었다고 하자. 이 안을 국회에 상정하려는데, '한우리당'에서는 그 안건에 대한 수정안을 상정하자고 한다. 이때 국회에 안건으로 올리려면, '개정안'과 '수정안' 가운데 하나만을 올려야한다고 하자. 다음은 각 당의 입장이다.

열나라당 : 개정안을 적극 지지하고, 수정안보다는 차라리 현재의 규

정을 지지한다.
한우리당 : 수정안을 적극 지지하고, 다음으로 개정안을 지지한다.
새노사당 : 둘 다 반대지만 개정안보다는 수정안을 지지한다.

이제 세 당의 지도자가 만나 '개정안'과 '수정안' 중에서 한 가지 안을 정하고, 다시 그 안을 의회에 상정하면 어떤 안이 통과될까? 각 당이 한 표씩을 가지고 있다고 가정한다.

먼저 처음 경기에서 '개정안'과 '수정안'이 나오면 1:2로 '수정안'이 통과된다. 그리고 '수정안'이 상정되면, 결국 1:2로 수정안은 부결된다. 열나라당에게는 차선책인 '부결'로 결정되었고, 한우리당에게는 가장 반대하는 의견인 '부결'로 결정되었으며, 새노사당에게는 원하는 '부결'이 결정되어 매우 기뻐한다.

그러나 한우리당이 작전을 바꾸어 '개정안'을 지지한다면, 처음 경기에서 '개정안'이 통과되고, 그 안은 다시 최종 대결에서 통과하게 되어 한우리당의 차선책이 통과하게 된다. 결국 이 경우에 한우리당은 수정안을 제출하려고 하지 말고, 개정안을 지지하는 것이 그나마 더 선호하는 결과를 얻는다는 것을 알 수 있다. 선거에는 전략이

■ '게임의 법칙' 장 참고.

필요하고, 그러한 전략은 '게임이론'* 등을 통하여 많이 연구되고 있다.

순위 매기기

여러 사람이 시험을 치러 학교나 회사에 들어가게 될 때에 응시자들의 순서가 필요하듯, 후보자 중에서 한 사람만을 뽑지 않고, 후보자들의 순위를 정해야 하는 경우가 있다. 후보들의 순위를 정하는 방법에는 크게 두 가지가 있다. 하나는 확장법이고, 또 다른 하나는 회기법이다.

확장법은 한 명을 뽑을 때 나타나는 순서를 자연스럽게 확장하여 적용한 것이고, 회기법은 맨 처음 뽑힌 사람을 1순위로 정한 다음, 그 사람을 뺀 상태에서 다시 게임을 하였을 때에 뽑힌 사람이 2순위, 그를 뺀 상태에서 다시 게임을 하여 뽑힌 사람이 3순위 등이 되는 것을 말한다. 구체적인 보기로 앞에서 사용한 표1의 경우를 살펴보면 다음과 같은 결론을 얻는다.

	확장법				회기법			
	다수결	쌍쌍비교	보르다	최소득표자 탈락	다수결	쌍쌍비교	보르다	최소득표자 탈락
1순위	김중자	이인자	노무자	정동자	김중자	이인자	노무자	정동자
2순위	이인자	노무자	이인자	김중자	노무자	노무자	이인자	이인자
3순위	정동자	정동자	정동자	이인자	이인자	정동자	정동자	노무자
4순위	노무자	김중자	김중자	노무자	정동자	김중자	김중자	김중자

복수 선출법

이번에는 1850년에 영국의 법률가인 헤어Thomas Hare(1806~1891)가 개발한 여러 후보 중에서 두 명 이상의 복수를 뽑는 경우를 생각해보자.

헤어는 n명의 유권자가 k명의 대표를 뽑으려고 할 때, '당선 표수 quota' 이상 받는 후보를 당선시키자고 제안하였다. 헤어는 '$k+1$'명이 당선되지 않을 최소의 표수'인 q를 '**당선 표수**'라고 정의하였다.■ 예를 들어, 100명의 유권자가■■ 있을 때, 2명의 대표를 뽑는다고 하자. 만약 33표로 당선된다면, 3명이 대표로 뽑힐 수 있으므로, 33표는 당선 표수가 될 수 없다. 그러나 34표를 얻는 후보가 세 명이 있을 수는 없으므로, 이 표수가 바로 당선 표수이다. 마찬가지로 3명의 대표를 뽑는다고 하면 당선 표수는 26표가 된다.

(유권자수 100명)

선출자수	1	2	3	4	5	6
당선 표수	51	34	26	21	17	15

| 연습문제

4. 유효표수가 120표일 때, 두 명의 대표를 뽑는다면 당선 표수는 얼마인가? 또 세 명의 대표를 뽑는다면 당선 표수는 얼마인가?

■ 유효표수 n 중에서 k명의 후보를 선출할 때 당선 표수는 [n/(k+1)]+1이다. [x]는 '가우스 기호'라고 부르는데, x보다 작은 정수 중에서 가장 큰 정수, 즉 x의 '정수 부분'을 뜻한다.

■■ 실제로 유권자들이 모두 투표하지 않을 수도 있고, 투표한 것 중에도 무효표가 있을 수 있기 때문에 '유권자수'라고 말하는 것보다 '유효표수'라고 말하는 것이 더 명확하다.

'헤어식 선출법single transferable vote'은 호주나 아일랜드 등 곳곳에서 사용하고 있는데, 예를 들어 영화계에서 아카데미상Academy Awards을 수여하기 위하여 각 분야별로 다섯 개의 영화를 후보에 올릴 때도 헤어식 선출법을 사용하고 있다. 이제 헤어식 선출법을 구체적으로 설명하면 다음과 같다.

1) 여러 후보들에 대하여 순위표시법으로 투표한다.
2) 1순위에 당선 표수 이상을 얻은 후보는 당선된다.
3) 당선자가 없으면 최소득표자를 탈락시킨다.
4) 1순위에 당선 후보를 얻을 때까지 3)을 반복한다.
5) 당선 후보가 있으면 그 후보를 당선시키고, 그를 정원 이상으로 지지한 표를 나머지 후보에게 적정 비율로 나누어준다.
6) 당선자를 모두 뽑을 때까지 반복한다.

이제 구체적인 보기를 들어보자. Burger, Lotte, Mac, Kentucky 중에서 두 개를 선정하기 위해 순위표시법으로 투표를 하니, 유효표가 100표가 되었다고 하자. 이때 당선 표수는 34표이다.

표수	36	22	8	16	18
1순위	Burger	Mac	Kentucky	Kentucky	Lotte
2순위	Lotte	Kentucky	Mac	Lotte	Mac
3순위	Mac	Lotte	Lotte	Mac	Kentucky
4순위	Kentucky	Burger	Burger	Burger	Burger

선호표를 보면, 1순위에 Burger가 당선 표수 이상인 36표를 얻었으므로, Burger는 당선된다. 그러나 다른 후보는 34표 이상 얻지 못하였으므로 현재로써는 당선되지 않는다. 이제 Burger를 당선시킬 때 사용한 34표와 Burger를 위 표에서 제거하면 다음 표를 얻는다.

표수	2	22	8	16	18
1순위	Lotte	Mac	Kentucky	Kentucky	Lotte
2순위	Mac	Kentucky	Mac	Lotte	Mac
3순위	Kentucky	Lotte	Lotte	Mac	Kentucky

이때에도 여전히 1순위에 34표를 얻은 후보가 없으므로, 20표를 얻어 최소득표를 한 Lotte를 탈락시킨다. 그러면 다음과 같은 상황이 된다.

표수	2	22	8	16	18
1순위	Mac	Mac	Kentucky	Kentucky	Mac
2순위	Kentucky	Kentucky	Mac	Mac	Kentucky

이로부터 Mac이 당선 표수를 넘는 42표로 당선된다.

☆ ★ ☆

다음은 어느 마을에서 네 명의 출마자 중에서 두 명의 의원을 뽑을 때 얻은 선호표이다.

(총 23표)

순위 \ 득표수	7	6	6	4
1	민나라당원 1	민나라당원 2	한주당원 1	한주당원 2
2	민나라당원 2	민나라당원 1	한주당원 2	한주당원 1
3	한주당원 1	한주당원 1	민나라당원 2	민나라당원 2
4	한주당원 2	한주당원 2	민나라당원 1	민나라당원 1

'헤어식 선출'을 하면 당선되는 사람은 누구일까? 먼저 유효표수가 23이므로, 당선 표수는

$$[\,23/3\,] + 1 = [\,7.666\cdots\,] + 1 = 7 + 1 = 8$$

임을 알 수 있다. 1순위에 8표를 얻은 후보가 없으므로, 최소득표를 한 한주당원2가 탈락된다. 그러면 선호표는 다음과 같이 된다.

순위 \ 득표수	7	6	6 + 4
1	민나라당원 1	민나라당원 2	한주당원 1
2	민나라당원 2	민나라당원 1	민나라당원 2
3	한주당원 1	한주당원 1	민나라당원 1

이제 한주당원1이 10표를 얻어 당선된다. 이제 한주당원1을 당선시킨 표수와 한주당원1을 제거하면 다음 표를 얻는다.

순위 \ 득표수	7	6+2
1	민나라당원 1	민나라당원 2
2	민나라당원 2	민나라당원 1

따라서 민나라당원2가 당선표수인 8표를 얻어 추가로 당선된다.

그러므로 처음 표에서 양극단의 지지를 받은 민나라당원1과 한주당원2는 탈락하고, 한주당원1과 민나라당원2가 당선된다는 것을 보아 과열 경쟁을 방지할 수 있는 제도임을 알 수 있다. 헤어식 선출법은 비례대표제의 모순을 보완하고, 소수의 의견을 반영하기 위하여 제안되었다.[*]

☆ ★ ☆

이번에는 유효표수가 17이고, 갑·을·병·정 네 명의 후보 가운데 두 명을 뽑는 예를 들어보자. 이때 당선 표수는

$$q = [\,17/3\,] + 1 = [\,5.666\cdots\,] + 1 = 5 + 1 = 6$$

이고, 선호표는 아래와 같다.

---

* 물론 앞에서 살펴본 것과 같이 헤어식 선출법도 모든 합리적인 기준을 만족시키지는 못한다.

(총 17표)

순위＼득표수	6	6	5
1	갑	갑	갑
2	을	병	정
3	병	정	을
4	정	을	병

→

순위＼득표수	3.9	3.9	3.2
1	을	병	정
2	병	정	을
3	정	을	병

먼저 1차 투표에서 만장일치로 지지를 받은 갑이 당선된다. 이제 갑을 당선시키는 데 든 6표를 제하면 11표가 남는다. 이를 '을·병·정' 순으로 지지하는 열과 '병·정·을' 순으로 지지하는 열, 그리고 '정·을·병'순으로 지지하는 열에 비례 배분하면 각각

$$11 \times 6/17 \approx 3.9, \quad 11 \times 6/17 \approx 3.9, \quad 11 \times 5/17 \approx 3.2$$

표씩 나누어가진다. 따라서 갑을 당선시키고 난 결과는 위 오른쪽 표와 같다. 이때 당선 표수를 얻은 후보자는 없다. 따라서 최소득표자인 정은 탈락되고, 따라서 을이

$$3.9 + 3.2 = 7.1$$

표를 얻어 추가로 당선된다.

☆ ★ ☆

국가에서 학자들에게 연구지원을 하는 경우, 심사위원 중에는 자신이

알고 있는 조그만 지식이 마치 세상의 전부인 것처럼 생각하고, 다른 전공의 학문에는 평가 점수를 최하로 주고, 자신이 관련된 전공에는 최상의 점수를 부여하여, 어리석은 공무원들이 그 손에 놀아나는 일이 허다하다. 이럴 경우에도 복수선발법을 적용하는 것이 적절할 수 있다.

| 연습문제

5. A, B, C, D 네 후보 중에서 2인을 헤어식으로 선발할 때, 다음 선호표를 보고 당선 표수와 당선자를 밝히라.

득표수(총 35)	11	10	8	6
1 순위	A	B	C	D
2 순위	B	A	D	C
3 순위	C	C	B	B
4 순위	D	D	A	A

☆ ★ ☆

여러 후보자에 중에서 k명의 대표를 선출할 때, 총 유효표수가 n이면 헤어식 선발제도에서의 당선 표수 q는

$$q = [n/(k+1)] + 1$$

로 정의된 자연수라는 것을 안다. 이 식 대신에 표수 q가 부등식

$$q > n/(k+1)$$

을 만족시키면 당선된다고 할 수도 있지만, 그 결과는 헤어식 결과와 다를 수 있다.

가중투표제

지금까지는 모든 유권자들이 평등하게 한 표씩을 가지고 있는 경우를 살펴보았다. 그러나 주식회사의 주주들처럼, 유권자들이 서로 다른 비중의 표를 가질 수도 있다. 이러한 의사 결정 제도를 '가중투표제'라 부르기로 한다.

예를 들어, 맹구네 집에서는 가족회의에서 의사 결정을 할 때에, 각 구성원은 자신의 나이만큼 표를 가지고, 의결 표수는 전체 표수의 과반수라고 한다. 일반적으로 어떤 집단에서 구성원들의 표수가 w_1, w_2, $\cdots$, w_n이고, 의결 표수가 q인 의사 결정 제도를 따를 때, 이 제도를

$$[q : w_1, w_2, \cdots, w_n]$$

으로 나타내기로 한다. 이러한 의결 제도가 의미 있으려면 의결 표수는 과반이라야 하고, 전체 표수 T ($= w_1 + w_2 + \cdots + w_n$) 이하라야 하므로, 부등식

$$T/2 < q \leq T$$

가 성립해야함은 분명하다. 의결 표수가 전체 표수와 같은 가중투표

제는 '만장일치제'이다.

가중투표제에서는 각 구성원이 자신의 표수를 나누어서 행사하는 것이 아니라, 자신의 표수 전체를 한 번에 행사한다고 가정한다.

가중투표제 [11: 12, 5, 4]와 같은 제도에서 12표를 가진 자는 혼자의 선택으로 모든 것이 정해진다. 이와 같이 자신의 표수가 의결표수 이상인 구성원을 '독재자'라고 한다. 또 가중투표제 [12: 9, 5, 4, 2]에서 9표를 가진 구성원은 혼자서 원하는 의견을 통과시킬 수는 없지만, 그가 원하지 않는 의견은 통과되지 않게 할 수는 있다. 이와 같이 전체 표에서 자신의 표를 빼면 의결 표수 미만이 되는 구성원을 '거부권자'라고 부른다.

가중투표제에서 중요한 것 가운데 하나는 '두 제도가 동등하다'는 개념이다. 가중투표제 $[q: w_1, w_2, ..., w_n]$과 $[q': w'_1, w'_2, ..., w'_{n'}]$가 동등하다는 것은 $n=n'$이고, 다음 성질이 있는 일대일 함수 $f : \{1, 2, \cdots, n\} \to \{1, 2, \cdots, n\}$ 가 존재한다는 것을 뜻한다.

임의의 $1 \leq i_1 < \cdots < i_k \leq n$ 에 대하여
$$q \leq w_{i_1} + \cdots + w_{i_k} \Leftrightarrow q' \leq w'_{f(i_1)} + \cdots + w'_{f(i_k)}$$
이다.

다시 말해, 두 가중투표제가 동등하다는 것은 두 집단 사이에 일대일 대응이 있고, 이 대응에 의해 한쪽 집단에서 의결 표수를 얻는 부분 집단과 다른 집단에서 의결 표수를 얻는 부분 집단이 동일하다는 뜻이다.

예를 들어 [11: 4, 4, 4, 4, 4]라는 제도는 [12: 4, 4, 4, 4, 4]와 동등하고, 다시 이것은 [3: 1, 1, 1, 1, 1] 과 동등하다. 앞으로 동등한 두 제도는 기호 ~를 써서 나타내기로 한다. 예를 들면

[15: 5, 4, 3, 2, 1] ~ [5: 1, 1, 1, 1, 1]

이다.

어느 나라 국회에 한우리당, 두우리당, 열우리당 등 세 정당이 있는데, 각 정당의 의원 수가 한우리당은 99명, 두우리당은 98명, 열우리당은 3명으로, 총 200명이라고 하자. 국회에서 안건이 의결되기 위한 표수는 과반수인 101표로 정해져있으므로, 이 상황을

[101: 99, 98, 3]

으로 나타낼 수 있다. 국회의원들이 모두 충성스러운 당원이라, 당의 명령에 복종한다고 가정한다. 그런데 이 상황은 각 정당에 한 표씩 부여한 [2: 1, 1, 1]과 마찬가지이므로,

[101: 99, 98, 3] ~ [2: 1, 1, 1]

임을 알 수 있다. 군소정당이라도 간판을 걸고 싶어하는 이유를 알 수 있다.

| 연습문제 6.

(1) [8: 5, 3, 2] ~ [2: 1, 1, 0] 인가?

(2) [7: 4, 3, 2, 1] ~ [5: 3, 2, 1, 1] 인가?

권력지수

다중투표제에서 각 구성원의 권력을 수량화하여 나타낼 수 있을까? 이러한 생각은 1965년 밴자프J. Banzhaf(1940~)가 고안하였고, 그 이후로 다양한 방법이 소개되었지만, 우리는 밴자프의 '권력지수'만을 살펴보기로 한다.

어떤 구성원의 '권력지수'는 의사가 통과되는 데 '결정적으로 기여하는 회수'에 비례하여 정해진다. 예를 들어, 다중투표제 [51; 50, 49, 1]의 경우를 살펴보자. 안건이 통과되기 위해서는 다음 세 가지 '가결 연합' 가운데 하나가 일어나야 한다.

$$\{\underline{50}, \underline{49}, 1\}, \ \{\underline{50}, \underline{49}\}, \ \{\underline{50}, \underline{1}\}$$

이때 밑금이 그인 구성원이 빠지면, 가결 연합이 되지 않으므로, 밑금이 그인 구성원은 가결되는 데에 결정적인 역할을 한 것으로 본다. 이때 50표를 가진 구성원은 3회, 49표를 가진 구성원은 1회, 1표를 가진 구성원도 1회, 모두 5회의 결정적인 역할이 있다. 그러므로 50표를 가진 구성원의 권력지수는 3/5 = 60%이고, 49표와 1표를 가진 구성원 각각은 1/5 = 20%의 권력지수를 가지고 있다고 말한다. 동등한 제도에서는 권력지수도 같다.

☆ ★ ☆

다음은 어느 대학의 인사위원회의 규정이다. 위원회는 학장Dean을 위원장으로 하고 네 명의 평교수Professor로 구성되어있다. 또 신임 교원을 채용할 때에는 평교수 3명 이상의 찬성으로 채용하거나, 가부 동수인 경우에는 학장이 결정하도록 되어있다. 이때 각 위원들의 권력지수를 구하기 위해 결정적인 역할을 하는 구성원이 있는 '가결 연합'을 살펴보면, 다음 10가지 경우가 있다.

{P2, P3, P4}, {P1, P3, P4}, {P1, P2, P4}, {P1, P2, P3}, {D, P1, P2}, {D, P1, P3}, {D, P1, P4}, {D, P2, P3}, {D, P2, P4}, {D, P3, P4}

이때 학장은 6회, 각 평교수도 6회의 결정적인 역할을 하므로, 모두 권력지수가 1/5 = 20%임을 알 수 있다.

☆ ★ ☆

국제연합 안전보장이사회는 미국·영국·프랑스·중국·러시아 5개의 상임이사국과 2년 임기의 10개의 비상임이사국으로 구성되어있다. 이때 의결 조건은 상임이사국 전원의 찬성과, 4개 이상의 비상임이사국의 찬성으로 통과된다. 그러므로 이러한 의사 결정 제도는

$$[\,39;\,7,\,7,\,7,\,7,\,7,\,1,\,1,\,1,\,1,\,1,\,1,\,1,\,1,\,1,\,1\,]$$

과 동등한 제도라는 것을 알 수 있다.

이제 각 상임이사국의 결정적인 역할수는 [■]

$$_{10}C_4 + {}_{10}C_5 + {}_{10}C_6 + {}_{10}C_7 + {}_{10}C_8 + {}_{10}C_9 + {}_{10}C_{10}$$
$$= 2^{10} - ({}_{10}C_0 + {}_{10}C_1 + {}_{10}C_2 + {}_{10}C_3) = 1024 - (1 + 10 + 45 + 120)$$
$$= 848$$

이고, 각 비상임이사국의 결정적인 역할수는

$$_9C_3 = \frac{9 \times 8 \times 7}{3 \times 2 \times 1} = 84$$

이다.[■■] 따라서 결정적 역할의 총수는

[■] 각 상임이사국은 거부권을 가지고 있으므로, 결정적인 역할을 하는 경우는 4개 이상의 비상임이사국이 찬성하는 경우이다. 그러므로 그 경우의 수는 (10개국 중에서 4개국을 뽑는 경우의 수) + (10개국 중에서 5개국을 뽑는 경우의 수) + … + (10개국 중에서 10개국을 뽑는 경우의 수) 이고, 이것은 $2^{10} = 1024$에서 여사건의 경우의 수를 빼면 된다.

[■■] 각 비상임이사국이 결정적인 역할을 하게 되는 경우는 자신을 제외하고 오직 3개국만이 찬성하는 경우이다. 그러므로 이 경우의 수는 '9개국 중에서 3개국을 선택하는 방법의 수'이다.

$$848 \times 5 + 84 \times 10 = (424+84) \times 10 = 5080$$

이다. 그러므로 권력지수는

각 상임이사국: $848/5080 \approx 16.7\,\%$

각 비상임이사국: $84/5080 \approx 1.65\,\%$

이고, 각 상임이사국의 권력지수는 비상임이사국 전체의 권력지수의 합보다 높음을 알 수 있다.

☆ ★ ☆

민주주의를 실현하기 위해서는 합리적인 의견 수렴 과정이 필요하고, 참여하는 이들이 모두 그 결과를 존중해야함은 당연하다.

하지만 합리적이라는 것에 대한 견해는 사람마다 너무나 달라, 물질이나 자연에서 발견하는 아름다운 조화를 사회나 마음에서 찾기는 아직도 오랜 시간이 걸릴 듯하다. 생물학자들 중에는 인간이 일반 동물과 마찬가지로, 유전자가 자신을 번식하기 위하여 만들어낸 허상에 불과하다는 주장을 하는 이도 있다.

일본에서 처음으로 필즈상을 수상한 고다이라 구니히코 小平邦彦 (1915~1997)는 농담 섞인 어투로 '위장으로 생각하는 사람'이라는 말을 하였다. 그가 일본에서 열심히 공부하여 박사학위를 받고, 미국 프린스턴에 있는 고등학문연구소에서 자신이 발견한 이론을 어설픈 영어로 발표하며, 뛰어나고 순수한 학자들과 대화할 때는 몰랐던 생각이었다. 필즈상을 수상하고 나니, 학자들보다는 정치인이나 경제인을 포함한 대중들을 많이 만나야하였고 그 과정에서 자신의 배를 채우기 위해서 '두뇌를 조정하여 온갖 합리적인 이유를 만들어내는 능력을 가진 위장'의 소유자들을 많이 만나게 되었던 것이다.

가정과 학교, 신문과 방송, 교회와 절, 우리 주변의 많은 것들이 마음을 정화하고 큰 사람이 되는 것을 가로막고 있지만, 그 가운데에서도 꿋꿋이 자라나는 싹들이 있다. 민주주의가 좋은 제도로 정착하려면, 개인들이 자신의 이익을 극단적으로 추구하는 행위를 자제하고, 더 큰 생각을 할 수 있도록 사회가 도와주어야 할 것이다.

오늘날 한국 사회는 각종 이념·종교·철학·지역·빈부의 격차 등 다양한 대립이 있고, 선동가들은 극단적인 주장을 한다. 중립적인 사람들의 사회에 대한 무관심은 극단주의자들이 설치게 하고, 결국 사회 분열을 일으키는 원인이 된다. 국가는 우수한 인재를 육성해야 하고, 동시에 모든 국민이 평등하게 최상의 교육을 받을 수 있는 기회를 제공해야 한다. 어느 한 극단을 선택하는 것은 매우 어리석은 일이다. 현명한 시민은 이러한 극단주의자들의 행동에 동요되지 않고 중용을 지킨다. 좋은 제도가 좋은 사회를 만든다.

공평한 분배

루이스 캐럴의 《거울 속의 앨리스》에서
- 존 테니얼John Tenniel 그림

루이스 캐럴Lewis Carroll의 본명은 찰스 루드위지 도지슨Charles Lutwidge Dodgson(1832~1898)이다. 그가 영국 옥스퍼드대학의 수학 강사로 재직할 때, 대학의 학장인 헨리 리델Henry Liddell이 딸들을 잠깐 돌보아 달라고 부탁하였다. 그때 열 살 난 앨리스를 포함한 세 자매들을 데리고 강에서 보트를 타면서 지어낸 이야기가 《이상한 나라의 앨리스Alice's Adventures in Wonderland》(1865)라는 작품으로 출판되었다. '루이스 캐럴'이라는 이름은 앨리스 리델Alice Liddell과 운韻을 맞추어 지은 이름이다.

 19세기 중반에 영국에서 아이들에게 읽히는 책은 대부분 딱딱한 규범들을 강요하는 내용이었다. 그 당시 영국의 빅토리아 여왕이《이상한 나라의 앨리스》를 읽고 너무 재미있어 캐럴의 다른 저서들을 다 가져오라고 하였는데, 논리학 책을 비롯한 수학책이 대부분이어서 실망하였다는 이야기도 전해지지만, 신빙성이 떨어진다고 보는 사람도 있다.《이상한 나라의 앨리스》의 후속작인《거울 속의 앨리스Through the Looking-Glass and What Alice Found There》(1871)에서는 모든 것이 뒤집힌다. 시간이 뒤집히고, 좌우도 바뀐다.《거울 속의 앨리스》의 제7장에는 사자와 유니콘이 나오는데, 이는 브리튼(사자)과 스코틀랜드(유니콘)의 싸움을 비유한 것이다.* 유니콘이 앨리스에게 '먼저 나누어주고, 그 다음에 잘라!'라고 말한다. 마치 '문 닫고 나가'라고 말하는 것처럼 일의 순서가 뒤바뀌어있다. 그리고 유니콘은 '그렇게 나누는 것은 공평하지 않아. 저 괴물(앨리스)이 사자에게 나보다 두 배나 많이 주었잖아!' 하고 말한다.

 캐럴의 이야기에 나오는 사자는 고대 그리스의 이솝 이야기를 연상하게 한다.

 하루는 사자가 여우와 당나귀를 불러 다 같이 사냥을 가자고 했다. 무서운 사자의 제안에 여우와 당나귀는 어쩔 수 없이 찬성하였고, 사냥

---

* [가드너(1960, 1999)].

에서 아주 많은 포획물을 얻었다. 그날 저녁 사자가 '야, 당나귀! 네가 한 번 공평하게 나눠봐' 라고 말하였다. 당나귀는 비록 자기가 온갖 허드렛일을 다하였다고 생각하면서도 포획물을 정성스레 삼등분하여 사자에게 먼저 한 등분을 주고, 여우에게도 한 등분 그리고 자기 몫도 챙겼다.

그러자 사자가 당나귀를 한 방에 날려보내고는 '여우, 네가 다시 나눠봐!' 라고 말하였다. 여우는 포획물의 대부분을 사자에게 주고, 자신은 조그만 몫만 챙겼다. 그러자 사자는 '네가 아주 잘 나누는구나. 이런 방법을 어디서 배웠느냐?' 라고 묻자, 여우는 '조금 전에 죽은 당나귀가 알려주었습니다' 라고 말했다.

어떻게 분배하는 것이 공평公平한가에 대한 생각은 사람마다 다를 수 있다. 당나귀는 자기가 일을 제일 많이 하였다고 생각한 반면, 사자는 모든 일을 계획하고 지휘하였고, 그것이 가장 중요하다고 생각하였다.

2000여 년 전에 쓰여진 중국의 수학책인《구장산술》에는 다음과 같은 문제가 나온다.

> 대부大夫, 불경不更, 잠뇨簪裊, 상조上造, 공사公士 다섯 사람이 공동으로 수렵을 하여 사슴 다섯 마리를 포획하였다. 이 사슴을 작위의 순서에 따라 나누려한다. 각각 몇 마리씩 가지게 되는가?

여기에서 대부, 불경, 잠뇨, 상조, 공사는 모두 진秦나라 때의 작위를 말하는데, 공사가 20작위 가운데 가장 낮은 1급이고, 상조는 2급, 잠뇨는 3급, 불경은 4급 그리고 대부는 5급이다.《구장산술》에는 대부, 불경, 잠뇨, 상조, 공사가 5 : 4 : 3 : 2 : 1의 비로 나누어 각각 5/3, 4/3, 1, 2/3, 1/3마리씩 가지는 것으로 풀이되어있다.

☆ ★ ☆

더불어 사는 사회. 서로 다른 생각을 가진 사람들이 어우러져 사는 사회. 나의 의견이 존중 받는 만큼 다른 사람의 의견도 존중해야하는 사회에서는 어떻게 나눠야 공평할까?

사람의 마음을 이해하기 전에는 '능력에 따라 일하고 필요에 따라 분배 받는다'는 마르크스K. Marx(1818~1883)의 말을 실천하기가 쉽지 않다. 2006년 11월 19일, 텔레비전 인터뷰에서 한 탈북자는 '자본주의가 더 공평한 것 같다'고 말하였다. 내 스스로 나를 책임지는 것이 옳은가? 아니면 사회나 국가가 나를 책임져주는 것이 옳은가? 공평하다는 것은 무슨 뜻일까?

저 사람 월급이 왜 나보다 많을까?
저 사람은 좋은 집에서 사는데, 나는 왜 이런 초라한 집에서 살까?
저 사람은 저렇게 큰 나라에서 태어났는데, 나는 왜 조그만 나라에서 태어났을까?
저 사람은 키가 큰데, 나는 왜 작을까? 나는 왜 날개가 없을까? …

이런 개인적인 문제에서 더 나아가 기업 간의 거래 또는 해당 국

■ 어려운 문제들에 적용하는 방법을 찾을 수도 있지만.

가의 국익이 걸려있는 자유무역협정 등 아주 어려운 문제들이 많다. 여기에서는 위와 같이 어려운(?) 문제는 다루지 않고, "더불어 사는 사회에서 나의 권리를 보장 받고, 타인의 권리도 존중할 수 있는 쉬운 문제들만 다루기로 한다. 공급은 한정되어 있고, 수요는 많을 경우 어떻게 나눠가질 수 있을까?

하나의 물건을 너와 내가 나누어가지려고 할 때, 서로 합의에 따라 가위바위보를 하거나 동전을 던져 '무위無爲, random'로 네가 다 갖든지 아니면 내가 다 갖든지 정할 수도 있다. 서로 전혀 양보할 수 없을 때는, 둘 중에 한 사람이 사라질 때까지 폭력으로 해결할 수도 있다. 그러나 여기에서는 운수에 맡기는 방법도 아니고, 서로 다치면서 폭력을 쓰는 방법도 아닌 매우 합리적인 해결책을 제시한다.

유대인들의 경전인 《탈무드》에는 다음과 같은 문제가 나온다.

> 어떤 사람이 남기고 간 유산을 정리하니 모두 100만 원이었다. 그런데 그는 세 사람에게 다음과 같이 빚이 있었다. 갑에게 100만 원, 을에게 200만 원, 병에게 300만 원. 이때 갑, 을, 병에게 어떻게 나누어줘야 하는가? 만약 유산이 200만 원이라면 어떻게 나누는가? 유산이 300만 원이라면 어떻게 나누어줘야 할까?

《탈무드》의 풀이는 다음과 같다.

배당금액 (단위 : 만 원)

유산 \ 채권자	갑(100)	을(200)	병(300)
100	33⅓	33⅓	33⅓
200	50	75	75
300	50	100	150

탈무드에는 이러한 풀이에 대한 합리적인 설명이 없다. 하지만 오늘날 학자들은 다음과 같이 해석하고 있다. 먼저 유산이 100만 원인 경우를 살펴보자. 이때에는 갑, 을, 병 세 명의 채권자가 모두 유산에 권리를 가지고 있고, 따라서 각각 1/3씩 나눠 가진다. 또 유산이 200만 원인 경우에 갑은 권리가 오직 100만 원에만 있고 나머지 100만 원에는 권리가 없다. 이때 갑은 100만 원의 반인 50만 원을 가지고, 나머지 150만 원은 을과 병이 75만 원씩 나눠 가진다.

마지막으로 유산이 300만 원인 경우에도 갑은 여전히 100만 원에만 권리를 가지고 있으므로 갑은 100만 원의 반인 50만 원을 가지고, 나머지 250만 원은 을과 병이 나눠 가진다. 하지만 을은 200만 원에만 권리가 있으므로 200만 원의 반인 100만 원을 가지고, 병은 나머지 150만 원을 가진다.

실제로 우리 주위에도 유사한 일이 일어난다. 1997년 대한민국이 가진 외화가 바닥이나 국제통화기금IMF으로부터 긴급 자금을 지원받은 적이 있다. 이때 많은 기업이 부도가 나 전 국민이 크게 고생하였다. 예를 들어 아파트를 분양 받다 실패한 경우를 살펴보자. 우리나라는 집을 짓기 전에 집값을 먼저 지불한다. 건설회사에서는 집을 담보로 돈을 빌릴 수 있도록 은행의 융자를 알선하여 중도금을 빨리 낼 수 있도록 도와준다. 어떤 입주예정자는 부지런히 중도금을 내기도 하고, 어떤 입주예정자는 천천히 내기도 한다. 회사는 나름대로 땅을 담보로 은행 대출을 하기도 한다. 문제는 아파트 짓다가 부도가 나는 경우이다. 특히 주상복합 아파트는 더욱 입주자들의 속을 태운다. 입주예정자들 중에는 중도금을 많이 낸 사람도 있고, 적게 낸 사람도 있는데, 건설업자의 책임은 얼마 되지도 않고, 은행은 상당한 권리를 가진다. 법원에서는 짓다만 터에 대한 경매를 진행한다. 도대체 어떻게 해결해야 공평한가?

☆ ★ ☆

2007년 12월 태안반도 기름 유출 사고 후에 정부에서 어민들과 주변의 상인들에게 보상금을 지급하는 데에도 오랜 시간이 걸렸다. 국가는 어떤 집에 어떻게 보상금을 나눠주어야 하는가? 식구가 많은 집, 어린이나 노약자가 있는 집은 어떤 차등을 두어야하는가? 전쟁이 일어나면 식량을 비롯한 각종 생활필수품들의 공급이 제대로 이루어지지 않는다. 이럴 때 국가가 국민들에게 필요한 물품을 제대로 공급하지 못하면, 사람들은 자신의 생존을 위해 약탈을 하거나 해서 사회가 매우 혼란스러워진다. 제2차 세계대전이 일어나면서 공평한 분배가 매우 중요한 문제로 대두되었을 때, 폴란드의 수학자 슈타인하우스H. Steinhaus(1887~1972)는 다음과 같이 공평하다는 개념을 정의했다.

휴고 슈타인하우스.

어떤 물건을 n명이 나누어 가질 때, 각자 그 물건에 부여한 가치의 n분의 1 이상이 그 자신에게 돌아가도록 나누면 **공평한 분배**를 하였다고 말한다.

예를 들어, 여기 떡이 하나 있고 한심이, 두심이, 세심이 등 열 명이 권리를 가지고 있다고 하자. 물론 각자가 그 떡에 부여한 가치는 떡의 부위별로 다를 수 있다. 어떤 사람은 콩고물이 많은 부분이 좋다고 생각하고, 어떤 사람은 팥고물이 많은 부분이 좋다고 생각할 것이다. 또 배가 부른 사람도 있고, 배가 고픈 사람도 있을 것이다. 한심이는 그 떡의 가치를 5000원으로 평가하고, 두심이는 그 떡의 가치를 1000원으로 평가한다고 하자. 이때 한심이에게 배당한 떡의 가치가 한심이의 기준으로 보아 500원 이상이 되고, 두심이에게 배당한 떡의 가치가 두심이의 기준으로 보아 100원 이상 되게 배당하여, 모든 유권자들에게 각자 부여한 가치의 10분의 1 이상이 돌아가도록 배당하면 공평한 분배가 이루어졌다고 말한다.

슈타인하우스는 배당받을 사람들의 주관적 판단을 존중하였고, 그리고 각자가 스스로 부여한 가치의 $1/n$을 배당 받을 수 있으면 공평하다고 생각하였다.

여러분은 슈타인하우스의 정의에 동의하는가?

■ 대화란 서로를 이해하는 데 쓰이기도 하지만, 때에 따라서는 상대에게 더욱 상처를 주고, 자신도 심한 상처를 입어, 대화하지 않은 것보다 못할 때도 있다. 혀가 뱉어내는 독은 주워담을 수 없다.

☆ ★ ☆

수학에서 어떤 개념을 정의할 때는 매우 조심스럽다. 하지만 일단 그 정의가 내려지면 그것을 철저히 따른다. 또 정의가 아무리 멋있어도, 그것이 실현되지 않는다면 허망한 정의이다. 이제부터 우리가 '공평'이라는 용어를 사용할 때에는 항상 슈타인하우스가 내린 정의에 충실한 뜻이라는 것을 명심해주기 바란다. 여러분의 생각을 고집하고 싶을 때에는 '공평'이라는 단어를 사용하지 말고 '공평'이나 또는 다른 용어를 사용하면 좋겠다.

여기서는 슈타인하우스의 공평한 분배가 항상 가능하다는 것을 보이고, 더 나아가 구체적으로 실현하는 다양한 방법을 소개한다.

여러 사람이 어떤 물건을 나누어 가지려고 할 때, 서로 싸우지 않고 양보하여 기분 좋게 타협을 할 수 있으면 제일 좋다.* 꼭 피를 튀기며 싸우고 싶지는 않더라도, 양보하기도 싫을 때는 어떻게 해결해야할까? 꼭 싸우거나 양보의 문제가 아니더라도, 남이 신사적으로 나온다면 나도 신사적으로 나가고 싶고, 내가 신사적으로 나가면 남도 신사적으로 나오기를 기대하는 것이 보통 신사들의 생각이다. 물론 숙녀도 마찬가지 생각을 할 것이다. 이럴 때의 해결책이 바로 '공평한 분배법'이다. 공평한 분배를 하자고 합의를 하면, 모두가 자신의 몫을 챙길 수 있다. 얼굴 붉혀 싸울 필요도 없고, 남에게 덕을 적게 베풀었다고 미안해할 필요도 없다.

분할선택법

두 사람이 공평하게 나누는 법을 살펴보자. 예를 들어 사과 하나를 두 사람이 **공평하게** 나누어 가진다고 하자.■

　1) 한 사람이 사과를 두 조각으로 자른다.
　2) 다른 사람이 자신이 좋아하는 조각을 가진다.
　3) 남은 조각을 사과를 자른 사람이 가진다.

　위에서 사과를 자르는 사람을 **분할자**라 부르고, 조각을 선택하는 사람을 **선택자**라 부르기로 한다. 분할자는 자신이 원하는 대로 사과를 두 조각으로 나눌 수 있는 영광을 가지고, 선택자는 두 조각 중에서 자신이 원하는 조각을 선택할 수 있는 영광을 가진다. 분할자는 어느 조각이 자신에게 배정되어도 불만이 없도록 자른다. 불만이 없다는 말은 스스로 부여한 가치의 50% 이상을 배정받는다는 뜻이다. 선택자는 두 조각 중에서 만족을 주는 조각을 가진다. 누가 분할자가 되고 누가 선택자가 되는가는 공평한 분배를 하겠다고 서로 약속하고 나면, 전혀 문제가 되지 않는다. 모두 자신이 스스로 내린 가치의 50%를 보장 받기 때문이다. 그러므로 분할자와 선택자는 합의에 의하여 정해도 좋고, 합의가 안 이루어지면, 동전이나 가위바위보 또는 주사위 등의 방법으로 정하면 된다. 이와 같이 아무렇게나(또는 주님의 뜻에

■　여기에서 '사과' 대신에 당신의 삶을 바꿀 수 있는 넓은 '땅' 이라고 두어도 상관없다. 수학에서 사용하는 '이름씨' 는 특정 대상을 지정하는 '고유명사' 이기도 하고, 때로는 일반적인 대상을 뜻하는 '일반명사' 이기도 하다. 이들을 각각 '상수' 와 '변수' 라고 한다.
■■　페르시아의 수학자 '무함마드 이븐 무사 알 콰리즈미' 에서 유래한 이름.

따라) 정하는 것을 '무위無爲'로 정한다고 말하기로 한다.

위 보기와 같이 한 사람이 나누고 다른 사람이 선택하는 방법을 분할선택법이라 한다. 공평한 분배의 주요한 특징 중의 하나는 자신의 생각을 밝힐 필요가 없다는 것이다. 마치 자동판매기에 동전을 넣어 버튼을 누르면 원하는 물건을 얻을 수 있는 것처럼, 두 사람 또는 그 이상의 사람들이 다툴 필요 없이 기계적인 과정을 거치면 원하는 배당을 받을 수 있다. 이와 같은 방법을 알고리즘™이라 한다.

좀 더 구체적인 예를 들어, 딸기 맛과 바닐라 맛이 모두 들어있는 케이크를 분녀와 선녀 두 사람이 공평하게 분배하기로 하였다고 하자. 분녀는 바닐라와 딸기를 다 같은 정도로 좋아하고, 바닐라 맛이 있는 쪽이 천 원의 가치가 있고, 딸기 맛이 있는 쪽도 천 원의 가치가 있다고 생각한다. 물론 이러한 생각을 선녀에게 말할 필요는 없다. 공평한 분배에서 중요한 점은 나의 생각을 상대에게 말할 필요가 없다는 것이다. 두 기업을 합병할 때 내 생각을 100% 다 내놓고 협의할 수는 없는 것처럼.

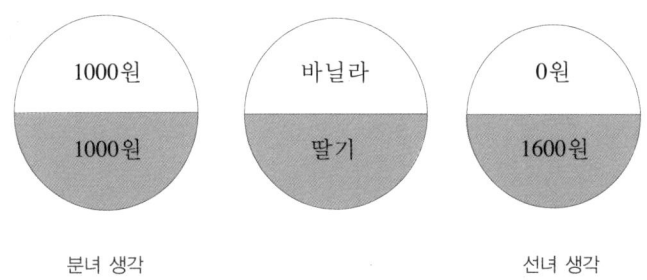

분녀 생각　　　　　　　　　　　선녀 생각

이제 선녀의 생각을 보자. 선녀는 바닐라에는 전혀 관심이 없고, 딸기는 아주 좋아한다. 선녀는 딸기 맛이 있는 쪽에 1600원의 가치를 부여하고, 바닐라 맛이 있는 쪽은 전혀 가치를 주지 않는다. 선녀도 물론 자신의 생각을 말할 필요는 없다. 자 이제 분녀가 자신의 기준으로 케이크를 반으로 나눈다. 분녀에게는 어느 맛이나 같은 가치를 가지니까 칼 가는 대로 45도 방향으로 케이크를 잘랐다고 하자. 분녀에게는 두 조각 모두 1000원의 가치를 가지므로 그녀는 어느 조각을 배정 받아도 자신의 몫을 가지게 된다.

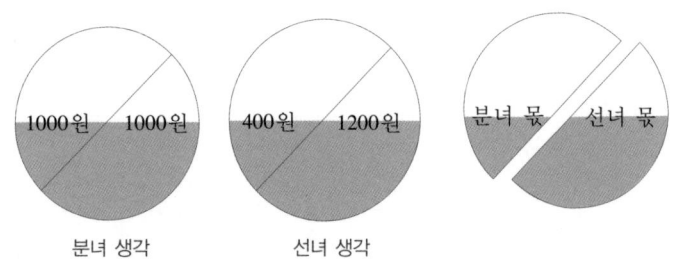

그러나 선녀는 왼쪽 조각에는 전체 딸기 맛의 1/4이 있으므로 그 가치는 400원(1600원 × 1/4)이고, 오른쪽 조각의 가치는 1200원(1600원 − 400원)이라고 생각한다. 그러므로 선녀는 오른쪽 조각을 선택한다. 이제 남은 왼쪽 조각을 분녀가 가져간다. 결국 분녀는 스스로 케이크에 부여한 가치의 반을 얻었고, 선녀도 스스로 부여한 가치의 반보다 더 많이 가지게 되었으므로 공평한 분배에서 보장한 대로 둘 다 만족하게 된다. 물론 선녀 생각에 분녀는 400원 가치만 가지게 된 것으로 보일 테지만, 분녀는 자기 몫인 1000원 어치를 가졌다고 생각할 것이다.

현명한 독자는 다음과 같이 질문할 수도 있다. 만약 분녀가 바닐라 맛과 딸기 맛의 경계를 따라 케이크를 자른다면, 선녀는 더욱 좋은 선택을 할 수 있을 것이고, 그때에도 분녀는 여전히 1000원의 가치를 보장 받으니 불만이 없지 않느냐고. 하지만 첫째 문제점은 분녀는 선녀의 생각을 모른다는 것이다. 둘째 문제점은 분녀가 선녀의 생각을 안다면, 분녀는 그것을 악용하여 아래 그림과 같이 나눌 수도 있기 때문이다.

공평한 분배를 할 때에 자신의 생각을 밝힐 필요가 없는 이유는 그 생각을 다른 사람이 악용할 수 있기 때문이다. 서로의 생각을 알고 서로 도와주겠다는 생각이 있다면 굳이 공평한 분배에 들어갈 필요가 없다. 분할선택법을 사용하여 분배를 하면, 분할자의 몫은 항상 자신이 부여한 가치의 50%지만, 선택자의 몫은 자신이 부여한 가치의 50% 이상이라는 것을 알 수 있다. 그래서 분할 선택법은 선택자에게 더 유리한 분배라고 느낄 수 있다. 하지만 분할자는 자신이 원하는 모양으로 케이크를 자를 수 있고, 또 분할자가 선택자의 마음을 조금이라도 안다면 그것을 이용하여 자신에게 유리한 분할을 할 수 있다.

아래 사진은 어느 집에서 식빵 한 쪽을 두고 두 사람이 분할선택법을 사용한 장면이다.

이제 분할선택법에 만족하지 않는 사람들을 위하여 평행분할법을 소개한다.

평행분할법

두 강대국이 조그만 약소국을 두고 서로 공평하게 나누기로 합의하였다고 하자. 강대국의 이름은 어국과 너국인데, 어국은 북위 37도선으로 나누어 가지는 것이 공평하다고 생각하고, 너국은 북위 39도선이 공평하다고 생각한다. 이때 북위 38도선으로 약소국을 갈라 북위 38도선 이남은 어국이 차지하고, 북위38도선 이북은 너국이 차지하면 두 강대국은 자신들이 생각하였던 것보다 더 많은 배당을 받게 되어 공평한 분배가 이루어진다.

▪ cf. [Steinhaus].

 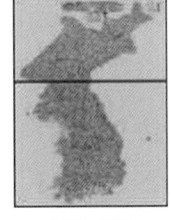 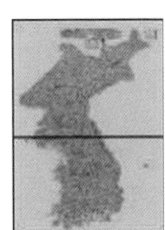

　　　　어국 생각　　　　너국 생각　　　　평행분할법

　　분할선택법을 할 때에는 분할자와 선택자를 정해야하지만, 평행분할법에서는 배당받는 자들의 순서를 매기지 않고도 배당할 수 있다는 장점이 있다. 물론 이때 사전에 합의하여야 할 것은 **기준선**(입체를 분배할 때에는 기준면)과 그것을 평행이동하는 방향을 정해야한다. 최종 분할은 '각자가 원하는 분할선'들의 중간선을 따라 이루어진다. 물론 공평한 분배를 하기로 합의하였다면 기준선이 직선이든 곡선이든 상관없고, 또 평행이동하는 방향이 어느 방향이든지 상관없이, 모두 자신이 내린 가치 기준에 의한 배당을 받을 수 있다. 그러므로 특별한 이유가 없다면 기준선을 직선으로 하는 것이 편하고, 방향은 연필이나 젓가락 등을 굴려 무위로 정할 수 있다. 평행분할법과 그 일반화에 대하여 필자가 발견한 것을 발표하려고 한 적도 있었지만, 이 방법은 슈타인하우스가 벌써 알고 있었다.■

　　예를 들어 갑돌이와 갑순이 두 사람이 큰 땅을 상속 받았다고 하자. 이때 두 사람이 공평한 분배를 하기로 하고 더 나아가 평행분할법을 사용하기로 합의하였다고 하자. 이때 두 사람은 먼저 기준선을 정하고 그 선을 평행이동할 방향을 약속해야한다. 그리고 나면 두 사람은 각각 공평하다고 생각하는 분할선을 종이에 기록한다. 이러한 기록은 기준선에서 평행이동하는 방향을 따라 떨어져있는 거리로 수량화할 수도 있고, 또는 닮은꼴로 그린 지도에 선을 그어 표시할 수도 있다. 그리고 그 기록을 서로 동시에 공개한 다음, 최종 분할선은 각자가 공개한 원하는 분할선의 (기하학적인) 중간선이 된다.

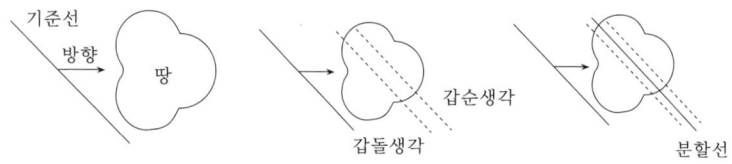

이제 분할선을 따라 땅은 두 조각으로 나뉘게 되고, 갑돌이는 자신이 원하는 분할선이 들어있는 조각을 차지하고, 갑순이도 자신이 원하는 분할선이 들어있는 조각을 차지한다. 결국 두 사람 모두 자신이 원하는 이상의 땅을 확보하게 된다.

☆ ★ ☆

현명한 독자 중에는 갑돌이와 갑순이가 원하는 두 분할선 사이의 영

■ 이러한 지점이 존재한다는 것은 '중간값 정리'가 보장해준다. 중간값 정리란 "구간 [a, b]에서 정의된 실수값을 가지는 연속함수 f(x)에서 f(a)<y<f(b)인 임의의 y에 대하여, a<c<b이고 f(c)=y인 c가 존재한다"를 뜻한다. 슈타인하우스는 중간값 정리를 확장한 '햄-샌드위치 정리'를 발견한 것으로도 유명하다. 햄-샌드위치는 빵과 채소 그리고 햄으로 이루어져있는데, 이 셋이 어떠한 위치에 있더라도 각각을 정확하게 반으로 자르는 평면이 존재한다는 정리이다[부록 참고]. 평면의 경우에는 "임의의 두 영역을 각각 넓이가 정확하게 반이 되도록 자르는 직선이 존재한다"는 정리가 되고, 그 증명도 중간값 정리를 이용하여 쉽게 할 수 있다.

역을 또 다시 공평하게 나누면 되지 않을까 하고 생각할 수 있다. 좋은 생각이긴 하지만, 그렇게 하면 각자가 배당받는 조각이 한 덩이가 아닌 따로 떨어진 조각이 될 수도 있고, 더 나아가 그 과정에서 또 다시 공평하게 나눠야하는 문제가 한없이 생기게 된다. 그러므로 가장 이상적인 경우를 다루려면, 갑돌이와 갑순이가 각자 원하는 분할선만을 단순히 기록하는 것이 아니라, 평행선을 따라 그 선 왼쪽에 놓여 있는 땅의 가치를 모두 혹은 상당히 자세하게 기록하면 된다. 이때 가치는 0과 1 사이의 값으로 정한다.

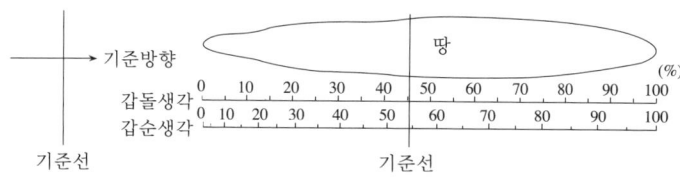

그러면 기준선을 기준방향을 따라 평행이동하며 두 사람이 부여한 가치를 서로 더한 값이 1이 되는 지점이 바로 분할선의 위치가 된다.■ 위 그림에서는 갑순이가 분할선의 왼쪽 부분의 땅을 가지고, 갑돌이는 분할선의 오른쪽 부분 땅을 가지게 되어 모두 자신이 판단한 가치의 54.5%를 차지하게 된다. 공평하고도 남는다.

☆ ★ ☆

다음은 미국 캘리포니아의 버클리에 살고 있는 유명한 위상수학자인 커비R. Kirby(1938~) 교수가 제안한 무기를 감축하는 방법이다. 두 강대국인 어국과 너국이 자신의 힘을 과시하기 위해 경쟁적으로 무기를 개발하다보니, 계속하다가는 결국 모두 멸망하게 될 것임을 인식하였다. 그래서 이들은 서로 가지고 있는 무기의 50%를 **공평하게** 감축하기로 다음과 같이 합의하였다.

1) 각자 자신들이 보유하고 있는 모든 무기의 가치를 평가하여 공개한다.
2) 각 국가는 상대 국가의 무기 중에서 자신의 기준으로 50% (또는 그 이하의) 가치를 가지는 것을 지적한다.
3) 상대 국가로부터 지적 받은 무기를 일정 기간 안에 폐기한다.

다음은 어국이 공개한 무기의 가치표다.

어국 발표

무기	탱크	전투기
보유량	120대	120대
가치	40%	60%

이에 대하여 너국은 탱크의 가치를 20%, 전투기의 가치를 80%라고 생각하고, 어국에 전투기 100대의 폐기를 요구한다. 전투기 100대는 어국이 스스로 발표한 무기 전체 가치의 50%에 해당하는 가치다.▪ 이때 너국은 50%를 감축시켰다고 느끼는 것이 아니라 66.7%(=80%×100/120)를 감축시켰다고 생각해 크게 만족한다.

▪ $120 \times \frac{50}{60} = 100$

어국도 불만이 없다. 자신이 스스로 발표한 가치의 50%를 감축하기로 약속하였고, 너국의 요구대로 50%를 감축했다.

너국 생각

어국 무기	탱크(120대) 40%	전투기(120대) 60%
가치	20%	80%
감축 요구	0대	100대

만약 어국이 탱크의 가치와 전투기의 가치가 모두 50%씩이라고 거짓으로 발표하면 어떻게 될까? 이때 너국이 여전히 탱크의 가치를 20%, 전투기의 가치를 80%라고 생각하면, 전투기 120대를 감축하기로 요구할 것이고, 어국은 거짓 발표로 인하여 50% 감축하는 것이 아니라 실제로 60%를 감축하게 된다.

어국 거짓 발표	무기	탱크(120대) 50%	전투기(120대) 50%
너국 생각 (1)	가치	20%	80%
	감축 요구	0	120대
너국 생각 (2)	가치	80%	20%
	감축 요구	120대	0대

물론 너국이 잘못 판단하여 탱크의 가치를 80%, 전투기의 가치를 20%로 본다면, 너국은 어국에게 탱크 120대를 감축하기를 요구할

것이고, 어국은 실제로 40%만 감축하게 되니 성공적으로 속인 셈이 된다. 공평한 분배에서는 남을 속이려하지 않고 정직하게 임하면 항상 자기 몫을 보장하지만, 거짓으로 임하면 그러한 보장을 할 수 없다. 물론 커비 교수도 무기감축이 이와 같이 쉽게 이루어지지는 않는다는 것을 잘 알고 있다.

| 연습문제

1. 두 마을에서 서로 책임을 미루고 싶어 하는 공동경비구역이 있다. 이때 공평하게 책임을 지게 하는 방법은?

지금까지는 두 사람일 때 공평한 분배를 하는 법을 살펴보았다. 이제 여러 사람일 때 어떻게 하는지 알아보자.

다인 분배

갑돌이와 갑순이가 결혼식을 마치고 꿈같은 신혼여행을 떠났다가 비행기를 타고 돌아온다. 돌아오면서 이들은 이제부터 환상에서 벗어나 많은 수행을 하며 살아야한다는 것을 이해한다. 밥과 설거지도 해야 한다. 이불 개기, 청소, 쓰레기 비우기, 장보기, 각종 고지서 납부, 아기 키우기, 노인 돌보기, 제사 준비, 반상회 참석 등등 수많은 일들이

■ [Gardner(1978) p. 124].

있다. 누가 이 많은 일을 해야하나 조금씩 걱정이 커진다.

갑돌이가 먼저 여러 가지 해야할 일들의 목록을 작성하면서 '이러이러한 일은 내가 할 터이니 저러저러한 일은 당신이 하시오'라고 말한다. 그러나 갑순이는 일의 분담이 불공평하게 이루어졌다고 생각한다. 서로 이 일은 네가 해라 하다가 사소한 것으로 크게 싸우게 된다. 공항에 마중 나오신 장모가 두 사람의 안색을 보고는 놀라서 무슨 일이 있었느냐고 물어본다. 자초지종을 들어본 장모는 한 사람이 일을 두 묶음으로 나눈 후, 다른 사람이 선택하면 되지 않느냐고 현명한 해결책을 제시한다.

갑돌이는 장모님의 현명한 처방으로 일 년 동안 갑순이와 행복하게 잘 살았다. 그러던 어느 날 혼자 사시던 장모가 어려운 사정으로 갑돌이와 갑순이 집에 같이 살게 되었다. 집안일을 두 사람이 잘 분담히면서 살았는데, 세 사람이 되면 어떻게 분배해야할까?" 세 사람 이상이 공평한 분배를 하는 방법도 여러 가지가 알려져있다.

고독한 분할법

이 분할법에서는 한 사람이 나누고 나머지 사람들이 선택한다. 분할자를 어떻게 정하느냐 하는 것은 큰 문제가 되지 않는다. 누구든지 상관없이 공평한 몫을 배당받기 때문이다. 앞으로 공평한 분배에 참가하여 배당받게 되는 사람들을 '**참가자**(또는 선수)'라고 부르기로 한다. 참가자들의 순서를 정하는 것은 합의에 의하거나 또는 무위에 의하여 정한다. 이 중 맨 마지막 사람이 분할자가 된다.

먼저 참가자가 3명인 경우를 생각해 보자.[*] 이때 나누는 것의 이름을 떡이라고 하자.

1) 참가자들의 순서를 정하여 1번과 2번은 선택자, 3번은 분할자가 된다.
2) 분할자는 떡을 세 조각으로 나누고 조각의 이름을 각각 조각1, 조각2, 조각3이라 한다(분할자는 자신의 기준으로 각 조각의 가치가 전체 가치의 1/3이 되도록, 즉 어느 조각을 그가 가진다고 하여도 불만이 없도록 나눈다).
3) 선택자들은 자신의 기준으로 가치가 있는 (즉, 가치가 전체의 1/3 이상인) 조각의 이름을 모두 종이에 기록하여 동시에 공개한다.
4) 복수의 조각이 두 선택자가 기록한 이름에 나타날 때에는 쉽게 분배할 수 있다.
　(1) 두 선택자가 모두 둘 이상의 조각의 이름을 기록하였을 경우는 먼저 선택자1에게 그가 기록한 조각 중의 하나를 무위로 배정하고, 선택자 2에게는 남은 조각 중에서 그가 기록한 조각 중의 하나를 무위로 배정하고, 마지막 남은 조각은 분할자 몫이 된다(무위로 배정하는 방법은 사전에 합의하면 된다. 경우에 따라 분할자 또는 제삼자에게 그 역할을 맡길 수도 있다).
　(2) 두 선택자 중 오직 한 사람만 둘 이상의 조각의 이름을 기록한 경우는 오직 한 조각의 이름만 기록한 선택자에게 그 조각을 배정하고, 다른 선택자는 남은 조각 중에서 그가 기록한 조각 중 하나를 임의로 배정받는다. 마지막 조각은 물론 분할자가 가진다.
　(3) 두 선택자가 각각 오직 한 조각의 이름만 기록한 경우, 그리고 그 이름이 서로 다른 경우는 각 선택자에게 원하는 조각을 배정한다.
5) 이제 오직 한 조각만이 두 선택자의 기록에 나오는 경우를 살펴보자.

---

[*] [Steinhaus].

이 경우는 두 선택자 모두가 기록하지 않은 조각이 두 개 있고, 그 조각들은 공개적으로 가치가 없다고 발표한 조각들이다. 그러므로 분할자는 기록되지 않은 두 조각 중 하나를 자신의 몫으로 가져간다. 이제 남은 두 조각을 두 선택자가 분배하면 된다. 두 사람 분배는 이미 해결책을 잘 알고 있다. 두 선택자는 남은 두 조각 각각에 대하여 공평한 분배를 하여도 되고, 또는 남은 두 조각을 합친 것에 대하여 공평한 분배를 하여도 된다.

구체적인 예를 들어 보자. 다음은 분할자가 떡을 세 조각으로 나눈 것에 각 참가자들이 바라보는 주관적 가치를 나타낸 표다.

가치 평가표 1 (단위 : %)

	조각1	조각2	조각3	합계
분할자	$33\frac{1}{3}$	$33\frac{1}{3}$	$33\frac{1}{3}$	100
선택자1	35	15	50	100
선택자2	40	25	35	100

분할자가 떡을 자르고 난 후, 선택자들은 각자 기준으로 가치가 있다고 판단하는 조각, 즉 가치가 33.33…%가 넘는 조각의 이름을 기록한 것을 공개한다. 선택자1과 선택자2는 모두 조각1과 조각3을 기록하고, 이를 다 같이 공개한다. 물론 기록에는 조각의 가치를 기록하지는 않는다. 이것을 본 분할자는 동전을 던져서

앞면이 나오면 조각1을 선택자1에게, 조각3을 선택자2에게
뒷면이 나오면 조각1을 선택자2에게, 조각3을 선택자1에게

배정한다. 동전이 앞면이 나오면 선택자1은 35%의 가치를 얻고, 선택자2도 35%의 가치를 얻어 모두 33.33…% 이상의 가치를 얻으면서 공평한 분배가 이루어진다. 물론 이때 선택자1과 선택자2가 서로 교환하고 싶으면 그렇게 할 수도 있고, 그 결과 선택자들은 더 큰 만족을 얻게 된다.

혹시 처음부터 선택자1은 조각3만 기록하고(이 기록은 조각1의 가치가 1/3 미만이라는 것을 뜻하기 때문에 거짓된 기록이다), 선택자2는 조각1만 기록하면(이 기록도 역시 거짓) 좋지 않을까 하고 생각할 수도 있지만, 다음의 예를 보면 그러한 거짓말은 대가를 치르게 될 수도 있음을 보여준다.

가치 평가표 2

(단위 : %)

	조각1	조각2	조각3	합계
분할자	$33\frac{1}{3}$	$33\frac{1}{3}$	$33\frac{1}{3}$	100
선택자1	50	40	10	100
선택자2	42	28	30	100

분할자가 정성껏 나눈 조각을 보고 선택자1은 조각2를 숨기고 조각1만 기록하여 공개하였다고 하자. 물론 선택자2도 조각1을 기록하고 공개한다. 이때 분할자는 두 선택자가 가치 없다고 선언한 조각2

와 조각3 중에서 자신이 원하는 조각을 가져간다. 예를 들어, 분할자가 조각2를 가져갔다고 하자. 그러면 남은 두 조각의 가치는 거짓말을 한 선택자1에게는 60%밖에 되지 않는다. 이 가치를 선택자2와 나누게 되면 처음 떡의 30%만 배정 받게 되어 33.33…%보다 적게 배정 받게 될 수도 있다.

고독한 분할법의 과정을 조금 쉽게 바꾸어 순서도로 나타내면 다음과 같다.

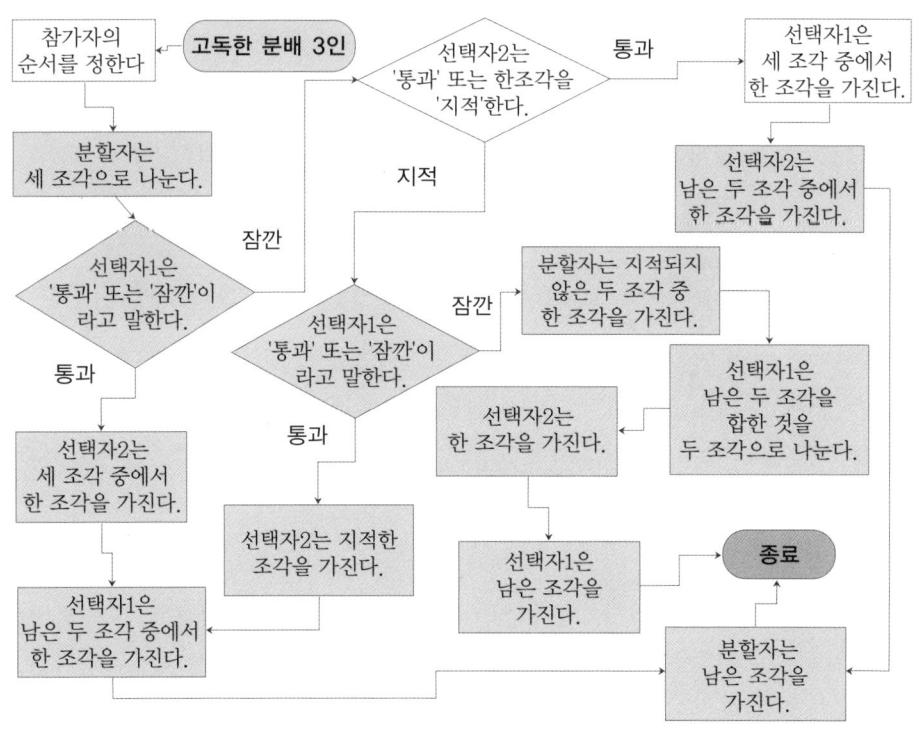

공평한 분배를 하기로 결정하고 나면, 번뇌로 가득찬 마음에서 벗어나, 싸울 필요 없이, 기계적인 과정으로 각자 자신의 몫을 배정받는다. 기계적이라는 말은 어린이나, 노약자나 차별받지 않고, 날씨가 좋거나 나쁘거나 상관없이, 보편적인 방법으로 일이 진행된다는 뜻이다. 물론 이 과정에서 참가자가 거짓말을 하게 되면, 그는 자신의 몫을 보장받지 못한다.

☆ ★ ☆

이제 4인이 떡을 두고 고독한 분할법을 시행하는 과정을 살펴보자.

1) 참가자의 순서를 정한다. 참가자 1, 2, 3번은 선택자가 되고, 참가자 4번은 분할자가 된다.
2) 분할자는 떡을 네 조각으로 나눈다(실제로는 조각을 명시만 하고, 조각이 배정되는 순간에 나누면 된다). 조각의 이름을 C1, C2, C3, C4 라고 한다.

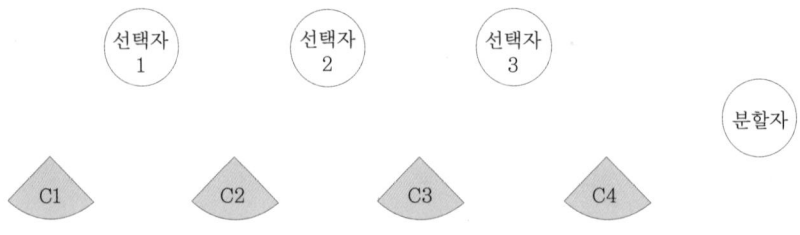

▪ 왜 그럴까?

3) 선택자들은 각각 가치가 있는 조각, 즉 자신의 판단으로 1/4 이상의 가치를 가지는 조각의 이름을 종이에 기록한다.

4) 선택자들은 자신의 기록을 다 같이 공개한다. C1, C2, C3, C4를 기록한 선택자들의 인원수를 각각 m_1, m_2, m_3, m_4라 하자. 물론 $0 \leq m_1, m_2, m_3, m_4 \leq 3$이다.

5) m_1, m_2, m_3, m_4 가운데 0이 있으면, 즉 선택자들이 기록하지 않은 조각이 있으면, 기록하지 않은 조각 중에서 하나를 분할자가 마음대로 선택해서 가진다.

6) m_1, m_2, m_3, m_4 가운데 1이 있으면, 오직 한 사람만이 기록한 조각이 있다는 뜻이다. 이때는 그러한 조각들을 그것을 기록한 사람에게 모두 나누어준다.

7) 단계 5)와 6)에서 배정받은 참가자가 있으면, 배정받지 못하고 남은 참가자들이 이미 잘 알고 있는 '3인 이하의 고독한 분할법'을 시행하고 단계 9)로 넘어간다.

8) 이 단계는 아직 아무도 배정받지 못하고 모든 참가자들이 남아있으며 물론 모든 떡 조각도 남아있는 경우로서, m_1, m_2, m_3, m_4가 모두 2 이상이다.

　우선 선택자1, 선택자2, 선택자3이 기록한 조각의 개수를 각각 k_1, k_2, k_3이라 하자. 물론 $1 \leq k_1, k_2, k_3 \leq 4$이고, $k_1 + k_2 + k_3 = m_1 + m_2 + m_3 + m_4$이다. 한편 m_1, m_2, m_3, m_4가 모두 2 이상이므로 $k_1 + k_2 + k_3 = m_1 + m_2 + m_3 + m_4 \geq 8$이다. 분배는 k_1, k_2, k_3의 값이 작은 선택자순으로, 남아있는 원하는 조각 중에서 무작위로 하나를 선택하여 배정한다. 마지막 남은 조각은 분할자의 몫이다.

9) 이상으로 분배가 끝난다.

| 연습문제

2. 다섯 사람이 하는 고독한 분배법을 설명하라.

고독한 선택법

이번에는 여러 사람이 나누고, 한 사람이 쓸쓸하게 선택하는 법을 살펴보기로 한다. 먼저 3인의 참가자가 케이크를 공평하게 나누기로 한 경우를 살펴보자.

1) 순서를 정하여 참가자들의 역할대로 별칭을 분분이, 선분이, 선선이라고 한다.
2) 분분이가 케이크를 두 조각으로 나눈다.
3) 선분이가 그중 한 조각을 선택하여 자기 앞으로 끌어놓고, 나머지 조각은 분분이 앞으로 밀어둔다.
4) 분분이과 선분이는 자기 앞에 있는 조각을 세 조각으로 나눈다.
5) 선선이는 분분이 앞에 있는 세 조각 중의 하나와 선분이 앞에 있는 세 조각 가운데 하나를 선택하여 가진다. 분분이와 선분이는 각자 자기 앞에 남은 조각을 가진다.

구체적인 예를 들어보자. 바닐라 향과 딸기 향을 바른 9만 원짜리 케이크를 분분이와 선분이, 그리고 선선이가 공평하게 나누기로 하였다고 하자. 다음은 각자의 생각을 나타낸 그림이다.

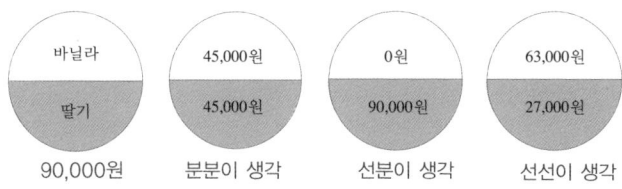

먼저 칼을 든 분분이가 케이크를 60° 각도로 잘랐다고 하자. 이때 각 참가자들의 생각을 살펴보자.

분분이가 자른 것을 보고 선분이는 오른쪽 조각이 가치가 있다고 생각하여 자기 앞에 끌어놓고, 왼쪽 조각은 분분이 앞으로 민다. 그리고 나서 분분이와 선분이는 자기 앞에 있는 조각을 세 조각으로 나눈다(각자의 판단으로 동일한 가치가 되도록).

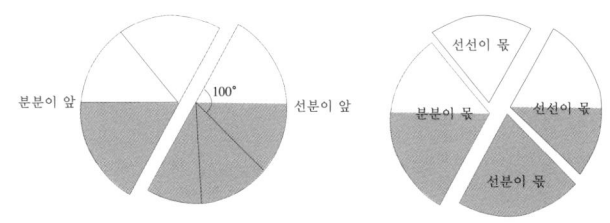

공평한 분배   261

분분이는 자신이 가진 조각을 60° 각도로 잘라 공평하게 나눈다고 생각하고, 선분이는 자신이 가진 조각 중에서 바닐라 향이 있는 조각은 전혀 가치가 없으므로, 딸기 향이 있는 조각을 40° 각도로 자르고 그중 한 조각에 바닐라 조각을 붙인다. 이것을 본 고독한 선택자인 선선이는 분분이 앞의 세 조각 중에서 가장 가치있는 조각 하나를 선택하고, 또 선분이 앞에 있는 세 조각 중에서 가장 가치 있는 조각을 선택하여 자신의 몫으로 한다. 그리고 분분이와 선분이는 자기 앞에 남아있는 조각을 가진다. 결과적으로 분분이는 자기 생각에 30,000원, 선분이는 자기 생각에 40,000원, 선선이는 자기 생각에 48,000 (=21,000+27,000)원 가치의 케이크를 배당받게 된다.

☆ ★ ☆

자 이제 4인이 참가하는 고독한 선택법을 살펴보자. 이때에도 참가자들의 순서를 먼저 정하여야 한다. 물론 순서를 정하는 것은 유식한 말로 '랜덤 프로세스random process(무작위 과정)'이다. 도가道家에서는 '무위無爲'라고 하고, 기독교에서는 '주님의 뜻대로'라고 한다. 순서가 정해진 참가자들을 참가자1, 참가자2, 참가자3, 참가자4라고 하자. 그러면 참가자1, 2, 3이 공평하게 떡을 세 조각으로 분배하여 각자 앞에 놓는다.

그리고 참가자1, 2, 3은 각자 자기 앞에 놓인 조각을 4등분한다. 물론 '등분'이라는 말은 떡의 부피나 무게를 고르게 나눈다는 뜻이 아니고, 각자의 주관적인 떡의 가치에 따라 등분한다는 뜻이다. 그러면 고독한 선택자인 참가자4는 참가자1, 2, 3 각각 앞에 놓인 네 조각 중에서 원하는 조각을 하나씩 가진다. 그리고 참가자1, 2, 3은 각각 자기 앞에 남은 조각을 가진다.

| 연습문제

3. 다섯 명이 참가하는 고독한 선택법을 설명하라.

마지막 감축법

'마지막 감축법'은 1944년경에 바나흐 S. Banach(1892~1945)와 크내스터 B. Knaster(1893~1990)에 의하여 개발된 것으로 여러 명이 원탁에 둘러앉아 다함께 즐길 수 있는 공평한 분배법이다.

예를 들어 세 사람이 떡을 나눈다고 하자. 세 사람을 갑, 을, 병이라 하자. 먼저 갑이 한 조각을 뜯어낸다. 그리고 을과 병에게 차례로 그 조각을 갑이 가져가는 것에 동의하는지 묻는다.

1) 을과 병이 모두 동의하면 갑은 그 조각을 가진다.
2) 을은 동의하는데 병이 동의하지 않는 경우, 병은 갑이 가지고 있는 조

각에서 얼마를 덜어내고 남은 조각을 병 자신이 가진다. 갑은 불만이 없다. 왜냐하면 처음에 자신이 뜯어낸 조각은 더 이상 양보할 수 없는 조각이었으므로, 병이 그 조각보다 더 작은 것을 가지니 불만이 있을 수 없다. 을도 처음에 갑이 가져가도 좋다고 생각하였던 것보다 더 작은 조각을 병이 가져가니 불만이 없다. 병도 스스로 선택한 것이니 불만이 없다.

3) 갑이 제시한 조각에 을이 동의하지 않으면 을은 그 조각에서 원하는 만큼 뜯어내고 남은 조각으로 병에게 그 조각을 자신이 가져가도 좋은지 묻는다. 병이 찬성하면 을은 그 조각을 가져가고, 병이 반대하면 병은 을이 제시한 조각에서 원하는 만큼 뜯어내고 남은 조각을 가진다.

이와 같이 시행하면 먼저 한 사람 몫이 배정된다. 아직 배당받지 못한 사람은 두 사람이고, 두 사람 분배법은 이미 알고 있다. 마지막 감축법은 쉽게 여러 사람에게 적용할 수 있다. 하지만 많은 사람이 마지막 감축법으로 떡을 나누고 나면, 떡은 사라지고, 가루만 배정할지도 모른다고 걱정할 수 있다. 실제로 각 참가자들은 자기 차례에 떡을 뜯지 않고, 단지 뜯고자 하는 부분을 제시만 하고, 나머지 사람들이 동의한 후에 떡을 잘라내면 큰 문제가 없다.

| 연습문제

4. 마지막 감축법을 구현하는 기계장치를 개발하라.

☆ ★ ☆

n명이 마지막 감축법으로 공평한 분배를 할 때에 걸리는 시간은

$$1+2+ \cdots + (n-1) = n(n-1)/2$$

에 비례한다. 이러한 것을 가장 높은 차수인 2차식만 추출하여

$$O(n^2)$$

시간이 걸리는 알고리즘이라 한다.

공평한 분배법에서는 그러한 방법이 있다는 존재성을 말하는 데 그치지 않고 구체적으로 실현하는 방법을 알려주는데, 이때에는 실현하는 데 걸리는 시간이 얼마나 되는지도 생각할 필요가 있다. 시간은 공간과 함께 세상을 이루는 가장 중요한 요소다. 물론 경제학자들은 시간을 금이라 생각하기도 한다.

움직이는 칼

이 방법은 1961년에 더빈스Dubins와 스패니어Spanier가 개발한 재미있는 방법이지만, 분배에 참가하는 사람 외에도 별도의 조정관이나 기계장치가 있어야한다. 여러 사람이 떡을 배정 받으려하고 있고, 종이 치고 나면 조정관은 칼이 일정한 속도로 떡 위를 천천히 지나가게 한다. 이때 분배에 참가하는 사람들의 순서를 정할 필요는 없다.

참가자들은 조정관의 칼이 지나는 것을 보고 있다가 자신에게 공

평하다고 생각하는 위치에 칼이 오면 '정지'라고 외친다. 조정관은 칼을 멈추고 그 위치에서 떡을 잘라 외친 사람에게 떡을 배정한다. '정지'라고 외쳐서 떡을 배정받은 사람이나 외치지 않아 아직 떡을 배정 받지 못한 사람이나 모두 불만이 없다. 외치지 않은 사람은 아직 가치 있는 부분이 되지 않았기 때문에 외치지 않았으니까. 공동으로 외친 경우는 동전을 굴려 배정하기로 한다.

더욱 세심하게 분배하려면 기계장치를 통하여 칼이 천천히 움직이고, 참가자들이 전자 장치가 달린 버튼을 누르도록 한다. 버튼을 누르면 누른 사람의 자리에 불이 들어오고, 그 자리에서 떡이 잘라지게 하면 된다.

그러나 많은 학자들은 '움직이는 칼'의 방법은 적합한 알고리즘이라 생각하지 않는다. 왜냐하면 이러한 시행에서는 참가자들은 칼이 움직일 때마다 매순간 가치 평가를 하여야 하고, '잠시 생각할 시간'을 가지면 어느새 다른 사람이 '정지'를 외칠 수 있기 때문이다.

오늘날의 알고리즘이나 디지털 기계는 자연수에 의존하는 것이기 때문에 자연수의 가장 기본인 '다음 단계'라는 개념이 분명히 들어있다. 하지만 움직이는 칼처럼 실수의 연속성을 사용하는 과정에서는 '다음 단계'가 없기 때문에, 많은 고전적인 알고리스트(계산과학자)들이 꺼린다. 앞에서도 이야기한 바 있지만, 인류가 아날로그 셈을 이해하는 날이 온다면 디지털 문명은 더 높은 층위로 발전할 것이다.

평행분할법

평행분할법은 2인 분배에만 적용되는 것이 아니라 많은 사람이 있어도 잘 적용할 수 있다. 참가자가 n명일 때 땅을 어떻게 분배하는지 살펴보자.

1) 먼저 기준선(입체를 나누는 경우에는 기준면)과 평행이동할 방향을 정한다(이 과정은 무위로 정하여도 된다).
2) 참가자들은 각자의 생각대로 땅을 n등분하는 분할희망선을 기록한다. 이때의 기록은 기준 방향으로 기준선을 평행이동한 거리로 나타낼 수도 있고, 또는 닮은꼴로 그려진 땅에 금을 그어 나타낼 수도 있다.
3) 참가자들의 기록을 다 같이 공개한 다음, 기준 방향을 따라 맨 처음 분할희망선 R1을 그은 사람을 P1이라 하자. 또 P1을 제외하고 나머지 참가자들 중에서 R1 이후에 처음으로 두 개의 분할희망선 L2, R2를 그은 참가자를 P2라 하고, 또 P1, P2를 제외하고 나머지 참가자들 중에서 R2 이후에 처음으로 두 개의 분할희망선 L3, R3을 그은 사람을 P3이라 하자. 이와 같이 하면 다음과 같은 순서의 분할희망선을 얻는다.

(L1: 땅의 왼쪽 끝) R1, L2 R2, L3 R3, … , Ln (Rn : 땅의 오른쪽 끝)

최종분할선은 R1과 L2의 평균선, R2와 L3의 평균선 등을 따라 이루어진다.

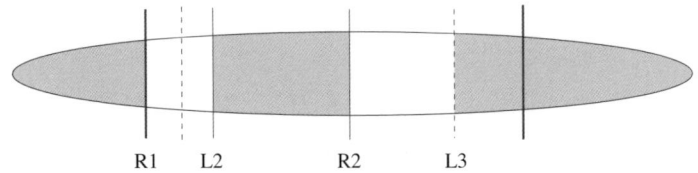

3인 평행분할법 : 굵은 선을 그은 참가자는 R1의 왼쪽과 여분의 땅을 가지고, 실선을 그은 참가자는 L2와 R2 사이의 땅과 여분의 땅을 가지고 점선을 그은 참가자는 L3의 오른쪽과 여분의 땅을 가진다.

가중 분배

지금까지 살펴본 공평한 분배에서는 참가자들의 권리가 모두 같다고 보았다. 모든 사람이 평등하다는 생각에서 나온 분배지만, 상황에 따라서 1:1 분배가 아니라 1:2 또는 2:3 등으로 비중을 달리하여 분배하는 경우도 있을 수 있다. 예를 들어 갑, 을, 병 3인의 비중이 2:3:4가 되도록 분배를 한다고 하자. 이때에는 9(=2+3+4)명 분배법을 사용하되, 갑은 2인 역할을 하고, 을은 3인 역할, 병은 4인 역할을 하면 된다.

물론 두 사람이 $\sqrt{2}$: 1로 분배하자고 하면 약간 어려울 수도 있다. 하지만 모든 무리수에는 그것에 한없이 가까운 유리수가 있고, 따라서 원하는 오차의 한계 이내로 분배할 수는 있다.

---

* 여기에서 '최고'라는 뜻은 '다른 사람보다 높다'는 뜻이라기보다 '더 높은 사람이 없다'는 뜻으로 사용한다.

| 연습문제

5. 갑과 을, 두 사람이 3:1의 비율로 떡을 공평하게 나누려고 한다. 어떠한 방법을 사용할 수 있는지 설명하라. 또 분할선택법으로도 나눌 수 있는지 생각해보자.

☆ ★ ☆

공평한 분배에 참가하는 사람의 수가 많아지면 실제로 시행하기가 매우 복잡하다고 느끼는 사람도 있다. 하지만 우리가 자동차의 구석구석을 모르더라도 차는 탈 수 있고, 자동판매기의 구조를 모르더라도 원하는 물건을 얻을 수 있는 것처럼, 알고리즘을 짜는 것과 그 알고리즘을 이용하는 것에는 많은 차이가 있다.

지금까지 슈타인하우스가 내린 정의에 충실한 공평한 분배법을 여러 가지 살펴보았다. 하지만 처음에 약속한 공평한 분배가 이루어진다고 하더라도, 배정이 끝나고 나서 자신의 몫보다 남이 가진 몫을 보게 되면, 사람들은 불만을 가질 수 있다. 저 사람은 왜 나보다 더 많이 가져갈까? 불만을 가지는 사람들은 처음의 약속은 잊고, 또 자신보다 못한 배정을 받은 사람이 있는 것에는 관심이 없으며, 왜 나에게 더 큰 이득이 없을까 하고 불평할 수 있다. 사람의 욕심은 끝이 없다.

남부럽지 않은 분배

공평한 분배법의 절정은 분배가 끝나고 나서 각자가 자신이 최고의 배당을 받았다고 생각하는 분배법이 있다는 것이다. 이러한 분배법을 '**남부럽지 않은 분배법**Envy-free division'이라고 부르기로 한다. 처음 들으면 어떻게 이러한 분배법이 있을 수 있는지 믿기지 않는다. 먼저 1960년에 셀프리지Selfridge와 콘웨이Conway에 의하여 개발된 3인용 남부럽지 않은 분배법을 살펴보기로 한다.

1) 세 사람이 떡을 나누기로 한다. 이때 순서를 임의로 정하여 차례로 갑, 을, 병이라 한다.
2) 갑은 떡을 세 조각으로 나눈다.

3-1) 을이 자기기준으로 가치가 가장 큰 조각이 두 조각 이상 있다고 생각하면 '통과'라고 말한다. 그러면, 병이 먼저 한 조각을 가진다. 을이 남은 조각 중에서 한 조각을 가진다. 갑이 남은 조각을 가진다. 이로써 남부럽지 않은 분배가 이루어진다.
3-2) 을이 자기 기준으로 가치가 가장 큰 조각이 하나뿐이라고 생각하면 그 조각의 일부를 잘라내어 가장 큰 조각이 복수가 되도록 한다. 이때 잘라낸 부분을 L이라 하고, 남은 부분을 X라 한다. 나머지 조각을 Y, Z라 한다.

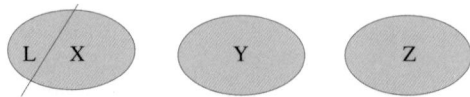

3-2) 그러면 X, Y, Z 중에서 병이 하나를 가진다.

(1) 병이 X를 가져가는 경우 : 을은 Y, Z 중 원하는 조각을 가진다. 갑은 Y, Z 중에서 남은 조각을 가진다. 현재까지 갑, 을, 병 모두 자신에게 배당된 조각이 최고라고 생각한다. 이제 남은 조각을 마저 배당한다.

을은 L을 삼등분한다. 병이 그중 한 조각을 가진다. 갑이 남은 조각 중에서 한 조각을 가진다. 을이 나머지를 가진다. 을은 자신이 L을 나누었으므로, 자신의 몫에 불만이 없다. 병은 가장 먼저 조각을 선택하였으므로 불만이 없다. 갑은 먼저 배당 받은 조각만으로도 만족인데, 덤으로 더 얻었으니 대만족이다. 이로써 남부럽지 않은 분배가 이루어진다.

(2) 병이 Y 또는 Z 중에서 하나를 가지는 경우 : 을은 X를 가진다. 갑은 Y, Z 중에서 남은 조각을 가진다. 현재까지 갑, 을, 병 모두 자신에게 배당된 조각이 최고라고 생각한다. 이제 남은 조각을 마저 배당한다.

병은 L을 세 조각으로 나눈다. 을이 그중 한 조각을 가진다. 갑이 남은 두 조각 중 하나를 가진다. 병이 나머지를 가진다. 병은 자신이 나누었으므로 불만이 없다. 을은 자신이 먼저 선택하였으므로 불만이 없다. 갑은 먼저 배당 받은 조각만으로도 만족인데, 덤으로 더 얻었으니 대만족이다. 이로써 남부럽지 않은 분배가 이루어진다.

이번에는 1980년 스트롬퀴스트W. Stromquist에 의해 개발된 '남부럽지 않은 분배법'을 소개한다. 이것도 3인이 참가하는 경우이고 미끄러지는 칼의 방법을 이용한다. 조정관은 큰 칼을 가지고 있고, 시작

종이 울리면 큰 칼을 서서히 케이크의 왼쪽에서 오른쪽으로 움직인다. 이때 세 명의 참가자들은 각각 작은 칼을 들고 큰 칼의 오른편에 있는 케이크의 가치가 반이 되는 지점에 칼을 둔다.

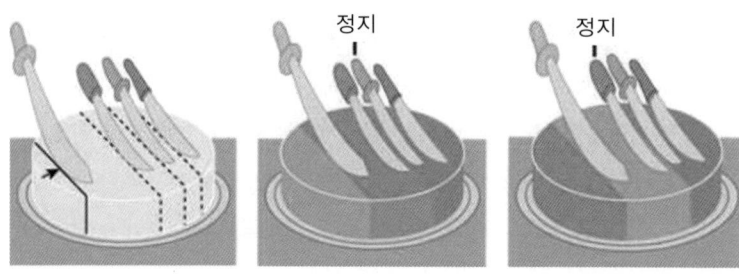

작은 칼들은 큰 칼이 연속적으로 움직임에 따라 부지런히 각자의 가치를 재평가하며 위치를 조정한다.* 큰 칼에 가까이 있는 순서대로 작은 칼들을 파란 칼, 노란 칼, 회색 칼이라고 부르자. 분배는 누군가 '정지'라고 말하면 이루어진다. 자르는 부분은 큰 칼이 정지한 곳과 노란 칼이 정지한 곳이고, 정지라고 외친 사람은 큰 칼의 왼쪽 부분을 가진다. 남은 사람은 자신의 칼이 있는 조각을 배당받는다. 예를 들어 위의 가운데 그림처럼 노란 칼의 주인이 '정지'라고 외쳤다고 하자. 그러면 노란 칼의 주인은 큰 칼의 왼쪽 부분을 가지고, 파란 칼의 주인은 큰 칼과 노란 칼 사이를 가지고, 회색 칼은 노란 칼의 오른쪽 조각을 가진다.

노란 칼의 주인은 자신이 배당 받은 것이 최고라고 생각한다. 그

---

* 이러한 연속성 때문에 순차적인 알고리즘으로 적합하다고 보기 힘들다.

렇지 않다면 그는 '정지'라고 외칠 필요가 없다. 큰 칼이 더 오른쪽으로 진행하면 오른쪽의 가치가 자꾸 줄어들기 때문이다.

하지만 파란 칼의 주인 역시 자신의 배당이 최고라고 생각한다. 왜냐하면 그가 '정지'라고 외치지 않은 까닭은 큰 칼의 왼쪽에 있는 부분은 아직 최고의 가치를 주지 않고, 자신이 배정 받은 부분은 파란 칼보다 더 오른쪽에 있는 노란 칼까지이므로, 자신은 노란 칼의 주인이나 회색 칼의 주인보다 더 많은 배당을 받았다고 느낀다.

회색 칼의 주인 역시 자신의 배당이 최고라고 생각한다. 왜냐하면 그가 '정지'라고 외치지 않은 까닭은 큰 칼의 왼쪽에 있는 부분이 아직 최고의 가치를 주지 않기 때문이고, 자신이 배정 받은 부분은 회색 칼보다 더 왼쪽에 있는 노란 칼까지이므로, 자신은 노란 칼의 주인이나 파란 칼의 주인보다 더 많은 배당을 받았다고 생각한다. 그러므로 남부럽지 않은 분배가 이루어진다.

만약 위 그림의 맨 오른쪽 상황처럼 파란 칼의 주인이 먼저 '정지'라고 외친 경우를 살펴보자. 이때에는 파란 칼의 주인은 큰 칼의 왼쪽 부분을 배당 받고, 노란 칼의 주인은 큰 칼과 노란 칼 사이를 배당 받고, 회색칼의 주인은 노란 칼의 오른쪽을 배당 받는다.

파란 칼은 다른 사람이 '정지'라고 말하면 자신의 몫은 큰 칼과 노란 칼 사이라는 것을 안다. 그러므로 자신이 '정지'라고 외친 까닭은 큰 칼의 왼쪽 부분이 큰 칼과 노란 칼 사이의 부분보다 가치가 커지는 순간이기 때문이다. 파란 칼의 주인이 배당 받은 것은 노란 칼의 주인이나 회색 칼의 주인이 배당 받은 것보다 가치가 적지 않다.

노란 칼의 주인도 대만족이다. 자신은 아직 큰 칼의 왼쪽 부분은 가치가 적다고 생각하고 있고, 따라서 큰 칼과 노란 칼 사이의 가치는 파란 칼의 주인이 가져가는 것보다 많다고 생각한다. 또 회색 칼의 주인이 가져가는 것도 자기와 같은 가치이니 부러울 것이 없다. 회색 칼의 주인도 대만족이고, 따라서 남부럽지 않은 분배가 이루어진다.

| 연습문제

6. 회색 칼의 주인이 '정지'라고 말했을 때, 왜 남부럽지 않은 분배가 이루어지는지 설명하라.

20세기 들어 수학적인 방법을 사회에 적용하여 양질의 삶을 이루도록 노력하는 수리 사회학자들의 노력으로, 1995년 브람스S. Brams와 테일러A. Taylor에 의한 '일반적인 n명에 대한 남부럽지 않은 분배법'이 발견되었다. 그 이후로 더 좋은 알고리즘이 계속 발표되고 있다.

솔로몬의 지혜

지금까지 살펴본 분배에서는 나누는 대상이 음료수, 떡, 케이크, 피자, 땅처럼 그 부분의 가치가 연속적으로 있는 것들이었다.* 즉, 떡의

----

* 부록 참고.

조각 중에 상대가치(즉, 전체의 가치에 대한 조각의 가치의 비율)가 10%인 것도 있고, 20%인 것도 있으며 0과 1 사이의 임의의 값에 대하여 그 값을 상대가치로 가지는 떡 조각이 항상 있다는 것을 가정하고 있었다.

하지만 자르고 나면 그 가치가 사라지는 것들, 즉 자를 수 없는 것들을 나누려고 하면 어떻게 하면 될까? 한 아이를 두고 두 여인이 나타나서 서로 자신의 아이라고 우긴다고 해보자. 이럴 때에는 분할선택법이나 평행분할법 등을 사용할 수 없다. 이제 1945년 크내스터가 고안한 방법, 즉 조각을 낼 수 없는 대상을 분배하는 법을 살펴보기로 한다.

두 남녀가 처음에는 검은 머리 파뿌리 될 때까지 서로 사랑하며 잘 먹고 잘 살 것 같았지만, 시간이 흐를수록 그것이 인적이 드문 산 속에서 도 닦는 것보다 더 어렵다는 사실을 알게 되어 할 수 없이 헤어지기로 하였다. 그나마 다행인 것은 그들이 아담한 아파트 한 채를 같이 가지고 있었던 것이다. 이러한 다행을 불행으로 만드는 사람도 있지만, 앞방에는 여자가 살고, 뒷방에는 남자가 살면서, 부엌은 서로 나누어 같이 쓰기도 힘드니, 누군가가 아파트를 통째로 가져야할 것 같다. 두 사람은 아파트를 공평하게 나누어 가지기로 합의하고, 각자가 생각하는 아파트의 가격을 종이에 써서 동시에 공개하였다. 남자는 1억 3000만 원이라 쓰고, 여자는 1억 4200만 원이라고 썼다. 이때 아파트의 가치를 높이 평가한 여자에게 아파트를 배정한다. 그러면 여자는 자신이 스스로 정한 자기 몫인 7100만 원(즉, 1억 4200만 원의 절반)보다 7100만 원을 더 가진 셈이 되니, 7100만 원을 내놓아야 한다. 한편 남자는 자신이 스스로 정한 자기 몫인 6500만 원(즉, 1억 3000만 원의 절반)을 여자가 내어놓은 돈에서 가져간다. 그러면 두 사람에게 모두 만족스러운 배정이 이루어지고 600만 원이라는 돈이 남는다. 이 돈을 다시 남자와 여자가 각각 300만 원씩 나누어 가져 모두 자신이 생각한 것보다 300만 원씩 더 배정을 받게 된다. 실제로 여자는 집을 배정 받은 후, 7100만 원을 내어놓지 않고 6800만 원을 남자에게 주면 된다.

(단위 : 백만 원)

	평가 (A)	배정기준 (B = A/2)	초기배정 (C)	제출액 (D = C−B)	추가배정 (E = (D합계)/2)	최종배정 (F = C−D+E = B+E)
남	130	65	0	−65	3	68
여	142	71	142 (집)	71	3	74
합계		136		6	6	142

물론 남자가 집을 가지고 싶다면 집에 훨씬 더 높은 가치를 매겨야 하고, 그때 여자에게 줘야할 금액도 덩달아 올라간다.

☆ ★ ☆

할머니께서 돌아가셨다. 나를 가장 아껴주시고 진자리 마른자리 갈아 뉘시며, 밤 늦은 시각에도 대문을 열어주시며 저녁은 먹었는지, 친구들과 사이좋게 지내는지 늘 걱정해주시던 할머니.

하지만 슬픔은 잠깐. 할머니께서는 집과 보석, 멋진 외제 자동차

등 많은 유산을 남기고 다시 흙으로 돌아가셨다.

그러나 행복도 잠깐. 유산을 상속받을 사람이 혼자가 아니라 초심, 재심, 삼심, 말심 네 사람이라고 하자.

먼저 상속자들은 각자가 집과 보석과 차에 대하여 평가하는 금액을 기록한 종이를 공개한다. 이때 집은 그 가치를 가장 높이 평가한 사람에게 배정하고, 보석은 보석의 가치를 가장 높이 평가한 사람에게, 차도 그 가치를 가장 높이 평가한 사람에게 배정한다. 그리고 나서 자신의 배정 기준에 따라 현금을 내거나 받아간다. 마지막으로 남은 금액은 네 사람이 나누어 가진다.

(단위 : 백만 원)

상속자	집	보석	차	평가 합 (A)	배정기준 (B=A/4)	초기배정 (C)	제출액 (D=C-B)	추가배정 (E)	최종배정 (F=C-D+E=B+E)
초심	220	280	40	540	135	280(보석)	145	21	156
재심	250	240	30	520	130	250(집)	120	21	151
삼심	211	234	47	492	123	0	−123	21	144
말심	198	190	52	440	110	52(차)	−58	21	131
합계					498		84	84	582

이러한 분배에 참가하기 위해서는 참가자들이 사전에 충분한 현찰을 가지고 있어야한다. 또 각자의 생각을 공개하기가 어려우면, 심판관을 따로 고용할 수도 있다.

☆ ★ ☆

이제 공평한 분배에 참가하는 사람이 거짓말을 하면 어떻게 되는지 살펴보자. 골동품 하나를 두고 갑, 을, 병, 정 네 사람이 공평한 분배를 하기로 하였다고 하자.

(단위 : 만 원)

	감정가 (A)	배정기준 (B)	초기배정	제출액	추가배정 (E)	최종배정 (B+E)
갑	540	135	540	405	10	145
을	520	130	0	−130	10	140
병	492	123	0	−123	10	133
정	448	112	0	−112	10	122
합		500		40	40	540

이때 갑, 을, 병, 정이 모두 솔직하게 참여하면, 그 결과는 위와 같이 골동품에 가장 큰 가치를 부여한 갑에게 골동품이 배정되고 갑은 그 대가로 395(= 540 − 135 − 10)만 원을 내어놓는다. 이 395만 원으로 을에게 140만 원, 병에게 133만 원, 정에게 122만 원을 배정하여, 결국 모든 사람이 자신이 생각한 가치보다 10만 원을 더 배정을 받게 된다.

그런데 거짓말하면 어떻게 되는지 보자. 을은 골동품의 가치가 520만 원이라고 생각하지만, 골동품이 너무 갖고 싶어서 그 가치를 600만 원이라고 거짓말을 한다. 그러면 골동품은 그 가치를 가장 높이 평가한 을에게 배정된다. 하지만 을은 그 대가로 자기가 스스로 정하여 공개된 배정 기준 금액인 150(= 600/4)만 원을 골동품 가격에서 제외한 금액인 450(= 600-150)만 원을 처음에 내놓아야 하고, 갑, 병, 정에게 각자의 배정기준액을 배정한 다음, 남은 금액 80만원을 다 같이 나누어 가지게 된다.

결과적으로 갑은 155만 원을, 병은 143만 원을, 정은 132만 원을 배정 받아 을이 정직하게 참여할 때보다 저마다 10만 원씩의 추가 이익을 얻게 된다. 그러나 을이 받은 골동품은 공개된 것처럼 600만 원의 가치가 있는 것이 아니라, 520만 원의 가치만 있으므로, 을은 결국 90(=520 - 450 + 20)만 원을 배정 받는 셈이 된다. 결국 정직하게 참여할 경우에 얻게 되는 140만 원보다 50만 원이나 손해를 본다.

(단위 : 만 원)

	공개 감정가	배정기준 (B)	초기 배징	제출액	추가배정 (E)	최종배정 (B+E)	실제배정	추가이익
갑	540	135	0	-135	20	155	155	10
을	520+80	150	600	450	20	170	170-80=90	90-140=-50
병	492	123	0	-123	20	143	143	10
정	448	112	0	-112	20	132	132	10
합		520		80	80	600		

공평한 분배에 참가하여 거짓말하지 않으면 자신의 몫을 얻게 될 뿐 아니라 추가의 이익도 얻을 수 있지만, 거짓말을 하게 되면 자신의 몫을 못 받을 수도 있다.

☆ ★ ☆

자, 이제 서로 다른 비중으로 나누는 경우를 살펴보자. 물론 비중을 어떻게 정하는가는 매우 어려운 문제이지만, 우리는 비중이 이미 정해져 있는 경우를 생각한다.

앞에서 할머니의 유산을 분배하는 과정에서처럼 초심, 재심, 삼심, 말심 이 네 사람이 이번에는 할머니의 유언대로 비중을 달리하여 1 : 2 : 3 : 4의 비로 나눈다고 해보자.

(단위 : 만 원)

	집	보석	차	합계	비중	배당기준	초기배정	제출액	추가배정
초심	220	280	40	540	1	54	280	226	10.04
재심	250	240	30	520	2	104	250	146	20.08
삼심	211	234	47	492	3	147.6	0	−147.6	30.12
말심	198	190	52	440	4	176	52	−124	40.16
합					10			100.4	100.4

초심이는 자신이 스스로 평가한 할머니 유산의 1/10을 갖게 되므로 540만 원의 1/10인 54만 원이 초심이의 배당기준이고, 재심이는 520만 원의 2/10인 104만 원, 삼심이는 492만 원의 3/10인 147.6만 원, 말심이는 440만 원의 4/10인 176만 원이 배당기준이다. 먼저 집, 보석, 차 각각에 가장 높은 평가를 한 사람에게 그것을 각각 배정하

▪ 관리비 문제 외에.

고, 각자의 기준에 따라 초과 배정한 금액을 받거나 배정하지 못한 금액을 배정하면 100만 4천 원이 남는다. 이 금액을 다시 1 : 2 : 3 : 4 로 나누어 네 사람이 나눠 가지면 배정이 끝난다.

☆ ★ ☆

기업인이 정직하게 열심히 일해서 모은 재산을 가족들에게 남기지 않고, 사회에 기증하는 경우가 종종 있다. 대부분의 경우에 기증자뿐 아니라 그 가족들도 큰 덕을 베푸는 분들이다. 부모나 바라보고 최선을 다하지 않는 자식들에게 투자하느니 차라리 앞으로 우리 사회를 이끌어나갈 인재들에게 투자하는 것이 더욱 명예롭고 보람된다고 느끼는 기증자도 있다. 기증받은 측에서는 고맙지만 여전히 쉽게 풀리지 않는 문제*가 있다.

예를 들어 어느 분이 지하 1층, 지상 4층의 새로운 건물을 지어 대학교에 기증하였다고 하자. 이때 여러 학과들이 서로 그 건물을 차지하여 발전할 수 있는 절호의 기회를 놓치지 않으려고 큰 소동이 나는 경우가 있다. 우여 곡절 끝에 다섯 개의 학과 D1, D2, D3, D4, D5가 새 건물에 들어가기로 하였고, 각 학과의 배당 비중이 r_1, r_2, r_3, r_4, r_5로 정해졌다고 하자(이 비중들을 다 더하면 1이 된다. 각 비중의 의미는 전체 건물에 대한 '상대가치'이다). 여기까지도 쉽지 않지만, 이러한 비중으로 어떻게 방 배정을 하는가가 또 문제가 된다.

다음은 각 학과가 건물의 층마다 스스로 매긴 상대가치를 모은 것이다. 여기에서 지하층, 1층, 2층, 3층, 4층의 넓이는 각각 m0, m1, m2, m3, m4로 두었다.

학과	배정기준 (상대가치)	지하 m0	1층 m1	2층 m2	3층 m3	4층 m4	소계	초기 배정 가치	반납 (넓이)
D1	.16	.10	.10	.29	.31	.20	1	.31(3층)	$(1-16/31) \times m3$
D2	.19	.05	.15	.26	.24	.30	1	.26(2층)	$(1-19/26) \times m2$
D3	.18	.05	.20	.20	.20	.35	1	.35(4층)	$(1-18/35) \times m4$
D4	.24	.20	.15	.20	.15	.30	1	.20(지하)	
D5	.23	.10	.25	.20	.20	.25	1	.25(1층)	$(1-23/25) \times m1$
합계	1								

먼저 각 층마다 가장 높은 가치를 부여한 학과에 그 층을 배정한다. 학과 D1의 경우는 2층과 3층을 다른 학과에 비하여 가장 높게 평가하였으므로 두 층을 모두 초기에 배정할 수 있다. 그러나 처음에 배정받은 기준은 16%이므로 결국 학과 D1은 2층과 3층 중에서 한 층을 포기해야만 한다. 만약 2층을 포기하면, 2층의 권리는 그 층을 차점으로 높이 평가한 학과인 D2에게 간다.

이와 같이 초기 배정이 끝나고 나면 배정기준보다 넘게 배정받은 학과는 자신이 배정 받은 층에서 초과된 공간을 내어놓는다. 이때 아직 자기 몫을 다 배정받지 못한 학과인 D4가 반납된 공간의 가치를 보면 어떻게 될까? 학과 D4가 반납된 공간에 부여하는 가치는

$(1-16/31) \times 0.15 + (1-19/26) \times 0.20 + (1-18/35) \times 0.30$
$+ (1-23/25) \times 0.15$

이다. 이 가치는

$(0.15 + 0.20 + 0.30 + 0.15) - (0.16 + 0.19 + 0.18 + 0.23)$
$= (1-0.20)-(1-0.24)$
$= 0.24 - 0.20$

보다 크므로 D4는 이미 배정받은 지하층의 가치(0.20) 이외에 덜 배정받은 가치(0.24-0.20)를 충분히 배정받을 수 있다. 이제 모든 학과가 배정받게 되고, 여전히 남는 '여유 공간'이 생긴다.

'표기법'이라고도 부르는 방법은 평행분할법의 일종이다. 예를 들어 세 사람이 많은 사탕을 공평하게 나눠가지기로 하였다고 하자. 그러면 먼저 사탕을 일렬로 늘어놓는다. 세 사람이 흰 자, 검은 자, 점선 자 중 한 가지를 두 개씩 들고 적합하다고 생각하는 부분에 자를 가져다놓는다. 먼저 평행분할법에 의하여 초기 배정을 하면 각 참여자는 자신이 주장한 배정을 받게 된다. 그리고 남는 부분은 큰 부담을 주지 않는 부분들이기 때문에 사이좋게 나눠 가질 수 있다.

순서대로 고르기

갑돌이와 갑순이가 오랜 토론 끝에 집, 별장, 자동차 그리고 보석 중에서 순서를 정하여 차례로 하나씩 가져가기로 하였다. 갑돌이는 별장이 최고로 좋고, 다음으로 집, 보석, 자동차 순으로 좋다. 갑순이는 집이 최고로 좋고, 다음으로 보석, 별장, 자동차 순으로 좋아한다. 이때 두 사람이 서로를 배려하지 않고 자신의 이익만을 추구한다고 가정하자.

두 사람 가운데 갑돌이가 먼저 선택하기로 하였다고 하자. 이 경우 갑돌이가 갑순이의 마음을 모른다면, 선택은 다음과 같이 진행된다.

1) 갑돌이는 별장을 선택한다.   2) 갑순이는 집을 선택한다.
3) 갑돌이는 보석을 선택한다.   4) 갑순이는 자동차를 선택한다.

	갑돌이 생각	갑순이 생각	선 갑돌 후 갑순	
			서로 모를 때	상향식 전략
집	2	1	2 갑순	1 갑돌
별장	1	3	1 갑돌	3 갑돌
자동차	4	4	4 갑순	4 갑순
보석	3	2	3 갑돌	2 갑순

하지만 갑돌이와 갑순이가 서로의 생각을 사전에 알고 있다고 가정하면 상황은 달라진다. 갑돌이는 처음에 별장을 선택하지 않고 집을 선택하는 전략을 세워 훨씬 성공적인 선택을 하게 된다. 갑순이가 자신의 손해를 감수하며 자기 차례에 어리석게 별장을 선택하지는 않을 것이라는 것을 알기 때문이다.

| 연습문제

7. 갑순이가 먼저 선택하면, 어떠한 결과가 될까?

☆ ★ ☆

갑과 을, 두 사람은 모두 비상한 두뇌의 소유자이고, 이들은 여러 가지 물건을 차례로 선택하여 하나씩 가져가기로 합의하였다. 그리고 갑이 먼저 고르기로 하였다. 그들은 서로 상대의 마음을 알고 있고, 사소한 감정으로 자신과 남에게 더 불리한 선택을 하지 않는다. 이때 어떻게 선택하게 될까?

한 가지 전략을 소개한다. 편의상 나누는 물건의 가짓수를 짝수 개라고 하자. 갑은 자신이 가장 가지기 싫어하는 것을 을이 가져가는 전략을 세운다. 물론 을도 현명하기 때문에 갑이 가장 싫어하는 것을 미리 선택하지는 않을 것이고, 물론 을은 갑이 가장 싫어하는 것을 맨 마지막까지 남길 것이다. 따라서 을은 자신이 그것을 선택할 수밖에 없다는 것을 안다. 한편, 을은 갑이 가장 싫어하는 것을 제외하고 나머지 물건 중에서 자신이 가장 싫어하는 물건을 갑이 선택하도록 하는 전략을 세울 것이다. 갑도 그 물건을 미리 선택할 만큼 어리석지 않기 때문에 결국 그 물건은 갑에게 돌아가게 된다. 이와 같이 맨 마지막 선택되는 물건에서 거꾸로 올라가 보면, 갑은 처음에 어느 것을 선택하는 것이 현명한지 알게 되고, 을도 자신이 어떻게 선택할지 알게 된다. 이와 같은 전략을 '**상향식 전략**'이라고 한다.

| 연습문제

8. 홀수 개의 물건을 상향식으로 나누게 되면 어떻게 될까?

다음은 상향식 전략을 이용하여 하니와 두니가 여섯 가지 물건을 나눈 결과표이다.

	하니의 선호	두니의 선호	하니 선 두니 후	두니 선 하니 후
자동차	1	3	3 하니	2 하니
주식	2	2	1 하니	1 두니
오디오	3	6	5 하니	6 하니
보트	4	1	2 두니	3 두니
TV	5	5	4 두니	4 하니
세탁기	6	4	6 두니	5 두니

| 연습문제

9. 갑돌이와 갑순이가 물건들을 서로 나누어 가지려고 한다. 갑돌이는 시계-만년필-선글라스-가방-상품권-스카프 순으로 좋아하고, 갑순이는 선글라스-만년필-가방-시계-스카프-상품권 순으로 좋아한다. 서로의 선호도를 알고 있을 때 상향식 전략으로 갑돌이가 먼저 시작하여 물건을 차례로 하나씩 선택하면 어떻게 분배가 되는가? 또 갑순이가 먼저 시작하면 어떻게 되는가?

합병

'현성'과 '삼대'라는 두 기업이 1:1의 권리로 합병하기로 하였다고 하자. 이 때 새로운 기업의 이름을 '현성'으로 할 것인지 아니면 '삼대'로 할 것인지, 본부를 서울에 둘 것인지 아니면 울산에 둘 것인지 각종 문제가 발생한다. 공장은 어디에 두고 대표이사는 누가 하며 감원 또는 증원은 어느 정도 할 것인지도 문제이다.

물론 아직은 수학이 이러한 문제를 쉽게 해결해주지는 못하지만 상황에 따라서 수학적 방법이 서로를 파국으로 유도하지 않고 화목한 분위기에서 해결하도록 도와줄 수 있다. 수학에서 다루는 문제들은 대부분 쉬운 문제들이기 때문이다. 어떤 사람은 $12+34$, $365+7$ 등은 학교에서 배웠지만, $366+8$은 배운 적이 없기 때문에 수학은 쓸모 없다고 생각하기도 한다. 수학은 구체적인 것을 말하기도 하지만, 구체적인 상황에 적용할 수 있는 능력을 더욱 중시한다. 물고기를 먹여 주는 것보다 물고기를 잡는 법을 가르쳐 주는 것이 더 중요한 것처럼.

기업의 합병 문제로 되돌아가자. 먼저 서로 의견이 다르지만 결정하여야 할 항목들을 정한다. 그런 다음, 현성과 삼대는 각 항목에 대해 생각하는 가치를 써내어 전체 가치의 합이 100%가 되도록 한다. 예를 들어 이들이 결정하여야 할 항목이 기업의 이름, 본부의 문제, 공장의 문제, 대표이사 문제, 감원 문제 등이라 하고, 이때 현성과 삼대가 자신들의 생각을 아래 표와 같이 공개하였다고 하자. 먼저 각 항목마다 그것의 비중을 높이 보는 기업에 그것을 '잠정적으로 배정' 한다(여기서 배정이란 '의견을 수용한다' 는 뜻으로 사용하였다).

그러므로 새로운 기업의 이름과 대표이사 문제, 감원 문제 등은 현성의 주장을 잠정적으로 따르기로 하고, 본부와 공장의 문제는 삼대의 의견을 잠정적으로 따르기로 한다. 물론 이대로 수용하게 되면 현성은 70%의 만족을 하게 되고, 삼대는 60%의 만족을 하게 되어 둘 다 50% 이상의 만족을 얻기는 하지만, 그래도 같은 정도의 만족이 아니므로 삼대가 불만을 가질 수 있다.

항목별 가치표

	현성	삼대	가치의 비	순서
이름	10%	5%	10/5=2.00	2
본부	10%	25%		
공장	20%	35%		
대표이사	35%	15%	35/15=2.33	3
감원	25%	20%	25/20=1.25	1
계	100%	100%		
소계	70%	60%		

그러므로 현성은 자신의 잠정적 권리에서 약간을 양보하여 삼대의 의견을 따르게 된다. 이때 양보하는 항목은 삼대와의 가치의 비율이 가장 1에 가까운 것인[*] '감원' 문제를 조금 양

----

[*] 이러한 선택을 하는 이유는 양측의 만족을 최대로 하기 위해서이다.

보한다.

이때 현성이 감원 문제에서 5%를 삼대에게 양보하여 결과적으로 모두

$$70 - 5 = 60 + 5 \, (\%)$$

의 만족을 얻게 되지 않을까 하고 단순하게 생각할 수 있는데, 사실은 현성이 5%라고 생각하는 것은 삼대에게는

$$20 \times \frac{5\%}{25\%} = 4(\%)$$

밖에 되지 않는다는 것이다. 그러므로 현성과 삼대가 풀어야 할 방정식은

$$70 - 25 \times x = 60 + 20 \times x$$

즉, $10 = 45x$이고, 따라서 $x = 2/9$이다. 그 결과, 현성과 삼대는 모두

$$70 - 25 \times 2/9 = 60 + 20 \times 2/9 = 64.4 \cdots (\%)$$

의 만족을 얻게 된다.

좀 더 구체적으로 현성은 직원 1000명을, 삼대는 직원 100명을 감원해야한다고 주장한다고 하자. 이때 이들의 차이인 900(=1000 - 100)명의 2/9인 200명을 현성이 양보하면, 타협점은 감원 800(=1000-200)명이 된다.

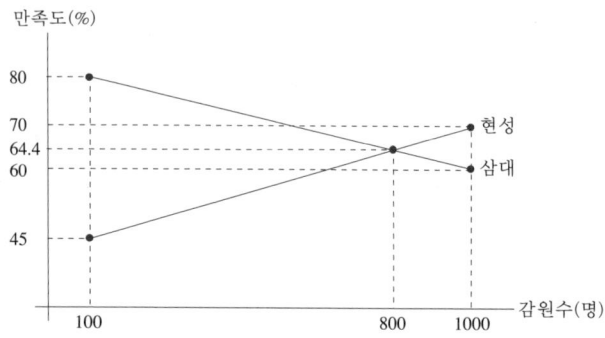

물론 이와 같이 해결이 쉽게 나는 경우는 서로 다른 의견 사이에 조정할 수 있는 단계가 연속적으로 있는 경우이다.

☆ ★ ☆

오늘날까지도 강대국은 그 영향력을 더 키우기 위해 약소국에게 무리한 협정을 강요하는 경우가 종종 있는 것으로 보아, 지구라는 사회는 아직도 그날이 올 때까지 더 기다려야 할 것 같다.

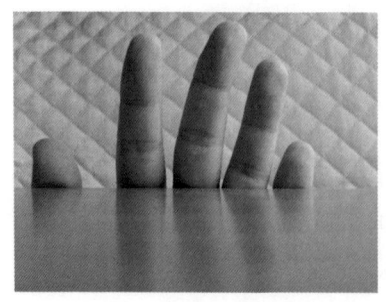

공평한 분배를 하는 이유는 더 좋은 해결책이 떠오르지 않기 때문이다. 우리가 한없이 넓은 세상을 보면, 나 이외에도 많은 것들이 있다는 것을 알게 된다. 그리고 그것들이 남이 아니라는 사실을 알게 된다. 나를 버리는

▪ 우리.

순간, 그동안 담*을 쌓고 그 안에 들어있던 '우리'는 사라지고, 담이 사라지고 모두가 하나인 '우리'가 된다.

자연수 배정

사람들은 공동생활을 하면서 서로를 보호한다. 사람들은 더욱 편리하고 안정된 삶을 영위하기 위하여, 또는 정권을 장악하고 자신의 욕망을 실현하기 위하여, 다양한 기준을 정해왔다. 하루의 시작을 약속하고, 일 년의 시작을 약속하고, 길이나 무게의 단위를 약속하고, 땅의 넓이를 재는 기준을 정하고, 학교 가는 연령이나 투표권을 가지는 연령을 약속하고, 학교에서 이수하여야할 학점 수를 정하고, 세금을 부여하고, 차량의 속도를 제한하고, 주택의 주소를 정하고, 개인의 전화번호를 부여하는 방법을 정하고, 신체검사를 하면서 각종 수치를 기준으로 하는 등, 오늘날 세상은 수많은 기준으로 이루어져있고, 그 바닥에는 피타고라스의 말대로 수가 깔려있다.

 그러나 때로는 우리가 기준으로 삼는 수가 1, 2, 3 등과 같은 자연수가 아니라 3.14 등과 같이 소수점 아래를 가지는 수, 즉 소수小數로 나타날 때가 있다. 이러한 경우, 우리는 주어진 소수 대신에 가장 적합한 자연수를 정하여야 하는 문제에 부딪히는데, 때로는 이 문제가 아주 골치 아픈 일이 되기도 한다. 인류가 책력冊曆을 만들기 위해 오랫동안 고생한 이유도 결국은 해와 달의 주기가 사람들이 이해할 수 있는 자연수의 비로 나타나지 않기 때문이다.

해밀턴식 배정

예를 들어, 인구가 1250만 명인 어느 나라에서 국회의원들을 뽑는다고 하자. 이 나라에서는 인구 5만 명당 한 명의 의원이 적합하다고 생각하여, 법으로 전국 의원의 수를 250명으로 정했다. 그리고 전국을 A, B, C, D, E, F 등 여섯 지역으로 나누고, 각 지역마다 인구 비례에 의하여 의원의 수를 정하여 선출하기로 하였다.

그런데 아래 표에서 보는 바와 같이 인구 비례로 의원 수를 정하면 자연수가 나오는 것이 아니라 소수로 나오게 된다. 이 기준대로 의원을 배당한다면 어떤 사람은 자신의 92%만 의원 자격이 있고, 나머지 8%는 의원이 아닌 셈이다. 물론 이런 일은 실행하기 어렵고, 따라서 각 지역마다 배정할 의원 수는 자연수라야 한다. 이때 소수점 아래에 있는 수들을 어떻게 할 것인가가 문제점이다.

구역	인구수(천 명)	기준 정원(명)	하정원	반올림 정원	상정원
A	1,646	32.92	32	33	33
B	6,936	138.72	138	139	139
C	154	3.08	3	3	4
D	2,091	41.82	41	42	42
E	685	13.70	13	14	14
F	988	19.76	19	20	20
합계	12,500	250	246	251	252

먼저 각 지역의 **기준 정원**에서 소수점 아래를 버려서 얻은 정수를 **하정원**이라 부르고, 소수점 아래를 올려서 얻은 정수를 **상정원**, 그리고 소수점 아래를 반올림하여 얻은 정원을 **반올림 정원**이라 부르기로 하자. 일반적으로 각 지역별 하정원의 합은 전체 정원보다 작고, 상정원의 합은 전체 정원보다 크며, 반올림 정원의 합은 전체 정원보다 클 때도 있고, 작을 때도 있다. 법을 바꾸지 않는 한 하정원, 상정원, 반올림 정원 모두 적합한 해법이 아님을 알 수 있다.

이와 같은 문제를 해결하기 위하여 미국의 해밀턴Alexander Hamilton (1755?~1804)은 1792년에 다음과 같은 방법을 제안하였다.

1) 먼저 하정원을 배정한다.
2) 배정하지 못하고 남은 인원은 기준 정원의 소수점 아래에 있는 수가 큰 순서로 배정한다.

알렉산더 해밀턴.

위 보기에서 해밀턴의 방법에 따라 의원을 배정하면, 각 지역은 하정원에 해당되는 의원 수를 배정받고 전부 246명의 의원수가 먼저 배정된다.

그리고 추가로 배정할 4명의 의석이 있다. 한편 소수점 아래에 남아 있는 인원수를 보면 A, D, F, B, E, C 순으로 크고 따라서 처음 네 곳인 A, D, F, B에 1명씩을 더 배정하여 정원 250명을 채운다.

	A	B	C	D	E	F	합
남은 정원	0.92	0.72	0.08	0.82	0.70	0.76	4
순위	1	4	6	2	5	3	-
추가 배정1	1	1	-	1	-	1	4

해밀턴의 자연수 배정법은 매우 쉬워, 특별히 두뇌가 뛰어나지 않은 사람들도 잘 따라 시행할 수 있는 방법처럼 보인다. 물론 동점자가 있을 때에는 별도의 기준이 필요하다.

하지만 C지역 주민들의 얘기를 잠깐 들어보자. 그들은 자신들이 처음에 배정받은 하정원인 3명에 대하여 남은 정원의 비율은

$$0.08 / 3 = 2.66 \cdots \%$$

지만, B지역의 하정원에 대한 남은 정원의 비율은

$$0.72 / 138 = 0.52 \cdots \%$$

로서 1%도 되지 않으니, B지역 대신 C지역에 추가 배정을 하는 것이 옳

다고 보고 있다. 더군다나 D지역의 하정원에 대한 남은 정원의 비율도

$$0.82 / 41 = 2.00\ \%$$

밖에 되지 않으므로, C지역에 추가 배정을 하는 것은 더욱 옳다고 보고 있다. 일리가 있는 이야기이고, 해밀턴의 방법은 인구가 적은 지역보다 많은 지역에 더 유리하다고 볼 수 있다.

실제로 해밀턴의 배정법은 미국 상원의회는 통과하였으나, 대통령인 조지 워싱턴의 거부권 행사로 적용되지는 못하였다. 이는 미국 역사상 처음으로 대통령이 거부권을 행사한 사례이다. 워싱턴은 나중에 제퍼슨이 제안한 방법을 채택하였다.

☆ ★ ☆

해밀턴식 방법으로 장학생 수를 배정하는 것을 살펴보자. 학생들이 비용을 들이지 않고 공부할 수 있는 사회면 좋겠지만, 말처럼 쉬운 일은 아니다. 시설도 있어야 하고, 인건비도 드니, 등록금이 필요할 수도 있다. 필자도 대학에 다닐 때 장학금을 면제 받기도 하였다.

어려운 환경에 있는 학생들을 위하고, 학업의 성취도를 높이기 위해서 장학생 제도가 있는데, 어느 해에 모 대학원에 장학생 15명이 배정되었다고 하자. 그러면 어느 학과에 장학생을 배정하여야 할까? 성적순으로? 어느 과는 모든 학생들에게 A학점을 주는데? 가정 형편순으로? 결혼하여 아기까지 있는 원생도 있는데? 장학생 배정도 그리

쉬운 일은 아니다. 그래서 행정실에서는 모든 학생은 평등하다고 생각하고 각 학과별로 대학원 재학생 수에 따라 비례 배분하여 배정한다. 하지만 여전히 자연수를 배정해야하는 문제가 남는다(얼굴은 장학생이고, 몸은 장학금 면제 받은 사람이라는 것은 좀 이상하기 때문이다. 모든 사람에게 골고루 나누어 준다면, 그것 또한 장학생의 취지에 잘 맞지 않는다). 이때 해밀턴식 배정을 한 결과를 알아보자.

학과	D0	D1	D2	D3	D4	D5	D6	D7	D8	D9	계
대학원생수	98	60	187	206	228	161	18	28	33	56	1075
기준 정원	1.37	0.84	2.61	2.87	3.18	2.25	0.25	0.39	0.46	0.78	15
하정원	1		2	2	3	2					10
추가 배정		1	1	1					1	1	5
계	1	1	3	3	3	2			1	1	15

☆ ★ ☆

어느 대학의 2006학년도 신입생 모집 인원수를 살펴보자. 누구나 원하는 대학에 들어갈 수 있는 사회라면 좋겠지만, 말처럼 쉽지 않다. 신입생을 한꺼번에 뽑으면 좋겠지만, 행정 당국은 지역 균형 선발을 25%, 특기자는 30%를 뽑고, 나머지 45%는 일반모집을 한다고 대국민 발표를 하였다. 문제는 이 비율을 준수하면 인원수가 자연수로 나온다는 보장이 없다는 것이다. 그럴 때 한 명 더 뽑으면 되지 않느냐고 말할 수도 있는데, 입 큰 개구리는 '그럼, 다음 해에는 한 명 더 적게 뽑겠다는거냐?'고 반문한다. 사소한 일에 목숨을 거는 사람들은 큰일을 할 때에는 다 어디로 사라지는가?
다음은 어느 대학의 2006학년도 모집 정원과 해밀턴식 배정 결과이다.

모집단위	정원	지역균형선발(25%)		특기자 선발(30%)		정시모집 (45%)
		기준	배정	기준	배정	
M	59	14.75	15	17.7	18	26
P	43	10.75	11	12.9	13	19
C	39	9.75	9	11.7	12	18
B	52	13	13	15.6	15	24
E	47	11.75	12	14.1	14	21
계	240	60		72		108

☆ ★ ☆

다음은 어느 대학교가 자기 자식을 끔찍이 아끼는 학부모로부터 고소당한 사건의 보기이다. 갑, 을 두 고등학생이 한국교육과정평가원에서 실시하는 '대학에 입학하여 학업을 제대로 수행할 수 있는 능력이 있는지를 평가하는 시험', 즉 수능 시험을 보았는데, 평가원은 그 결과를 대학에 원점수로 알려주지 않고 반올림하여 자연수로 변형된 점수를 알려주었다.

평가 영역	갑		을	
	원점수	변환점수	원점수	변환점수
언어	90.5	91	91.1	91
수리	91.5	92	91.1	91
사탐	89.5	90	91.1	91
과탐	90.5	91	90.1	90
계	362	364	363.4	363

그 결과로 대학은 갑과 을 중에서 변환 점수가 높은 갑을 합격시켰고, 1점 차이로 을은 탈락되었다. 그러나 을의 어머니는 자신의 소중한 아들의 원점수가 더 높은데, 어째서 갑은 붙고, 을은 떨어져야 하느냐고 대학에 항의하였다.

행정 당국은 자연수를 다루는 능력의 부족으로 온갖 어려움을 겪고 있다. 대학에서 교수를 채용할 때에도 세 명의▪ 심사위원이 여러 응모자들의 여러 논문을 심사해서 그 점수의 평균을 낸 다음에 더한 것과 각 점수를 더한 다음에 평균을 낸 것이 달라 실수를 할 때도 있다. 계산기로 두 자연수끼리 나눗셈을 하여 소수로 나타내고자 할 때에는 가능한 마지막 순간에 나누어야 오차를 줄일 수 있다.▪▪

앨라배마 패러독스

온갖 시련과 실패가 성공을 이끌어 주듯이 패러독스는 우리의 안목을 더욱 넓혀준다. 해밀턴의 자연수 배정법에서 나타나는 이상한 현상들

▪ 1/3을 십진법으로 나타내면 0.333… 이고, 삼진법으로 나타내면 0.1이다.
▪▪ 정말 정확한 값을 원한다면 소수를 사용하지 않고 분수를 사용하면 된다.

을 몇 가지 살펴보기로 한자. 먼저 1880년에 미국의 앨라배마Alabama 주에서 발생한 일을 살펴보자.

구역	인구수	의석 200명		의석 201명	
		기준정원	배정	기준정원	배정
A	940	9.4	10	9.45	9
B	9,030	90.3	90	90.75	91
C	10,030	100.3	100	100.80	101
합계	20,000	200	200	201	201

처음에 이 주에는 200명의 의석이 배정되어있었는데, 인구가 증가하다 보니 의석이 1명 늘어 201명을 배정받게 되었다. 이때 앨러배마 주의 인구가 2만 명이라고 하자. 과거처럼 의석이 200명이라면 A지역은 해밀턴식 배정법에 의하면 10명의 의석을 배정받는데, 의석이 201명으로 늘면서 A지역은 9명의 의석만을 배정받게 되었다. 전체 의석이 늘어도 지역에 따라 과거보다 더 적은 의석이 배정되는 경우가 생김을 알 수 있다.

인구 증가 패러독스

이번에는 1900년에 발견된 모순을 살펴보자. 어느 도시에서 50명의 의원을 뽑기로 하고, 각 구역별로 해밀턴식 방법으로 의석을 배정하기로 하였다. 그런데 C구역과 E구역의 인구가 지난번보다 증가하였고, 다른 구역은 인구 변동이 없었다고 하자. 그 결과, 인구 변동이 없는 B구역에 의석이 하나 더 배정되고, 인구가 늘어난 E구역은 의석이 1명 줄게 된다.

구역	인구 변동 전					인구 변동 후				
	인구	기준정원	하정원	추가배정	선발인원	인구	기준정원	하정원	추가배정	선발
A	150	8.33	8		8	150	8.25	8		8
B	78	4.33	4		4	78	4.29	4	1	5
C	173	9.61	9	1	10	181	9.96	9	1	10
D	204	11.33	11		11	204	11.22	11		11
E	295	16.39	16	1	17	296	16.28	16		16
합	900	50.00	48	2	50	909	50.00	48	2	50

오클라호마 패러독스

이번에는 1907년 미국의 오클라호마 주가 의석을 배정 받으면서 발견된 모순으로 '새로운 주(州)의 패러독스'라고 부르기도 한다.

예를 들어 국가에서 대학교의 학생 100명당 1명의 직원을 배정하기로 하였다고 하자. 그런데 갑자기 정원이 525명인 새로운 대학이 생겨서 전체 직원 수가 5명 증가하였다. 관에서는 해밀턴식 방법으로 배정하였고, 그 결과 봉천대학의 직원이 1명 줄고, 신림대학의 직원이 1명 늘게 된다.

학교	학생수	기준 정원	배당 직원수
신림대학	1,045	10.45	10
봉천대학	8,955	89.55	90
관악대학	0	0	0
계	10,000	100	100

관악대학 설립 전

학교	학생수	기준 정원	배당 직원수
신림대학	1,045	10.43	11
봉천대학	8,955	89.34	89
관악대학	525	5.24	5
계	10,525	105	105

관악대학 설립 후

☆ ★ ☆

해밀턴식 배정 방법은 쉬워 보이지만, 앞에서 보기를 든 것처럼 여러 가지 모순이 있다. 왜 이러한 모순이 생기는지 그 기하학적 원리를 살펴보자.[■] 먼저 삼각형 ABC 내부의 각 점을 수량화하는 방법을 알아보기로 한다. 점 P가 삼각형 ABC의 내부의 점일 때, 꼭짓점 A에서 대변 BC까지의 거리에 대한 점 P에서 변 BC까지의 거리의 비율을 a, 꼭짓점 B에서 대변 CA까지의 거리에 대한 점 P에서 변 CA까지의 거리의 비율을 b, 꼭짓점 C에서 대변 AB까지의 거리에 대한 점 P에서 변 AB까지의 거리의 비율을 c라고 하였을 때, 순서쌍 (a, b, c)를 기준점 A, B, C 에 대한 점 P의 '**아핀**affine **좌표**'라고 부른다.

■ [Steinhaus].

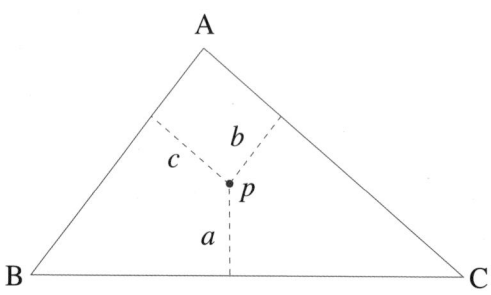

넓이에 관한 등식

$$\triangle PBC = a \triangle ABC, \quad \triangle PCA = b \triangle ABC, \quad \triangle PAB = c \triangle ABC$$
$$\triangle PBC + \triangle PCA + \triangle PAB = \triangle ABC$$

에서 아핀좌표는 $a + b + c = 1$을 만족시킴을 알 수 있다.

아핀좌표 (1, 0, 0)은 제1기준점인 A를 나타내고, 아핀좌표 (0, 1, 0)은 제2기준점인 B를, (0, 0, 1)은 제3기준점인 C를 나타낸다. 일반적으로 아핀좌표 (a, b, c)는 기준점 A, B, C의 무게가 각각 a, b, c일 때, 이 세 질점의 무게 중심의 위치를 나타낸다.

아핀 좌표는 빛의 삼원색 (R, G, B)의 배합을 이용하여 색의 이름을 정할 때에도 사용할 수 있고, 모래 · 자갈 · 시멘트의 배합에 따른 콘크리트를 설명할 때에도 적용할 수 있다.

다음은 해밀턴식 분배법을 사용하여 인구 비례가

$$a : b : c \quad (a + b + c = 1)$$

인 세 지역 A, B, C에 장학생 1명을 배정할 때, 장학생을 배정받게 되는 경우를 아핀 좌표를 사용하여 나타낸 그림이다. 아핀 좌표에서

$a>b$, $a>c$인 영역은 A지역에 장학생 1명을 배정하는 경우를 나타낸 것이다. 또 $b>a$, $b>c$인 영역은 B지역에 장학생 1명을 배정하는 경우를 나타내고, $c>a$, $c>b$인 영역은 C지역에 장학생 1명을 배정하는 경우를 나타낸다.

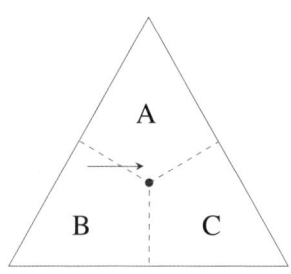

이 그림에서 화살표의 시작점의 아핀 좌표는 (0.4, 0.5, 0.1)로서 이 점은 A, B, C지역의 인구비가 4 : 5 : 1인 경우를 나타내고, 이 때 장학생은 B지역에 배정함을 의미한다. 또 화살표의 끝점의 아핀 좌표는 (0.4, 0.3, 0.3)로서 이 점은 A, B, C지역의 인구비가 4 : 3 : 3인 경우를 나타내고, 이 때 장학생은 A 지역에 배정함을 의미한다. 그리고 화살표를 따라 점이 이동한다는 것은 A지역의 인구는 변화가 없고, B지역의 인구는 줄고 있으며, C지역의 인구가 늘고 있음에도 불구하고 장학생 배정은 C지역으로 이동하는 것이 아니라 A지역에 배정됨을 보여준다.

| 연습문제

10. 다음 그림은 해밀턴식 방법으로 장학생 두 명을 A, B, C 세 지역에 인구 비례로 배정할 때, 배정받게 되는 경우를 나타낸 그림으로, 예를 들어, 영역 AA는 아핀 좌표 (a, b, c)가 부등식

$$2a-1 > 2b, \quad 2a-1 > 2c$$

를 만족시켜, A지역에 장학생 두 명을 다 배정되는 경우를 나타낸다. 또 영역 BC는 B와 C지역에 각각 1명씩 배정되는 경우를 뜻한다. 이때 화살표가 나타내는 모순을 설명하라.

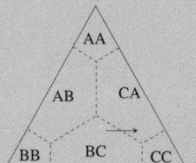

다음 그림은 해밀턴식 방법으로 A, B, C 세 지역에 장학생 세 명을 인구비례로 배정할 때, 배정받게 되는 경우를 나타내는 그림이다.

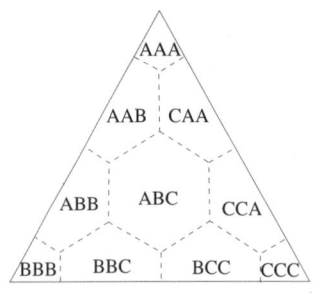

해밀턴식 방법으로 A, B, C, D 네 지역에 장학생을 배정하는 경우는 아핀 좌표

$$(a, b, c, d) \qquad (a+b+c+d=1)$$

로 나타낼 수 있고, 이 때 각 경우는 사면체의 내부의 점으로 나타낼 수 있다.

변환정원법

해밀턴식 배정의 여러 모순을 해결하기 위하여 변환정원법이 개발되었다. 변환정원법에서는 각 지역의 정원(배정 기준)을 같은 비율로 늘이

거나 줄인 다음 **변환된 정원**을 기준으로 하정원, 반올림정원 또는 상정원을 배정하여, 배정하는 인원의 합이 일치되도록 하는 노력을 말한다. 하정원으로 배정할 때에는 처음 정원을 일정한 비율로 늘여서 전체 정원을 맞추려 하고, 상정원으로 배정할 때에는 처음 정원을 일정한 비율로 줄여서 전체 정원을 맞추려 한다. 반올림정원으로 배정할 때에는 상황에 따라 조정 비율을 늘이기도 하고 줄이기도 한다.

예를 들어, 전체 인구 1250만 명이 다음과 같이 여섯 개 구역에 분포해있다고 하자. 이때 의원 250명을 인구 비례로 정한 정원을 변환정원법을 이용하여 배정한 것을 볼 수 있다.

구역	인구수 (천명)	기준 정원	변환 하정원법 조정 비율 (1.01)	배정	변환 반올림 정원법 조정비율 (0.995)	배정	변환 상정원법 조정비율 (0.985)	배정
A	1,646	32.92	33.25	33	32.76	33	32.43	33
B	6,936	138.72	140.11	**140**	138.03	138	136.64	**137**
C	154	3.08	3.11	3	3.06	3	3.03	4
D	2,091	41.82	42.24	42	41.61	42	41.19	42
E	685	13.70	13.84	13	13.63	14	13.49	14
F	988	19.76	19.96	19	19.66	20	19.46	20
합계	12,500	250	–	250	–	250	–	250

자연수 배정을 할 때에 각 지역에 배정의 기준이 되는 정원의 하정원을 배정하거나 또는 상정원을 배정하는 것을 '**정원규칙** quota rule'이라 한다. 위 B구역의 보기에서 알 수 있듯이 변환정원법에서는 정

원규칙이 지켜지지 않음을 알 수 있다. 변환 하정원법은 인구가 많은 지역에 유리하고, 변환 상정원법은 인구가 적은 지역에 유리함을 알 수 있다.

변환 하정원법은 토마스 제퍼슨이, 변환 반올림 정원법은 1832년 웹스터D. Webster(1782~1852)가, 그리고 변환 상정원법은 미국의 제6대 대통령을 역임한 아담스J. Adams(1767~1848)가 주장하였다. 그러나 경우에 따라서 원하는 조정 비율이 존재하지 않는 경우가 있다.

미화 지폐 속의 제퍼슨.

반올림

우리가 보통 반올림이라고 말할 때에는 반, 즉 0.5 이상이면 올려서 1로 하고, 0.5 미만이면 버려서 0으로 한다는 뜻이다. 그러므로 1.5 는 반올림하면 2가 되고, 1.45는 반올림하면 1이 된다. 그러나 1911년 헌팅턴Huntington과 힐Hill은 자연수 n과 $n+1$ 사이의 반은 산술평균인 $n + 0.5$가 아니고, 기하평균인 $\sqrt{n(n+1)}$ 이라고 주장하였고, 이들의 주장은 1941년 루즈벨트 대통령의 승인으로 미 하원의원을 뽑는 데 적용되었다. 이러한 '기하평균올림법'에 의하면 $1.45 > \sqrt{2} = 1.414\cdots$ 이므로, 1.45를 반올림하면 2가 된다. 다음은 기하평균올림법에서 반을 나타낸 표이다.

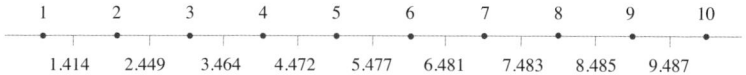

기하평균올림법은 약자를 조금 더 배려한 조치라 할 수 있다.

1980년 발린스키Balinski와 영Young은 다음을 증명하였다.

1) 정원규칙을 만족시키는 배정법은 해밀턴식 배정법처럼 모순을 가지고 있다.
2) 인구 증가 패러독스Population Paradox를 가지지 않는 배정법은 변환정원법이다.
3) 변환정원법은 앨라배마 패러독스나 새로운 주州의 패러독스New State Paradox를 가지지 않는다.

| 연습문제

11. 실수 x의 정수 부분을 [x]라고 두었을 때, 양수 a에 대하여 함수 y=[ax]의 불연속점을 구하라. 또 양수 b에 대하여 함수 y=[ax]+[bx]의 불연속점에 대하여 논하라.

12. 금화 80개를 갑, 을, 병에게 각각 48%, 30%, 22%를 기준으로 배정하고자 한다. 해밀턴, 제퍼슨, 웹스터, 아담스 또는 헌팅턴-힐 방법에서 각각 어떻게 배정되는가?

우리.

디지털 혁명은 아직도 진행되고 있고,

그 한가운데 수학이 있다.

우리에게 덕을 베풀지 않는

강대국들 사이에서 생존하려면,

그들처럼 힘을 길러야한다.

그 과정에서 이미 한국사회가 물질적으로

선진국이라는 것을 인식하고,

나아가 정신적으로 더욱 성숙해지기 위해 노력한다면

온 인류의 발전에 이바지하게 될 것이다.

제 4 장

기술과 수학

어둠 속의 빛

게임의 법칙

어둠 속의 빛

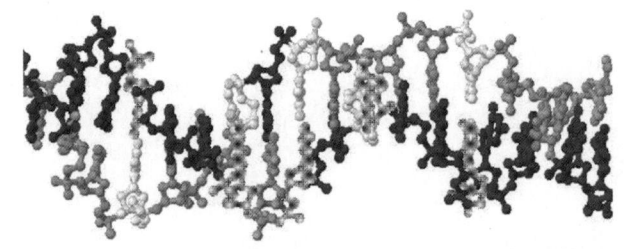

> 그에 대해서 자주 그리고 계속해서 숙고하면 할수록,
> 점점 더 새롭고 점점 더 경탄과 외경으로 마음을 채우는 두 가지 것이 있다.
> 그것은 내 위의 별이 빛나는 하늘과 내 안의 도덕 법칙이다.
> – 칸트I. Kant(1724~1804), 《실천이성비판》 맺음말에서■

평범한 문장을 다양한 방법으로 바꾸어 보통 사람들이 알기 어렵게 의도적으로 만든 것이 좁은 의미의 암호라면, 넓은 의미의 암호는 고대 이집트의 신성문자처럼 오랜 세월이 흘러 사람들이 잊어버린 문자나■■ 광개토왕의 비석처럼 바람과 비에 희미해진 글, 생물들의 DNA를 구성하는 A, G, C, T 염기들의 배열, 심지어 밤하늘에 빛나는 별이나 내 마음속의 빛도 포함한다. 여기서는 좁은 의미에서의 암호를 다루기로 한다.

　암호는 전쟁에서 승리를 위하여, 기업이 새롭게 개발한 중요한 상품을 보호하기 위하여, 개인끼리의 은밀한 대화를 위하여 곳곳에 사용된다. 기원전 5세기에 스파르타인들은 곤봉에 두루마리를 감아서 글을 쓴 다음, 이를 풀어서 전달하였고, 그것을 다시 읽으려면 같은 크기의 곤봉을 가지고 있어야하였다.** 다음은 긴 두루마리에 쓰인 글과 그것을 원기둥에 감았을 때의 모습이다.

이집트 신성문자 'CLEOPATRA'.

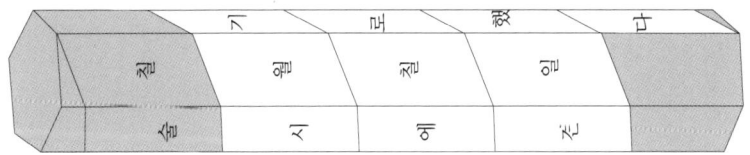
칠월 칠일 술시에 견우와 직녀가 오작교에서 만나기로 했다

----

* 쾨니히스베르크에 있는 칸트의 묘비에 쓰여있음.
** 1799년 나폴레옹이 이집트 원정을 하였을 때, 한 병사가 로제타Rosetta라는 마을에서 무게가 760kg이고, 길이 114cm, 너비 72cm, 두께 28cm인 검은 돌을 발견하였다. 이 돌에는 고대 이집트의 신성문자(hieroglyph), 이집트 민용民用문자 그리고 그리스 문자 등 세 가지 언어로 새겨진 글이 있었다. 나폴레옹의 자문관을 하던 푸리에라는 수학자는 1800년 어느 날 시골 초등학교를 시찰하면서 언어에 재능이 있는 비범한 어린이인 샹폴리옹J. Champollion(1790~1832)을 만나게 되었다. 그는 그 어린이를 집에 초대하여 파피루스와 이집트의 고어가 쓰인 각종 유물을 보여주었다. 그때 열 살이던 샹폴리옹은 옛글을 해독하겠다는 결심을 하게 된다. 그는 자라서 로제타스톤의 문구를 해독하였고, 오랜 세월 동안 사람들이 뜻글자라고 믿어왔던 이집트의 신성문자가 소리글자라는 것을 밝혀내어, 잊혀진 문명을 가리고 있던 커튼을 열어주었다. 프랑스가 영국과의 전쟁에서 패하면서 로제타스톤은 1802년부터 런던에 있는 대영박물관에 있다.
** 이러한 암호는 '스카이테일'이라고 부르는데, 글자의 순서를 바꾸는 '전치 암호'의 일종이다.

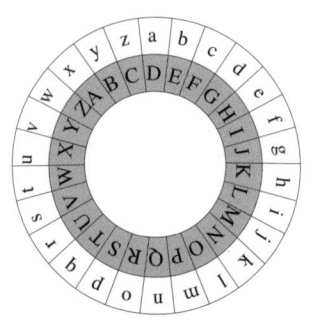

카이사르 암호.

veni, vidi, vici
(왔노라, 보았노라, 이겼노라)
⇨ YHQL, YLGL, YLFL

고대 로마시대에 율리우스 카이사르는 알파벳의 순서를 세 칸씩 밀어 글자를 바꾼 암호를 사용하였다. 이러한 암호는 1915년 러시아 군에서 활용되었다.

예를 들어, 한글을 한 칸씩 후퇴하는 암호에서는 ㄱ 대신 ㄴ을 쓰고, ㄴ 대신 ㄷ을, ㅎ 대신 ㄱ을 쓰는 식이다. 그러므로 이러한 암호 체계에서는 '사랑해'가 '아맞개'가 된다.

원순서	ㄱ	ㄴ	ㄷ	ㄹ	ㅁ	ㅂ	ㅅ	ㅇ	ㅈ	ㅊ	ㅋ	ㅌ	ㅍ	ㅎ
+1	ㄴ	ㄷ	ㄹ	ㅁ	ㅂ	ㅅ	ㅇ	ㅈ	ㅊ	ㅋ	ㅌ	ㅍ	ㅎ	ㄱ
+2	ㄷ	ㄹ	ㅁ	ㅂ	ㅅ	ㅇ	ㅈ	ㅊ	ㅋ	ㅌ	ㅍ	ㅎ	ㄱ	ㄴ
+3	ㄹ	ㅁ	ㅂ	ㅅ	ㅇ	ㅈ	ㅊ	ㅋ	ㅌ	ㅍ	ㅎ	ㄱ	ㄴ	ㄷ
+4	ㅁ	ㅂ	ㅅ	ㅇ	ㅈ	ㅊ	ㅋ	ㅌ	ㅍ	ㅎ	ㄱ	ㄴ	ㄷ	ㄹ
+5	ㅂ	ㅅ	ㅇ	ㅈ	ㅊ	ㅋ	ㅌ	ㅍ	ㅎ	ㄱ	ㄴ	ㄷ	ㄹ	ㅁ
+6	ㅅ	ㅇ	ㅈ	ㅊ	ㅋ	ㅌ	ㅍ	ㅎ	ㄱ	ㄴ	ㄷ	ㄹ	ㅁ	ㅂ
+7	ㅇ	ㅈ	ㅊ	ㅋ	ㅌ	ㅍ	ㅎ	ㄱ	ㄴ	ㄷ	ㄹ	ㅁ	ㅂ	ㅅ
+8	ㅈ	ㅊ	ㅋ	ㅌ	ㅍ	ㅎ	ㄱ	ㄴ	ㄷ	ㄹ	ㅁ	ㅂ	ㅅ	ㅇ
+9	ㅊ	ㅋ	ㅌ	ㅍ	ㅎ	ㄱ	ㄴ	ㄷ	ㄹ	ㅁ	ㅂ	ㅅ	ㅇ	ㅈ
+10	ㅋ	ㅌ	ㅍ	ㅎ	ㄱ	ㄴ	ㄷ	ㄹ	ㅁ	ㅂ	ㅅ	ㅇ	ㅈ	ㅊ
+11	ㅌ	ㅍ	ㅎ	ㄱ	ㄴ	ㄷ	ㄹ	ㅁ	ㅂ	ㅅ	ㅇ	ㅈ	ㅊ	ㅋ
+12	ㅍ	ㅎ	ㄱ	ㄴ	ㄷ	ㄹ	ㅁ	ㅂ	ㅅ	ㅇ	ㅈ	ㅊ	ㅋ	ㅌ
+13	ㅎ	ㄱ	ㄴ	ㄷ	ㄹ	ㅁ	ㅂ	ㅅ	ㅇ	ㅈ	ㅊ	ㅋ	ㅌ	ㅍ

고대 유대인들은 기존의 글자를 다른 기호로 바꾸어 암호문을 만 드는 방법을 몇 가지 사용하였는데, 이 방법들을 우리 한글의 자음에 적용하여 보면 다음과 같다.

ㄱ	ㄴ	ㄷ	ㄹ	ㅁ	ㅂ	ㅅ
↕	↕	↕	↕	↕	↕	↕
ㅇ	ㅈ	ㅊ	ㅋ	ㅌ	ㅍ	ㅎ

ㄱ	ㄴ	ㄷ	ㄹ	ㅁ	ㅂ	ㅅ
↕	↕	↕	↕	↕	↕	↕
ㅎ	ㅍ	ㅌ	ㅋ	ㅊ	ㅈ	ㅇ

아트바슈 암호 체계.

위 표의 오른쪽은 《구약성서》('예레미아서' 25:26, 51:41)에도 나오는 방법으로 '아트바슈athbash 암호 체계'라고 부른다. 그렇게 부르는 이유는 헤브라이어의 첫 자 a와 마지막 자 th를 바꾸어 사용하고, 둘째 번 자 b와 마지막에서 둘째 번 자 sh를 바꾸어 사용하며, 나머지 글자도 이와 같이 바꾸어 사용하는 방법이기 때문이다.

2세기 경 고대 그리스의 작가인 폴리비우스는 알파벳을 다음과 같이 행렬로 배열하였고, 이에 대응하는 행과 열의 수로 이루어진 수를 문자 대신에 사용한 암호를 설명하기도 하였다. 예를 들면, a = 11, b = 12, ⋯, z = 55 로 두었다.

	1	2	3	4	5
1	a	b	c	d	e
2	f	g	h	i,j	k
3	l	m	n	o	p
4	q	r	s	t	u
5	v	w	x	y	z

폴리비우스 식 암호.

이런 고전적인 암호의 특징은 암호화하는 과정을 송신자와 수신자가 서로 잘 안다는 것이고, 또 누구나 암호화하는 과정을 알면 암호를 풀 수 있다. 이와 같이 암호문을 풀어 **평문**, 즉 평범한 글을 만드는 과정을 '**복호화**' 한다고 말한다.

고전적인 암호는 열쇠와 자물쇠가 같다는 특징을 가지고 있어서 '대칭적인 키'를 사용한다고 말한다. 암호화 또는 복호화하기 위하여 전화번호부, 신문, 책 또는 난수표 등의 몇째 번 페이지에 나오는 몇째 번 숫자를 기준으로 알파벳의 순서를 바꿀 수도 있고, 또는 전혀 새로운 기호를 도입하여 암호화할 수도 있다.

예를 들어 다음과 같이 우물 정#자와 엑스x자의 조각 또는 그 조각에 점을 찍은 것에 로마자를 대응시켜 일상 문자를 숨길 수도 있다.

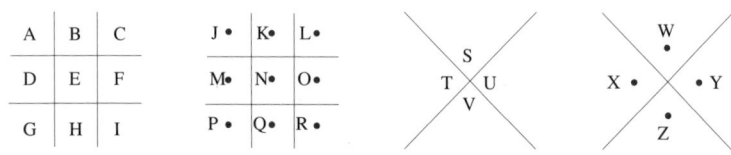

이를 이용하여 'I LOVE YOU'를 나타내면 다음과 같다.

이러한 고전적인 암호는 두 사람 또는 보안이 유지되는 소수의 단체에게 일시적으로는 그 효과가 매우 뛰어나지만, 암호를 푸는 '키'를 잃어버리면 위험해진다. 또 이러한 고전적인 암호를 오랫동안 사용하면, 그것을 탐지하려는 적군들에 의하여 해독될 가능성이 매우 높아진다. 그 이유는 일상에서 사용하는 문자의 사용 빈도수에 대한

■ 일본은 이 전쟁을 미화하여 대동아大東亞 전쟁이라 불렀으나, 패전 후에 연합군 총사령관의 명령으로 '태평양 전쟁'으로 부르게 된다.

통계가 나와있고, 서로 조합할 수 있는 문자들의 통계도 나와있으며, 사용되는 단어의 빈도수도 알려져있기 때문이다. 개인마다 지문이 다르듯 문자를 사용하는 습관은 개인마다 다르지만, 그러한 차이를 오랫동안 추적하면 암호를 풀 수 있다.

전쟁에서도 암호에 얽힌 수많은 비화가 알려져있다. 태평양 전쟁 때, 일본군이 태평양의 미드웨이 제도에 있는 미 해군을 공격하기 위한 비밀통신을 미군이 사전에 입수해서 일본이 패했다는 것이나, 독일군 암호를 영국의 튜링A. Turing(1912~1954)이 이끌던 팀이 풀어서 제2차 세계대전에서 승리하게 되었다는 등의 이야기는 잘 알려져있다.

☆ ★ ☆

일본의 연합함대 사령관인 야마모토 이소로쿠山本五十六(1884~1943)는 미국과 전쟁을 하면 장기전으로 나가서는 안 되고, 기습 공격을 해야 한다는 것을 잘 알고 있었다. 그의 지휘 아래 일본 해군은 1941년 12월 8일 하와이 진주만에 주둔하고 있는 미 해군을 기습 공격해서 '태평양 전쟁'을 승리로 이끌어가고 있었다. 다음해 6월 5일 야마모토는 아카기赤城, 히류飛龍, 소류蒼龍, 가가加賀 등 네 척의 항공모함을 비롯한 대규모 병력을 이끌고, 미드웨이 제도의 미 해군을 기습 공격하려하였으나, 이 사실을 미리 알고 있던 미 해군에 의하여 일본 해군은 항공모함을 모두 잃고 크게 패하였다. 당시 미군은 300여 명의 군사를 잃었지만, 일본은 3500명의 군사를 잃었다. 미국의 해군 제독 니

미츠Chester W. Nimitz(1885~1966)는 다음과 같이 말하였다.*

미드웨이 해전의 승리는 정보전의 승리였다. 기습을 노리던 일본군이 오히려 우리에게 기습을 당했다. 일본군은 중대한 과오를 범했지만, 미군 지휘관들은 큰 실수 없이 일본군의 오판을 잘 이용했다. 미드웨이 해전은 일본으로서는 16세기 말 조선의 이순신 장군에게 당한 패배 이후 최초의 대패로 끝났다.

일본은 1934년에 독일 암호기Enigma Machine를 구입하였고, 이를 기초로 한 퍼플 암호기Purple Machine를 1937년부터 사용하였다. 미국은 프리드먼William F. Friedman이 지휘하는 암호해독팀을 운영하였다. 이들은 1940년에 일본 암호를 해독하였고, 해독한 것을 'MAGIC'이라고 불렀다. 프리드먼은 퍼플 암호기를 제작하였고, 그중 한 대가 영국의 암호 해독 기지인 '블레츨리 파크Bletchley Park'에 배달되었다.

1942년 5월 11일, 미군은 일본군이 사용하는 AF라는 지명의 위치를 파악하기 위해 고심하던 중 '미드웨이에 식수가 부족하다'는 내용의 무전을 하와이로 보냈고, 이틀 후 일본군이 'AF에 식수가 부족하다'는 내용의 통신을 하는 것을 들었다. 이로서 미군은 일본군이 기습공격하려는 곳이 바로 미드웨이라는 것을 알게 되었다. 호랑이굴에 쳐들어간 일본 해군은 미드웨이에서 크게 패하였다.

1943년 4월 18일, 야마모토 사령관이 솔로몬 제도의 상공에서 비

---
* [이창휘, p. 116].
** 우리나라에서는 저서 《解析槪論》(1938)으로 유명함.
𝆕 1954년에 일본 최초의 필즈상 수상자가 됨.
𝆕𝆕 강범모·김흥규, 《한글 사용 빈도의 분석》, 고려대민족문화연구소, 1997.

블레츨리 파크

행기로 전선을 시찰할 것이라는 정보를 사전에 입수한 미군은 비행기를 격추시켰고, 야마모토는 전사하였다.

일본은 암호 해독 및 정보 처리 능력이 영국과 미국에 비하여 매우 떨어진다는 것을 나중에야 실감하게 되었고, 1944년에야 비로소 도쿄대 교수인 다카기 데이지 高木貞治(1875~1960)**와 고다이라 구니히코** 등을 비롯한 우수한 수학자들을 모아 새로운 암호 체계를 개발하려 했지만, 이미 때는 늦었다.

☆ ★ ☆

다음은 한글 문자의 사용빈도수이다.**

ㄱ	7.33	ㅂ	2.35	ㅋ	0.19	ㅏ	10.62	ㅛ	0.38
ㄴ	8.25	ㅅ	5.92	ㅌ	0.54	ㅑ	0.27	ㅜ	3.01
ㄷ	4.12	ㅇ	11.51	ㅍ	0.49	ㅓ	5.85	ㅠ	0.20
ㄹ	5.92	ㅈ	3.39	ㅎ	2.88	ㅕ	1.95	ㅡ	5.53
ㅁ	2.90	ㅊ	0.88			ㅗ	4.82	ㅣ	10.70

한글은 ㅇ, ㅣ, ㅏ, ㄴ, ㄱ 순으로 많이 사용된다는 것을 알 수 있다. 물론 이외에도 다양한 통계분석이 알려져있어 장시간 사용되는 고전적인 암호를 푸는 것은 크게 어렵지 않다고 말한다.

다음은 영문자의 사용빈도수를 나타낸 것으로 ETAOINS 순으로 많이 사용된다는 것을 알 수 있다.

E	12.51	L	4.14	Y	1.73
T	9.25	D	3.99	B	1.54
A	8.04	C	3.06	V	0.99
O	7.60	U	2.71	K	0.67
I	7.26	M	2.53	X	0.19
N	7.09	F	2.30	J	0.16
S	6.54	P	2.00	Q	0.11
R	6.12	G	1.96	Z	0.09
H	5.49	W	1.92		

앞서 '그림, 다시 태어나다'에서 다루었던 《회화론》의 저자로 등장하는 알베르티는 '서구 암호학의 아버지'로도 불린다. 그는 1466년 말에 라틴어로 작성한 에세이에서 '암호 분석을 위해서는 첫째로

■ cf. [칸, p. 167]. 사실 더 이전에 알리 비븐 아드-수라이힘(1312~1361)은 '당신이 암호문을 해독하길 원한다면 문자들의 수를 세는 것부터 시작하라'고 하였다[칸, p. 135].

문자들의 빈도수와 규칙성을 고려하여야 한다'고 하였다." 그는 한 문자를 여러 개의 다른 문자에 복수로 대응시키는 방법을 사용하여 '빈도수 해석'이 어려운 암호 체계를 고안하였다. 그의 암호 체계에서는 '키워드'를 필요로 하는데, 예를 들어 'GOOD LUCK'을 키워드로 한다면, 평문 'SEND MORE MONEY'는 키워드의 문자들을 차례로 평문에 '더하여' 얻는다.

keyword	G	O	O	D	L	U	C	K	G	O	O	D	L
평문	S	E	N	D	M	O	R	E	M	O	N	E	Y
과정	G+S	O+E	O+N	D+D	L+M	U+O	C+R	K+E	G+M	O+O	O+N	D+E	L+Y
암호문	Y	S	B	G	X	I	T	O	S	C	B	H	J

이때 사용하는 문자들의 '덧셈표'는 다음과 같다(이 표는 이미 앞에서 한글로 살펴보았다).

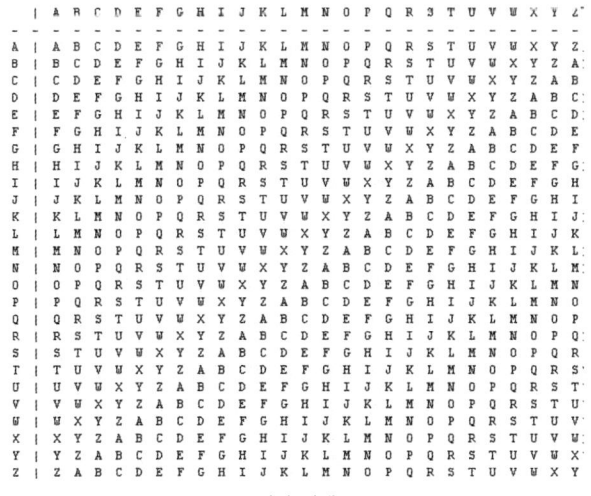

로마자 덧셈표

☆ ★ ☆

　현대적인 암호는 고전적인 암호와 달리, 암호화하는 과정을 알아도, 복호화하기가 매우 어려운 방법을 사용한다. 마치 들어가기는 가능하지만 나올 수는 없는 쥐덫처럼 현대적인 암호는 자물쇠와 열쇠가 서로 다른 키, 즉 '비대칭적인 키'를 사용한다. 암호화하는 과정은 일종의 '함수'이다. 잘 알려진 기호에 새로운 기호를 대응시키는 방법은 함수의 한 가지이다. 마찬가지로 복호화하는 과정도 함수이고, 그 함수는 처음 함수의 '역함수'이다. 현대적인 암호는 특별한 비법을 알지 못하면 역함수를 구하기가 매우 어려운 함수, 즉 '일방향 함수'를 사용한다.

　이메일을 보내기는 쉽지만, 한번 보낸 이메일을 취소하기란 여간 어려운 일이 아니다. 마치, 입에서 나간 말을 주워담을 수 없는 것처럼. 거꾸로 시행하기가 어려운 함수라고 해서 모두 암호에 이용되는 것은 아니다. 암호도 결국은 풀기 위해 있는 것이므로, 비법을 알면 풀 수 있는 시행이라야 암호의 가치가 있는 것이다.

　일방향 함수가 암호화에 큰 역할을 한다는 생각은 1976년 미국의 디피W. Diffie, 헬만M. Hellman에 의하여 처음으로 공개되었다.* 이들은 여러 물감을 섞기는 쉽지만, 물감이 섞인 것을 보고, 어떤 물감을 사용하였는지를 알기는 어려운 것과 같은 일방 함수를 발견한다면 '공개키'를 사용한 암호화 체계가 가능하다고 하였다. 이들이 처음에

----

* 영국의 GCHQ(Government Communications Headquarters, 정부 통신 본부)에서 1975년에 활동하던 앨리스J. Ellis, 콕스C. Cox, 윌리엄슨M. Williamson의 숨은 노력은 후일에야 알려졌다.

사용한 방법은 다음과 같다.

예를 들어 보자. 서울에 사는 갑돌이는 중요한 서류가 들어있는 가방에 자물쇠를 채워, 택배로 멀리 제주도에 있는 갑순이에게 전한다. 갑순이는 택배 직원을 통하여 가방을 전달 받기는 하였지만, 열쇠를 받지 못하여 가방을 열지 못해 속에 든 서류도 보지 못한다. 물론 갑돌이가 열쇠를 택배 직원에게 딸려 보낸다면, 굳이 가방에 자물쇠를 채울 필요도 없었을 것이다. 하지만 귀중한 서류이기에 택배 직원에게 알리고 싶지 않다.

이때 갑순이는 가방에 자신만이 열 수 있는 자물쇠를 채워 다시 갑돌이에게 돌려보낸다. 물론 택배 직원은 택배비만 준다면 어디든 물건을 배달한다. 자신이 보낸 가방을 되돌려 받은 갑돌이는 자신이 채운 자물쇠를 자신이 가지고 있는 열쇠로 푼다. 그러나 여전히 가방에는 갑순이가 채워 놓은 자물쇠가 달려있어서 이번에는 갑돌이 자신도 가방을 열 수 없다. 갑돌이는 택배 직원을 통하여 다시 가방을 갑순이에게 보낸다. 갑순이는 자기가 채운 자물쇠가 있는 가방을 풀고 그 속에 든 서류를 안전하게 받아본다. 이와 같은 방법은 분명히 보안상의 장점이 있지만, 한 번에 전달하지 못하고 세 번이나 배달해야하는 단점이 있다. 또 이론적으로는 자물쇠를 채울 때에 갑돌이와 갑순이의 순서가 중요하지 않아야한다.

이러한 기법을 좀 더 이해하기 위해서 먼저 가우스의 《산술논고 Disquisitiones Arithmeticae》(1801)에 소개된 법산法算, modular arithmetic(시계셈)을 알아본다.

법산

마치 바늘 달린 시계에서 열두 시가 지나면 다시 한 시가 되는 것처럼, 자연수가 특정한 값 이상이 되면 처음부터 다시 세는 것을 **법산** 또는 **시계셈**이라고 한다. 시계에서는 13시와 25시가 모두 1시와 같은 곳을 가리킨다.

실력이 비슷한 두 사람이 바둑을 둘 때, 흑백을 정하기 위하여 돌을 잡는데, 이때 중요한 것은 잡은 돌의 개수가 아니고, 그 수의 '홀짝' 상태이다. 그러므로 이러한 법산에서는 모든 짝수가 0과 같고, 모든 홀수는 1과 같다.

일·월·화·수·목·금·토 등의 요일이 7일을 기준으로 반복되듯이, 요일만 본다면 달력의 종류는 일곱 가지뿐이다.

$$3월 \equiv 11월, \quad 6월 \equiv 14월, \quad 9월 \equiv 12월,$$
$$4월 \equiv 7월, \quad 10월, \quad 5월 \equiv 13월, \quad 8월.$$

여기에서 13월은 이듬해 1월, 14월은 이듬해 2월을 뜻한다(날수가지 같은 달은 5월과 13월이다).

'천구의 화음'에서 살펴보았듯이 음고류, 즉 '한 옥타브 차이의 두 음을 같은 종류로 보는 입장'도 법산의 일종이다. 법산은 기준으로 하는 수에 따라 다양하게 나뉜다. 기준으로 하는 수 n에 대하여 n-법산에서는 두 실수 a와 b의 차이가 n의 배수일 때, a와 b를 같은 것으로 보고, 이를

$$a \equiv b \pmod{n}$$

과 같이 나타낸다. 실수 k를 자연수 n으로 나눈 나머지를 $\text{Mod}(k, n)$으로 쓴다면, 위 식은

$$\text{Mod}(a, n) = \text{Mod}(b, n)$$

과 같다. 법산의 중요한 특징은 덧셈과 곱셈이 잘 정의된다는 점이다. 다음은 6-법산의 덧셈표와 곱셈표이다.

+	0	1	2	3	4	5
0	0	1	2	3	4	5
1	1	2	3	4	5	0
2	2	3	4	5	0	1
3	3	4	5	0	1	2
4	4	5	0	1	2	3
5	5	0	1	2	3	4

×	0	1	2	3	4	5
0	0	0	0	0	0	0
1	0	1	2	3	4	5
2	0	2	4	0	2	4
3	0	3	0	3	0	3
4	0	4	2	0	4	2
5	0	5	4	3	2	1

다음은 7-법산의 덧셈표와 곱셈표이다.

+	0	1	2	3	4	5	6
0	0	1	2	3	4	5	6
1	1	2	3	4	5	6	0
2	2	3	4	5	6	0	1
3	3	4	5	6	0	1	2
4	4	5	6	0	1	2	3
5	5	6	0	1	2	3	4
6	6	0	1	2	3	4	5

×	0	1	2	3	4	5	6
0	0	0	0	0	0	0	0
1	0	1	2	3	4	5	6
2	0	2	4	6	1	3	5
3	0	3	6	2	5	1	4
4	0	4	1	5	2	6	3
5	0	5	3	1	6	4	2
6	0	6	5	4	3	2	1

9-법산

십진법으로 쓰여진 수가 9의 배수인지 알려면 각 자리수를 더한 합이 9의 배수인지 보면 된다. 그 이유는 9-법산에서는

$$10 = 9+1 \equiv 1, \quad 100 = 99+1 \equiv 1,$$
$$1000 = 999+1 \equiv 1, \quad \ldots, \quad 10^n \equiv 1$$

이기 때문에, 예를 들면

$$2345 = 2 \times 1000 + 3 \times 100 + 4 \times 10 + 5$$
$$\equiv 2 \times 1 + 3 \times 1 + 4 \times 1 + 5$$
$$= 2 + 3 + 4 + 5$$

■ 이러한 검산법은 1355년에 발간된 중국 문헌에서도 발견되고, 16세기에 발간된 루돌프C. Rudolph의 책에서도 발견된다.

와 같고, 따라서 십진법으로 표현된 자연수 9를 법modulus으로 표현하기는 매우 쉽다. 이를 이용하면 셈이 바른지 확인하는 검산을 상당히 단순화할 수 있다.

예를 들어, 열심히 셈을 하여 얻은

$$2345 \times 123 = 288435$$

가 옳다는 것을 확인하려면, 이 식을 9-법산으로 변형한

$$5 \times 6 \equiv 3 \pmod{9}$$

이 옳은지 조사하면 된다." 물론 9-법산 식이 옳다고 해도 처음 식이 틀릴 수 있지만, 그럴 확률은 매우 낮다.

10-법산

신용카드는 열여섯 자리 고유한 번호를 가지고 있다. 비자카드의 경우, 처음 여섯 자리는 은행을 나타낸다. 예를 들어, 459900은 외환은행을 나타내는 숫자다. 그리고 맨 마지막의 숫자는 아무렇게 정하는 것이 아니고, 처음부터 홀수 째번에 있는 수는 두 배하여 '10의 자리와 1의 자리의 수를 더한 것'을 모두 더하고, 짝수 째번에 있는 수는 그대로 모두 더하여 총합이 10의 배수가 되도록, 즉, 10-법산에서 0이 되도록 마지막 숫자를 정한다.

a_1	a_2	a_3	a_4	a_5	a_6	a_7	a_8	a_9	a_{10}	a_{11}	a_{12}	a_{13}	a_{14}	a_{15}	a_{16}
2	1	2	1	2	1	2	1	2	1	2	1	2	1	2	1

예를 들어, 신용카드의 번호가 4599-0004-1345-135 □ 인 경우에 마지막 숫자 □ 가 무엇인지 알아보자. 먼저 카드 번호의 홀수째 번 수를 두 배해서 '10의 자리와 1의 자리의 수를 더한 것' 을 그 아래에 적고, 짝수째 번 자리의 수는 그대로 아래에 적으면 다음과 같은 표를 얻는다.

4	5	9	9	0	0	0	4	1	3	4	5	1	3	5	□
8	5	9	9	0	0	0	4	2	3	8	5	2	3	1	□

이제 아래쪽 행에 있는 수를 (10-법산에서) 모두 더하여

$$9 + \square \equiv 0 \pmod{10}$$

이 되려면, □ = 1이라는 것을 알 수 있다.

이와 같이 신용카드의 마지막 숫자는 전체 번호가 맞게 입력되었는지 검산해주는 역할을 한다. 오늘날과 같이 통신과 전자상거래가 활발한 사회에서는 보안뿐 아니라 통신을 할 때 일어나는 잡음이나 입력의 오류를 줄일 수 있는 방법이 필요하고, 그중 가장 간단한 방법이 신용카드처럼 마지막 자리 숫자를 검산 및 보안용으로 사용하는 것이다.

☆ ★ ☆

많은 물건을 파는 가게에서는 바코드가 붙어있는 상품을 읽어 물건

값을 쉽고 빠르게 계산한다. 이때 바코드도 10-법산을 이용하여 잘못 읽었을 때의 오류를 정정할 수 있게 해준다.

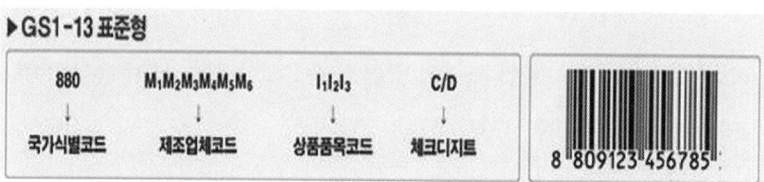

1972년 미국과 캐나다는 12자리의 상품바코드UPC, Universal Product Code를 사용하기 시작했다. 유럽 지역에서도 1977년 12개국이 주축이 되어 유럽상품코드기구EAN, European Article Number Association가 설립되어, 13자리의 바코드를 사용하였다. 유럽상품코드기구는 아시아 및 남미, 아프리카 국가의 가입에 따라 국제상품코드기구EAN International로 개칭하였고, 우리나라는 1988년부터 국제상품코드기구에 가입하여, 한국공통상품코드KAN, Korean Article Number를 정하여 사용하였다. 2002년 미국이 국제상품코드기구에 가입해 이듬해 '국제표준 상품코드관리 기관GS1'이 탄생하였고, 우리나라에서도 여기에서 부여하는 국제거래물품번호Global Trade Item Number를 사용하고 있다. 우리나라는 주로 13자리의 GS1-13을 사용하는데, 처음 세 자리는 국가식별코드, 그다음 여섯 자리는 제조업체코드, 그다음 세 자리는 상품품목코드 그리고 마지막 자리는 검산자이다.

바코드의 처음이 880이면 대한민국 상품임을 뜻하고, 바코드 처음이 000~139는 대부분 미국이나 캐나다 상품이고, 400~440은 독일, 450~459는 일본, 500~509는 영국, 690~695는 중국, 867은 북한 상품을 뜻한다.

바코드에서 열세 째 번 자리의 수는, 홀수 째번 자리에 있는 수는 그냥 더하고, 짝수 째번 자리에 있는 수는 3배한 것을 모두 더한 것이 10의 배수가 되도록 정해진다.

a_1	a_2	a_3	a_4	a_5	a_6	a_7	a_8	a_9	a_{10}	a_{11}	a_{12}	a_{13}
1	3	1	3	1	3	1	3	1	3	1	3	1

예를 들어 상품번호 880-106216-022-□에서 '검산자' □의 값을 알려면, 다음 표와 같이 홀수째 번 자리의 수는 그대로 쓰고, 짝수 째 번 자리의 수는 3배하여 끝자리만 쓴다.

8	8	0	1	0	6	2	1	6	0	2	2	☑
8	4	0	3	0	8	2	3	6	0	2	6	☑

그런 다음, 이들을 10-법산으로 더하여

$$2 + ☑ \equiv 0 \pmod{10}$$

을 얻으려면 ☑ = 8이라는 것을 알 수 있다.

■ $3a \equiv 3a' \pmod{10}$ 이면, $a \equiv a' \pmod{10}$이다.

오류 수정

10-법산이 얼마나 오류를 잘 잡을 수 있는지 살펴보기로 하자.

상품번호 등의 여러 자리 수를 입력하는 과정에서 한 자리 숫자 a를 a'로 잘못 입력하였으나, 다른 자리는 모두 바로 입력하였을 때 오류가 잡히지 않고 통과할 수 있을까? 오류가 잡히지 않는다는 말은

$$a \equiv a' \pmod{10}$$

을 뜻하고,* 이때 a와 a'이 모두 0부터 9까지의 자연수이므로, 우리는 $a = a'$이라는 결론을 얻을 수 있다. 다시 말해, $a \neq a'$이면, $a \not\equiv a' \pmod{10}$이므로 오류가 발견된다는 뜻이다. 그러므로 10-법산은 한 자리 오류를 바로 잡는다.

이제 바코드에 입력할 때 두 수 $a, b \in \{1, 2, 3, 4, 5, 6, 7, 8, 9\}$를 자리를 바꾸어 b와 a로 입력하면 어떻게 되는지 살펴보자. 오류를 잡지 못하는 경우는

$$a + 3b \equiv b + 3a \pmod{10}$$

즉,

$$2(a - b) \equiv 0 \pmod{10}$$

인 경우이다. 이 식으로부터 오류를 잡지 못하는 경우는 a와 b의 차이가 5인 경우라는 것을 알 수 있다. 그러므로 바코드는 두 항의 자리를 바꾼 '호환 오류'를 90퍼센트 잡아준다는 것을 알 수 있다. 만약 11

과 같은 소수를 법으로 사용한다면,

$$2(a - b) \equiv 0 \pmod{11} \implies a = b$$

이므로 호환 오류가 전혀 생기지 않는다는 것을 알 수 있다.

11-법산

11을 법으로 하면

$$10 = 11 - 1 \equiv -1, \quad 100 = 99 + 1 \equiv 1, \ldots, \quad 10^n \equiv (-1)^n$$

이므로, 십진법으로 쓰인 자연수가 11의 배수인지 판정하려면, 각 자리 수들의 교대합을 구하면 된다. 예를 들어

$$2354 = 2 \times 1000 + 3 \times 100 + 5 \times 10 + 4$$
$$\equiv 2 \times (-1) + 3 \times 1 + 5 \times (-1) + 4$$
$$\equiv -2 + 3 - 5 + 4 = 0 \pmod{11}$$

이므로 2354는 11의 배수임을 알 수 있다. 마찬가지로

$$54321 \equiv 5 - 4 + 3 - 2 + 1 = 3 \pmod{11}$$

이므로 54321을 11로 나누면 나머지가 3임을 알 수 있다.
　우리나라의 주민등록번호는 11-법산을 이용한 대표적인 예이다. 이 번호는 열세 자리의 숫자로 이루어져있는데, 처음 여섯 자리는 개

■　주민등록번호 체계를 선진국형으로 바꾸라!

인의 생년월일을 쓰고,* 그 다음 한 자리는 홀짝으로 남녀 구분을 하며, 마지막 자리는 '검산자' 이다. 주민등록번호는 아래 표와 같이 각 자리수의 비중에 따라 더하여 11의 배수가 되도록 정한다.

a_1	a_2	a_3	a_4	a_5	a_6		a_7	a_8	a_9	a_{10}	a_{11}	a_{12}		a_{13}
2	3	4	5	6	7	−	8	9	2	3	4	5	−	1

예를 들어 주민등록번호가 780910-123456-□ 인 경우 마지막 자리가 어떤 숫자인지 알아보자.

변환 전	7	8	0	9	1	0		1	2	3	4	5	6		□
변환 후	14	24	0	45	6	0	−	8	18	6	12	20	30	−	□
(mod 11)	3	2	0	1	6	0		8	7	6	1	−2	−3		□

이제 위 표의 맨 아랫줄을 11을 법으로 하여 모두 더하여

$$7 + \square \equiv 0 \pmod{11}$$

을 얻으려면 □ = 4라는 것을 알 수 있다. 주민등록번호에서 11-법산을 하여 검산자가 식

$$1 + \square \equiv 0 \pmod{11}$$

을 만족시키는 경우에, 검산자는 10이라야 하지만, 두 자리 수를 넣을 칸이 없으므로 그냥 0으로 둔다.

☆ ★ ☆

11-법산은 국제표준도서번호(ISBN, International Standard Book Number)에서도 2006년까지 사용되었다. ISBN은 모두 열 개의 숫자로 이루어져있는데, 처음 두 자리는 국가*, 그 다음 네 자리는 발행자, 그 다음 세 자리는 책번호이고, 마지막 한 자리는 검산자이다. 이때 각 자리수의 비중이 다음 표와 같도록 하여 11을 법으로 더한 값이 0이 되도록 한다.

a_1	a_2		a_3	a_4	a_5	a_6		a_7	a_8	a_9		☑
10	9	−	8	7	6	5	−	4	3	2	−	1

그러므로

$$☑ \equiv -10a_1 - 9a_2 - 8a_3 - 7a_4 - 6a_5 - 5a_6 - 4a_7 - 3a_8 - 2a_9 \pmod{11}$$

$$\equiv a_1 + 2a_2 + 3a_3 + 4a_4 + 5a_5 + 6a_6 + 7a_7 + 8a_8 + 9a_9 \pmod{11}$$

이다. 예를 들어 ISBN 89-7282-453-☑에서 검산자는

$$☑ \equiv 8 + 2 \times 9 + 3 \times 7 + 4 \times 2 + 5 \times 8 + 6 \times 2 + 7 \times 4 + 8 \times 5 + 9 \times 3$$
$$\equiv 8 + 7 - 1 + 8 - 4 + 1 + 6 - 4 + 5$$
$$\equiv 4$$

이다.[**] ISBN에서도 여전히 검산자가 10인 경우가 있고, 이때에는 10을 나타내는 로마자 X를 사용하였다.

2007년부터 국제표준도서번호는 국제상품코드기구의 분류 방법을 따라 열세 자리수를 사용하고 있다. 새로운 분류번호는 기존의 열 자리 번호 앞에 978 또는 979를 첨가하는데 마지막 검산자는 국제상품코드기구의 10-법산 1-3-1-3-1-3-1-3-1-3-1-3 기준을 적용하여 정한다. 예를 들어,

$$978-89-7282-453-☑$$

의 경우를 보자. 이때 각 항의 비중을 1-3-1-3-1-3-1-3-1-3-1-3으로 하여 더하면

$$9+1+8+4+9+1+2+4+2+2+5+9 \equiv 6 \pmod{10}$$

이다. 따라서 검산자 ☑는 6의 보수인 4이다.

유클리드 호제법

고대 알렉산드리아의 유클리드Euclid의 《원론》 제7권에는 두 자연수의 최대공약수를 구하는 법이 나온다. 두 자연수의 최대공약수란 각각의 약수에서 공통인 가장 큰 수를 뜻한다. 그러나 유클리드는 그 의미에 따라 최대공약수를 구하는 것이 어리석은 행동이라고 말한다.[🖋]

[■] 대한민국은 89번이다.
[■■] [김명환·김홍종].
[🖋] 우리나라 교과과정에서는 유클리드 호제법을 다루지 못하게 되어있고, 따라서 최대공약수를 구하는 바른 방법은 비밀에 붙여져있다.

실제로 수학자들은 일반적인 자연수의 약수를 구하는 일이 매우 어렵다고 생각한다.* 유클리드는 두 자연수의 최대공약수를 빠르고 쉽게 구하는 방법을 알려주었는데, 다음 정리로 표현된다.

유클리드 호제법

자연수 a를 자연수 b로 나눈 나머지를 r이라 하면, a와 b의 최대공약수는 b와 r의 최대공약수와 같다.

그러므로 큰 수들 사이의 최대공약수를 구하는 문제는 작은 수들 사이의 최대공약수를 구하는 문제로 바뀌고, 다시 같은 이유로 더 작은 수들 사이에서 최대공약수를 구하는 문제가 된다. 예를 들어, 1884와 360의 최대공약수를 구해보자. 먼저 1884를 360으로 나누면,

$$1884 = 5 \times 360 + 84$$

이다. 따라서 1884와 360의 최대공약수는 360과 84의 최대공약수이다. 한편 360을 84로 나누면,

$$360 = 4 \times 84 + 24$$

이다. 따라서 구하는 수는 84와 24의 최대공약수이다. 한편 84를 24

---

* 집단 문제가 '어렵다'는 것은 분명한 의미를 가지고 있는 개념이다. 어려운 문제라 하더라도 '알고 보면 쉬운 문제'이면 그것은 암호에 이용된다.

** 1884의 약수를 다 구하고, 360의 약수를 다 구한 다음, 최대공약수를 구하는 것은 훨씬 오랜 시간이 걸린다. 물론 약수를 구하는 과정은 소인수분해를 통하여 할 수 있지만, 일반적인 자연수를 소인수분해하는 데에는 매우 오랜 시간이 걸린다고 믿고 있다. 물론 그러한 믿음에 대한 증명은 아직 나와있지 않다.

로 나누면,

$$84 = 3 \times 24 + 12$$

이고, 따라서 24와 12의 최대공약수를 구하면 된다.

$$24 = 2 \times 12 + 0$$

즉, 24는 12의 배수이므로 구하는 최대공약수는 12이다.** 이 과정을 다음 표의 '나머지(r_k)행'과 '몫(q_k)행'에 나타낼 수 있다.

k	-1	0	1	2	3	4	비고
r_k	1884	360	84	24	12	0	$r_{k-1}=q_k r_k + r_{k+1}$
q_k	—	5	4	3	2	—	
N_k	0	1	5	21	68	157	$N_{k+1}=q_k N_k + N_{k-1}$ $N_{-1}=0, N_0=1$
D_k	1	0	1	4	13	30	$D_{k+1}=q_k D_k + D_{k-1}$ $D_{-1}=1, D_0=0$
H_k	-1	1	-1	1	-1	—	$H_k = N_k D_{k+1} - N_{k+1} D_k$

몫행에 나오는 수열 5, 4, 3, 2는 $\dfrac{1884}{360}$을 표준 연분수로 나타낼 때 나오는 항을 뜻한다.

$$\frac{1884}{360} = 5 + \cfrac{1}{4 + \cfrac{1}{3 + \cfrac{1}{2}}}$$

그리고, 수열

$$\frac{N_1}{D_1} = \frac{5}{1}, \frac{N_2}{D_2} = \frac{21}{4}, \frac{N_3}{D_3} = \frac{68}{13}, \frac{N_4}{D_4} = \frac{157}{30}$$

은 연분수에서 얻은 수열로 $\frac{1884}{360} = \frac{157 \times 12}{30 \times 12} = \frac{157}{30}$ 에 점점 가까이 '다가가는 수열'이다. 연분수에서 '다가가는 수열'을 얻는 '분자(N_k) 행'과 '분모(D_k) 행'의 알고리즘

$$N_{k+1} = q_k N_k + N_{k-1}, \quad D_{k+1} = q_k D_k + D_{k-1}$$

은 월리스John Wallis(1616~1703)가 발견한 것으로 알려져있다[■]. 또 위 표의 마지막 행에서 $H_k = N_k D_{k+1} - N_{k+1} D_k$ 의 값이 $(-1)^k$임은 호이겐스C. Huygens(1629~1695)가 발견하였으므로 이 행을 '호이겐스 행'이라 부르기로 한다. 위의 보기에서 마지막 호이겐스 항은

$$157 \times 13 - 30 \times 68 = 1$$

을 뜻한다. 이 식에 1884와 360의 최대공약수 12를 곱하면

$$1884 \times 13 - 360 \times 68 = 12$$

를 얻는다.[■■] 이와 같이 두 자연수를 각각 정수[■]배하여 더한 것이 처

■ cf. [Dantzig].
■■ 이 식은 '1884리터들이 항아리로 물을 13번 길어 큰 통에 담는 동안, 360리터들이 항아리로 68번 물을 빼내면, 물 12리터가 통에 남는다.'고 해석할 수 있다.
■ 정수는 자연수(양의 정수)와 음의 정수, 그리고 0으로 구분한다.

음 두 수의 최대공약수가 되게 할 수 있다.

(정리) 자연수 a와 b의 최대공약수가 g일 때, 방정식
$$ax - by = g$$
를 만족시키는 정수 x, y가 존재한다.

> **| 연습문제**
>
> **1.** 물가에서 5리터 항아리와 3리터 항아리를 사용하여 물 1리터를 얻으려면 어떻게 하면 될까?
>
> **2.** 수평저울에서 5그램짜리 분동들과 7그램짜리 분동들을 사용하여 1그램을 재려면 어떻게 하면 될까?
>
> **3.** 7원짜리 우표들과 12원짜리 우표들로 편지봉투에 붙일 수 있는 금액은 어떤 것이 가능할까?
>
> **4.** 국가에서 어떠한 종류의 동전을 만들어 배급하여야 사람들이 사용하기 편리할까?

서로소

두 자연수 a와 b가 '서로소素'라는 것은 공약수가 1뿐, 즉 최대공약수가 1이라는 뜻이다. 이때에는 위 정리 덕분에 정수방정식

$$ax - by = 1 \quad \cdots\cdots \ (*)$$

의 해가 존재한다는 것을 알고, 구체적으로 해를 구하는 알고리즘도

알며, 더 나아가 해를 구하는 과정에 걸리는 시간이 짧다는 것까지 안다. 방정식 (*)는 방정식

$$ax \equiv 1 \pmod{b}$$

와 같은 식이다. 그러므로 다음을 얻는다.

> (정리) 두 자연수 a와 b가 서로소이면, 방정식
>
> ax ≡ 1 (mod b)
>
> 를 만족시키는 정수 x가 존재한다.

이 정리의 다른 증명은 부록에 두었다. 앞에서 6-법산과 7-법산에서 곱셈표를 보았는데, 6-법산에서는

$$2 \times 3 \equiv 0$$

과 같이 0이 아닌 수를 곱하여 0이 되는 경우가 있지만, 7-법산에서는 그러한 현상이 없고, 더 나아가 영이 아닌 모든 수가 역수, 즉 곱하여 1이 되는 수를 가진다는 것을 보았다. 위 정리는 p가 소수素數, prime number이면, p-법산에서는 영이 아닌 모든 수가 역원을 가진다

- '태초에 말씀이 있었으니' 장 참조
- 페르마의 '작은 정리' 의 증명은 부록에 두었다.
- 101이 소수라는 것은 쉽게 판정할 수 있다. 101은 홀수이므로 2로 나누어지지 않고, 1+0+1 은 3의 배수가 아니므로, 101도 3의 배수가 아니다. 또 101은 끝자리가 1이므로 5의 배수도 아니고, 101은 7로 나누어 떨어지지도 않는다. 따라서 101은 소수이다. 어떤 자연수 n이 소수라고 판정하려면 √n 이하의 소수로 나누어 떨어지지 않으면 된다. 물론 이러한 방법도 n이 커지면 시간이 많이 걸린다. 어떤 자연수가 소수인지 아닌지 판정하는 쉬운 방법은 2002년 아그라왈Manindra Agrawal과 사세나Nitin Saxena 그리고 카얄Neeraj Kayal에 의하여 발견되었다.

는 뜻이다.

페르마의 작은 정리

암호론에 필요한 페르마의 정리는 '마지막 정리'*가 아니고, 그가 발견한 '작은 정리'이다.**

> **페르마의 작은 정리**
> p가 소수素數이면, p의 배수가 아닌 임의의 자연수 a에 대하여
> $$a^{p-1} \equiv 1 \pmod{p}$$
> 이다.

예를 들어, p가 소수 101인 경우를 살펴보자.* 이때

$$2^{100} = (2^{10})^{10} = 1024^{10} \equiv 14^{10} = 2^{10} \times 7^{10} \equiv 14 \times 49^5$$
$$\equiv 14 \times 49 \times (2401)^2$$
$$\equiv 7 \times (2 \times 49) \times (78)^2 \equiv 7 \times (-3) \times (-23)^2 \equiv -21 \times 24 \equiv -504$$
$$\equiv 1 \pmod{101}$$

임을 확인할 수 있다. 물론 이 셈을 법산을 하지 않고, 직접

$$2^{100} = 1267650600228229401496703205376$$

을 구한 다음 101로 나누어 나머지가 1임을 확인할 수도 있지만, 이 방법으로는 훨씬 많은 시간이 든다. 페르마의 작은 정리는 셈을 하지 않고도

$$3^{100} \equiv 1,\ 4^{100} \equiv 1,\ 5^{100} \equiv 1,\ \cdots,\ 100^{100} \equiv 1 \pmod{101}$$

임을 말해준다. 페르마의 작은 정리는 오늘날 정수론과 암호학에서 매우 큰 역할을 한다.

| 연습문제

5. 2^{2012}을 101로 나누면 나머지가 얼마인가?

이산 로그

어떤 수의 거듭제곱은 셈하기가 쉽다. 그러나 거꾸로 정수 방정식

$$a^x \equiv b \pmod{n}$$

은 일반적으로 해결하기가 매우 어려운데, 이러한 방정식의 정수 해를 구하는 것을 '**이산 로그**discrete logarithm' 문제라고 부른다. 예를 들어, 방정식

$$2^x \equiv 19 \pmod{101} \quad \cdots\cdots (**)$$

━━━━━━━━━━━━━━━━━━

■ 즉, $10^{255} \leq p < 10^{256}$. 2008년 8월 현재 가장 큰 소수는 9808358자리의 44번째 메르센 소수인 $2^{32,582,657}-1$이다.

의 해를 하나 구해보자.

$$2^1 = 2, \ 2^2 = 4, \ 2^3 = 8, \ 2^4 = 16, \ 2^5 = 32, \ 2^6 = 64,$$
$$2^7 = 128 \equiv 27 \pmod{101}$$

과 같이 계속하여 나가면 96번째 단계에서 마침내

$$2^{96} \equiv 19 \pmod{101} \ \cdots\cdots (***)$$

에 도착하고, 따라서 방정식 (**) 의 답으로

$$x = 96$$

을 얻는다. 우리에게 주어진 방정식 (**)에는 10여 개의 기호가 사용되었는데, 이 방정식을 풀기 위하여 96회의 셈을 해야하였다. 이와 같이 주어진 문제를 서술하는 데 사용되는 노력에 비해, 답을 구하는 과정에 다항식을 초과하여 시간이 걸리는 문제를 '난해한 문제'라고 말한다.

물론 (***)가 정답임을 확인하는 데 걸리는 시간은 별로 오래 걸리지 않는다. 이와 같이 답을 모를 때에는 풀이하는 과정이 길지만, 어떤 후보가 정답인지 확인하는 과정은 짧은 문제를 '알고 보면 쉬운 문제'라고 한다.

예를 들어, p가 256자리의 소수라고 하자.■ 이때

$$a^x \equiv b \pmod{p}$$

와 같은 문제를 풀려면, 운이 나쁘면 10^{256} 정도의 셈을 하여야한다. 1초에 1조 개의 셈을 수행하는 성능이 좋은 컴퓨터로 답을 구한다 해도 이때 걸리는 시간은

$$10^{256}/(10^{12}/\text{s}) = 10^{244}\text{s} \approx 10^{244}/(3.2 \times 10^7) \text{ yr} \approx 3 \times 10^{236} \text{ yr}$$

정도로, 이는 우주의 나이인 1.5×10^{10}년을 훨씬 넘는 시간이다. 현대적인 암호를 제작하는 과정에는 '답을 모를 때에는 한없이 어렵지만, 알고 보면 쉬운 문제'를 활용한다.■

견우와 직녀

멀리 떨어져 살고 있는 견우와 직녀는 양가 부모님들의 반대에도 불구하고 계속 연락하고 만나고 싶어한다. 이들이 주고받는 편지나 전화로 통화하는 내용은 항상 누군가가 도청하는 것 같아서, 견우와 직녀는 암호를 사용하기로 하였다. 이들은 소수인 2011을 법으로■■ 하고 밑수가 3인 이산 로그를 사용하자고 약속하였다. 물론 이 약속도 전혀 보안되지 않는 것이었다.

직녀는 자신만이 알고 있는 자연수 A를 정하여 견우에게 3^A를 2011로 나눈 나머지,

■ 사실 '알고 보면 쉬운 문제(NP, Nondeterministic Polynomial-time problem)'가 '쉬운 문제(P, Polynomial-time problem)'과 같은지 또는 다른지는 아직 밝혀지지 않은 문제로서 클레이 수학 연구소(Clay Mathematics Institute)가 2000년 프랑스의 파리에서 발표한 일곱 가지 '100만 달러 현상금 문제' 중의 하나이다.

■■ 2011이 소수라는 것을 보이려면, 다음 소수들의 배수가 아니라는 것을 확인하면 된다: 2, 3, 5, 7, 11, 13, 17, 19, 23, 29, 31, 37, 41, 43.

$$a := \mathrm{Mod}(3^A, 2011)$$

을 편지로 보내고, 견우는 자신만이 알고 있는 자연수 B를 정하여 직녀에게

$$b := \mathrm{Mod}(3^B, 2011)$$

을 편지로 보낸다. 견우는 직녀에게서 받은 자연수 a와 자신만이 알고 있는 자연수 B를 이용해

$$k := \mathrm{Mod}(a^B, 2011)$$

를 구하였고, 마찬가지로 직녀는 견우에게서 받은 자연수 b와 자신만이 알고 있는 자연수 A를 이용해

$$k := \mathrm{Mod}(b^A, 2011)$$

를 구하였다. 재미있는 사실은

$$a^B \equiv (3^A)^B = 3^{AB} = (3^B)^A \equiv b^A \pmod{2011}$$

이므로, 견우가 얻은 k값과 직녀가 얻은 k 값이 같다는 것이다. 더욱 재미있는 사실은 견우와 직녀의 통화를 도청한 사람은 2011과 3, 그리고 a와 b를 알지만, A와 B를 알기 위해서는 이산로그 문제를 풀어야 하고, 상당히 고생을 해서 풀고 난 다음에야 k를 알 수 있다는 것이다(그리고 도청자가 k를 구하였을 때에는 이미 견우와 직녀가 접선을 한 후가 될 것이

다). 그러므로 견우과 직녀는 둘만이 알고 있는 '키'를 얻어서 암호문을 작성할 수 있게 된다.

예를 들어, 직녀는 $A = 55$로 두고, $\text{Mod}(3^{55}, 2011) = 433$을 구한 다음 $a = 433$을 견우에게 보내고, 견우는 $B = 123$으로 두어 $\text{Mod}(3^{123}, 2011) = 623$을 구한 다음, $b = 623$을 직녀에게 보낸다. 그래서, 견우는

$$k = \text{Mod}(433^{123}, 2011) = 8$$

을 얻고, 마찬가지로 직녀도

$$k = \text{Mod}(623^{55}, 2011) = 8$$

을 얻는다. 이 공통인 키 $k = 8$은 여덟 칸 뒤로 물러난 카이사르 식 암호를 사용한다는 의미를 줄 수 있다. 물론 도청자가 이 키를 얻으려면, 이산 로그 방정식

$$3^x = 433 \pmod{2011} \quad \text{또는} \quad 3^y = 623 \pmod{2011}$$

을 풀어야하는데, 그것도 빨리 풀지 못하면 이미 견우와 직녀가 오목교에서 만나고 난 후가 될 것이다.

공개키 암호

현대적인 공개키 암호 체계는 전화번호부에 공개된 전화번호처럼, 누구나 원하는 사람에게 암호화하여 편지를 보낼 수 있고, 또 그 편지의

수신자만이 편지를 안전하게 읽을 수 있는 방법을 사용한다. 이때 사용하는 방법은 다음과 같다.

- 각 개인은, 누구나 쉽게 암호화할 수 있지만 자신만이 효과적으로 복호화할 수 있는 방법을 공개한다.
- 송신자는 수신자가 원하는 방법으로 암호화하여 편지를 보낸다.
- 수신자는 자신만이 복호화할 수 있는 열쇠로 암호문을 풀어서 읽는다.

예를 들어 'sender@security.net'라는 이메일 주소를 가진 사람이 'receiver@security.net'라는 이메일 주소를 가진 사람에게 편지를 보내려고 한다고 하자. 이때 SecurityNet에 접속한 sender는 receiver에게 보낼 평범한 문서 m을 작성하고, SecurityNet의 '보안 메일 보내기' 버튼을 누른다. 그러면 SecurityNet의 내부에서는 'Encoding-For(receiver)'라는 프로그램을 이용해서 m을 M으로 암호화하고, M을 receiver에게 전달한다. receiver는 SecurityNet에 접속하면서 암호를 입력하고, 이 암호는 M을 복호화하는 데 쓰여 receiver가 원문 m을 얻을 수 있게 해 준다.

물론 SecurityNet을 믿지 못하면, sender는 스스로 receiver가 원하는 방법으로 암호화하여 편지를 보내고, receiver는 자신만이 알고 있는 방법으로 암호문을 풀어서 읽을 수 있다.

서명

견우는 입대하기 전날, 앞으로 연락이 안된다고 직녀에게 말하였다. 다음날 직녀는 견우로부터 '절교' 편지를 받고, 큰 충격을 받는다. 눈물을 닦으며 편지를 읽고, 또 읽다가 문득, 글씨가 조금 낯설다고 느낀다. '과연 이 편지를 견우가 쓴 것이 맞을까?' 아니면 '혹시 그들을 미워하는 뺑덕어멈이 거짓 편지를 보낸 것은 아닐까?' 라는 생각이 들었다.

이와 같이 편지를 받은 사람이 편지를 보낸 사람이 '정말로 그 사람'이라는 것을 확인하려면 어떻게 하면 될까? 이때에도 일방향 함수는 중요한 역할을 한다. 먼저 송신자와 수신자가 모두 공개키 모임에 속하고 있다고 하자. 이들은 모두 자신의 이메일 주소와 암호화 방법을 공개하고 있다. 송신자가 공개한 암호화 방법을 S라 하고, 수신자가 공개한 암호화 방법을 R이라 하자. 물론 S로 암호화한 문서를 푸는 방법인 S^{-1}은 송신자만 알고 있고, R로 암호화한 문서를 푸는 방법인 R^{-1}는 수신자만 알고 있다.

이제 송신자는 원문 m이 자신이 보낸 것이라는 것을 보장하기 위하여, 먼저 자신만이 알고 있는 방법 S^{-1}을 m에 적용한 다음, 수신자가 원하는 방법으로 암호화한

$$M = R(S^{-1} m)$$

을 보낸다. 그러면 수신자는 받은 문서 M에 자신만이 알고 있는 방법 R^{-1}을 적용한 다음, 보낸 사람이 공개한 방법 S를 적용한다. 그러면

론 리베스트, 아디 샤미르, 레너드 애들먼.

원문

$$S(R^{-1}(M)) = S(R^{-1}(R(S^{-1}(m)))) = m$$

을 얻는다.

이러한 방법을 사용하면 송신자인 것처럼 위장하여 편지를 보낼 수가 없다. 그 까닭은 일반인은 S^{-1}를 모르기 때문이다. 물론 수신자가 아닌 다른 사람이 편지를 읽으려고 하여도 R^{-1}을 모르기 때문에 복호화할 수도 없다.

RSA 공개키 암호

1978년 론 리베스트R. Rivest, 아디 샤미르A. Shamir, 레너드 애들먼L. Adleman 세 사람이 개발하여 그들의 이름을 딴 'RSA공개키 암호'를

살펴보기로 하자.[■]

먼저 각 사용자는 자신이 정한 자연수 한 쌍을 '공개키'로 발표한다. 이 공개키를 어떻게 만드는지는 조금 있다가 설명하기로 한다. 예를 들어 갑돌이가 공개한 자연수 한 쌍을 (e, n)이라고 하자. 물론 갑돌이는 자신만이 알고 있는 복호화에 필요한 자연수 d는 공개하지 않는다. 복호화 키인 d는 모든 자연수 m에 대하여

$$(m^e)^d \equiv m \pmod{n}$$

과 같은 성질을 가지고 있다.

이제 누가 갑돌이에게 문서 m을 보내려고 할 때에는 m을 암호화한

$$M := \text{Mod}(m^e, \ n)$$

을 보낸다. 모든 글은 자연수로 바꿀 수 있기 때문에 문서 m을 자연수라고 생각하기로 한다. 또 긴 문장은 짧게 나누어 보낼 수 있으므로, $m < n$이라고 가정한다.

그러면 갑돌이는 받은 문서 M을 n-법산으로 d-제곱하여

$$M^d \equiv (m^e)^d \equiv m \pmod{n}$$

즉, 원문 m을 얻는다.

이제 공개키 (e, n)을 만드는 방법을 소개한다. 먼저 아주 큰 소수

[■] 영국의 콕스 등이 수년 전에 RSA 방법과 비슷한 암호 체계를 발견하였으나, 이는 1997년까지는 일급 비밀에 붙여져있었다.
[■■] 증명은 부록에 둔다.

p와 q를 하나 정한 다음

$$n = pq$$

로 둔다. 그리고 $(p-1)(q-1)$과 서로소인 자연수 d를 하나 정한다. 그러면

$$ed \equiv 1 \pmod{(p-1)(q-1)}$$

인 자연수 e를 구할 수 있다. 이때 임의의 자연수 m에 대하여

$$(m^e)^d \equiv m \pmod{n}$$

을 보일 수 있다.**

물론 공개키 (e, n)을 도청하더라도, n을 소인수분해할 수 있어야 p, q를 알 수 있고, 이로부터 복호화 키인 d를 구할 수 있다. 그러나 소인수분해하는 데는 상당히 오랜 시간이 걸린다. 예를 들어, 십진법으로 256자리의 자연수인 n을 소인수분해하려고 한다고 하자. 평범한 방법으로는 $\sqrt{n}$ 이하의 자연수로 다 나눠야하는데, 만약 1초에 1조 개의 셈을 하는 컴퓨터를 사용한다면,

$$10^{128}/(10^{12}/초) = 10^{116} 초 \approx 3 \times 10^{108} 년$$

이 걸려야 풀 수 있다.

☆ ★ ☆

누군가 소인수분해하는 빠른 방법을 알고 있다면, 이는 곧 현대적인 암호를 빨리 풀 수 있다는 것을 뜻하고, 소인수분해하는 빠른 방법이 없다면, 이는 곧 오늘날의 암호 체계가 상당히 믿을 수 있다는 것을 뜻한다. 세계 여행을 하려고 런던·파리·베를린·로마·모스크바·하노이·시드니·베이징·도쿄·뉴욕 등 열 군데 도시를 다녀오기로 한다고 하자. 이때 어떠한 순서로 도시를 방문하는 것이 비용 또는 시간이 저렴할까? 열 군데 도시를 나열하는 방법의 가짓수는

$$10! = 10 \times 9 \times 8 \times 7 \times 6 \times 5 \times 4 \times 3 \times 2 \times 1 = 3628800$$

로서 360만 개가 넘는다. 이러한 경우를 다 따지는 데에는 무척 오랜 시간이 걸린다.

일반적으로 'n개의 도시들을 방문하는 데 드는 최소 비용을 구하는 빠른 방법이 있는가?'라는 문제는 '판매원 문제'라고 부르는 것으로 현재 100만 달러의 현상금이 붙어있다. '판매원 문제'가 쉬운 문제라고 판정이 나면, 소인수분해도 쉬운 문제가 된다.

문제의 난이도를 연구하는 학자들은 문제들 사이의 연관을 이해하고, 이미 풀린 문제를 통해, 다른 문제를 어떻게 풀 수 있는가를 연구하고 있다.

☆ ★ ☆

■ cf. [원동호].

암호화 기법은 오늘날 전자 상거래를 활발하게 하고, 신뢰할 만한 전자 투표가 가능하게 하며 심지어 통신을 통한 '가위바위보'까지[■] 가능하게 한다. 이러한 연구는 디지털 음악 파일이나 그림 또는 동영상 파일을 압축하여 저장하거나 멀리 보낼 수 있게 해주고, 달리는 차 안에서 인터넷을 즐길 수 있는 방법을 연구하는 데도 이용된다.

디지털 혁명은 아직도 진행되고 있고, 그 한가운데 수학이 있다. 우리에게 덕을 베풀지 않는 강대국들 사이에서 생존하려면, 그들처럼 힘을 길러야한다. 그 과정에서 이미 한국 사회가 물질적으로 선진국이라는 것을 인식하고, 나아가 정신적으로 더욱 성숙해지기 위해 노력한다면 온 인류의 발전에 이바지하게 될 것이다.

게임의 법칙

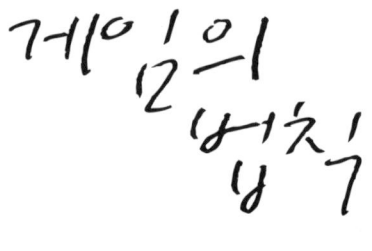

나는 당신과의 게임을 즐깁니다.

세상에는 많은 종류의 게임이 있다. 축구나 야구처럼 여럿이 하는 게임이 있는가 하면, 카드 점을 치는 것처럼 혼자 하는 게임도 있고 사람이 아닌 동물이나 식물 또는 컴퓨터와 하는 게임도 있으며 자신이 사회의 한 구성원으로서 게임을 하고 있는 줄도 모르면서 하는 게임도 있다. 오스트리아의 철학자인 비트겐슈타인L. Wittgenstein(1889~1951)은 사람들이 대화하는 것조차도 게임의 한 종류라고 말하였다.

국내 정치뿐 아니라, 국가들 사이의 외교 문제도 일종의 게임이라고 볼 수 있고, 기업과 소비자, 고용주와 고용인들 사이의 각종 관계도 게임으로 볼 수 있다. 혼자서 수행을 하는 것도 게임이라 할 수 있으니, 실로 게임이 아닌 게 없다.

주사위는 보통 서로 마주 보는 면의 눈의 합이 7이 되도록 만든다. 그러한 주사위에는 서로 거울상을 이루는 두 가지 종류가 있고, 앞의 그림은 그 두 가지 종류의 주사위를 보여준다. 4×4 정사각형 판에 15개의 숫자를 배열하는 15-퍼즐에도 두 가지 종류가 있다. 왼쪽 그림의 15-퍼즐을 분해하지 않고 '14'와 '15'만을 바꾸어 배열할 수 있는 독자에게는 100만 원을 드리겠다.

☆ ★ ☆

헥스

'헥스Hex'라는 게임은 11×11개의 육각형을 벌집처럼 이어서 만든 게임판에 검은 돌과 흰 돌을 번갈아 가며 한 칸에 하나씩 놓으며 즐기는 놀이로, 한 쌍의 대변은 흰 변이고, 또 다른 한 쌍의 대변은 검은 변이다. 게임을 먼저 시작하는 '흑'은 검은 돌을 이어 검은 대변끼리 연결하는 길을 만들면 이기고, '백'은 흰 돌을 연결하여 흰

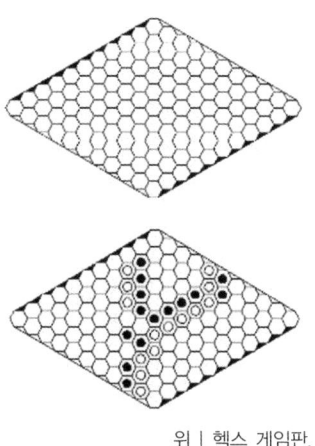

위 | 헥스 게임판.
아래 | 백이 승리하는 모습.

소마 큐브.

변끼리 연결하는 길을 만들면 이기게 된다. 네 귀퉁이에 있는 자리는 흑이나 백이 다 사용할 수 있는 자리이다.

'소마 큐브soma cube'라는 게임으로도 유명한 덴마크의 피에트 헤인Piet Hein(1905~1996)은 1942년에 '폴리곤'이라는 게임을 만들어 신문에 발표하였는데, 1948년에 미국 프린스턴대학의 대학원생이던 존 내쉬John Nash(1928~2015)도 같은 게임을 만들어 그의 동료인 데이비드 게일David Gale(1921~2008)에게 설명하였다. 프린스턴대학 학생들은 그 게임을 '내쉬의 게임' 또는 '존의 게임'이라 부르며 즐기곤 하였다. 게일은 게임을 제작해서 판매하는 파커 형제 회사Parker Brothers에 내쉬의 게임을 '헥스Hex'라는 이름으로 소개했으나 파커 형제 회사는 구매를 거절하였다. 그러나 파커 형제 회사는 1952년에 헤인의 '폴리곤'을 '헥스'라는 이름으로 시판하였다. 그리스어로 '헥사'는 6을 뜻한다.

헥스에서는 무승부가 일어나지 않고, 반드시 승자와 패자가 있다. 왜냐하면, 이 게임은 $121(=11 \times 11)$수 이내에 끝나게 되고, 한 선수가 이기지 못할 때에는 다른 선수가 길을 막고 있기 때문이므로, 그때 길을 막은 선수가 이긴다는 뜻이다. 후일에 게임이론에 남긴 업적으로 노벨 경제학상을 받게 되는 존 내쉬는 프린스턴대학원에 다니던 1949년에, 헥스 게임에는 먼저 두는 흑이 반드시 이길 수 있는 방법

■ 이 게임은 백돌을 선수先手로 사용하고, 흑돌을 후수로 사용하여도 전혀 차이가 없는 대칭적인 게임이다.

이 존재한다는 것을 증명하였다. 그 증명은 다음과 같다.

(증명) 이 게임에서 나중에 두는 후수後手가 이길 수 있는 방법이 있다고 가정하면, 흑은 자신의 첫 수를 무시하고, 그 다음 백이 두는 수를 첫 수인 것처럼 생각하여,■ 후수가 이기는 전략을 사용한다. 이때 흑이 돌을 놓고자 하는 위치에 무시한 첫 수가 이미 자리를 차지하고 있으면, 그것을 활용하고, 다른 곳에 또 허수를 두면 된다. 따라서 이와 같은 전략을 하면, 먼저 두는 흑이 이기는 방법이 있다는 모순이 생긴다. 그러므로 처음의 가정이 잘못된 것이고, 그것은 먼저 두는 흑이 승리하는 방법이 있다는 것을 뜻한다. (증명끝)

$n \times n$ 헥스게임에서 흑이 승리하는 전략이 존재한다는 것은 사실이지만, n이 커지면 그 전략을 구체적으로 밝히기는 매우 어려워진다. 헥스는 먼저 두는 흑이 조금 유리하기 때문에 판의 크기를 10×11로 만들어 흑이 건너야 할 거리가 백이 건너야 할 거리보다 한 칸 더 많게 하기도 한다. 헥스는 육각형 타일이 깔린 목욕탕에서 색연필로 ○표 또는 ×표를 하여 즐길 수도 있고, 삼각형 타일의 '꼭짓점'들에 말을 놓아 즐길 수도 있다.

| 연습문제

1. 헥스는 좀 더 작은 판에서도 할 수 있지만, 거기에 익숙해지면 표준 크기의 판에서 게임을 즐길 수 있다.
   (1) 아래 그림 '헥스 문제1'에서 백은 다음 수를 어디에 두어야 승리할까?

(2) 아래 그림 '헥스 문제2'에서 흑은 다음 수를 어디에 두어야 승리할까?

(3) 아래 그림 '헥스 문제3'에서 흑은 다음 수를 어디에 두어야 승리할까?

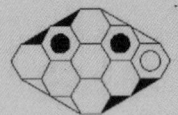 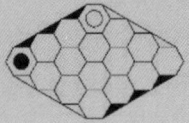 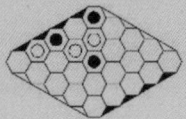

헥스 문제 1 　　　헥스 문제 2 　　　헥스 문제 3

조합 게임

조합 게임Combinatorial Game이란 바둑이나 장기, 헥스처럼 '완전한 정보perfect information'를 가지고 두 사람이 순서대로 두는 게임을 말한다. 조합 게임에서는 '더 이상 움직일 수 없는 사람'은 지고, 따라서 마지막으로 움직인 사람이 이기는 것을 '표준규정'으로 한다. 반대로 '더 이상 움직일 수 없는 사람'이 이긴다고 정한 게임은 원래 게임의 '거꿀misére 게임'이다.

■ 　1654년 파스칼과 페르마가 주고받은 서신은 확률론의 시초라고 말한다. 그러나 카르다노가 1526년경에 썼지만 그의 사후인 1663년에 발간된 《주사위 놀이에 관한 책》이 있고, 갈릴레오도 생전에 썼지만 1718년에 발간된 《주사위에 관한 발견에 대하여》가 있다. 역사상 가장 최초로 출간된 확률에 관한 책은 1657년에 호이겐스가 쓴 《주사위 놀이 속의 이성理性》이다.

■■ 　그러한 전략이 없다면, 게임은 유한하지 않기 때문이다. cf. [데이비스, pp. 30, 33], [U. Schwalbe & P. Walker, 2001]. 전략이 '존재한다'는 것과 전략을 '구체적으로 밝히는 것'은 별개의 문제이다. 체르멜로는 집합론에 큰 공헌을 하였고, 1904년에 선택공리Axiom of Choice를 사용하여 '모든 집합은 잘 정렬할 수 있다'는 'Well-ordering Theorem'을 증명하였다. 또 1921년에 보렐E. Borel(1871~1956)은 〈La Théorie du Jeu〉라는 논문에서 '전략戰略, strategy'이라는 개념을 수학화하는 시도를 하였다.

■■■ 　1902년 보우턴C. L. Bouton이 처음으로 알집기 게임의 풀이를 발견하였다.

☆ ★ ☆

수학자들이 체계적으로 게임에 관심을 가진 것은 역사가 오래지만,▪ 1912년에 독일의 체르멜로E. Zermelo(1871~1953)는 장기나 바둑, 오목과 같이 '두 사람이 하는 완전한 정보를 가진 유한 게임에는 두 사람 중 한 사람이 승리하거나 또는 두 사람이 서로 비길 수 있는 전략'이 있다는 것을 증명하였다.▪▪

체르멜로.

알집기

'알집기Nim'는 두 사람이 차례로 하는 게임인데, 바둑돌 세 묶음에서 각 선수가 아무 묶음이나 선택하여 그 일부 또는 전부를 가져가는 게임이다. 물론 가져갈 것이 없는 사람은 진다.

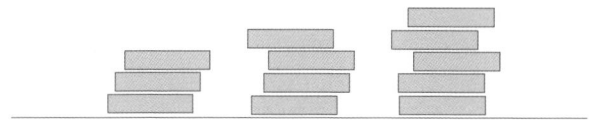

이 게임에서 승리하려면, 세 수의 **님합**Nim sum이 0이 되게 만들면 된다.▪▪ 예를 들어 3과 5의 님합 3 $\oplus$ 5를 구하기 위하여 이들을 '이진법'으로 나타낸다.

$3 = 2 + 1$
$5 = 4 + 1$

게임의 법칙 359

이때 2의 거듭제곱의 자리수 1, 2, 4, 8,⋯ 에서 홀수 번 나타나는 자리수인 2와 4를 더한 값이 님합이다. (1은 두 번 나타났으므로 버린다.) 즉,

$$3 \oplus 5 = 2 + 4 = 6$$

이다. 마찬가지로

$$4 \oplus 5 = 4 \oplus (4 + 1) = 1$$

이다. 그러므로 위 그림에서 승리수는 제1열의 3을 1로 만드는 것이다. 일반적으로 두 자연수 a와 b의 님합은 다음과 같이 정의한다. 먼저 각 자연수를 이진법으로 표현한 다음, 2의 거듭제곱이 홀수 개 있는 자리수를 모두 더한 값이 님합이다.

다음 표는 님합을 나타낸 표이다.

$\oplus$	1	2	3	4	5	6	7	8
1	0	3	2	5	4	7	6	9
2	3	0	1	6	7	4	5	10
3	2	1	0	7	6	5	4	11
4	5	6	7	0	1	2	3	12
5	4	7	6	1	0	3	2	13
6	7	4	5	2	3	0	1	14
7	6	5	4	3	2	1	0	15
8	9	10	11	12	13	14	15	0

■ [Sprague], [Grundy].
■■ 게임에 참가하는 두 사람의 돌에 구별이 없는 게임.

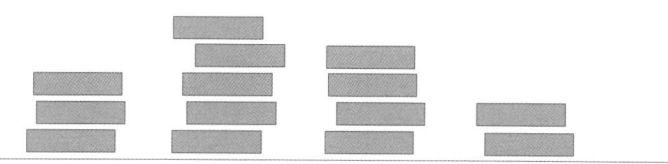

네 개의 열을 가진 알집기

☆ ★ ☆

다음 게임은 칸이 쳐진 긴 막대판 위에 돌을 몇 개 놓고, 두 사람이 돌아가면서 아무 돌이나 하나를 왼쪽으로 원하는 칸만큼 이동시키는 게임이다. 돌은 0번 칸까지 이동할 수 있고, 더 이상 돌을 이동시키지 못하는 사람이 지게 된다.

| 0 | 1 | 2 | ●3 | 4● | ●5 | 6 |

위 그림은 세 묶음에 바둑돌이 각각 세 개, 네 개, 다섯 개가 있는 알집기 게임의 상황으로 볼 수 있다. 그러므로 이 게임은 겉으로 드러난 모습은 다르지만, 알집기 게임과 '같은 게임'이다. 게임을 연구하는 사람들은 어떠한 게임들이 본질적으로 같은 것인지 연구한다. 그들은* '완전한 정보를 가진 공평한 impartial** 표준형 조합게임은 모두 알집기 게임의 변형'이라는 사실을 밝혔다.

루빅 큐브

위 | 테트리스.
아래 | 루빅 큐브.

루빅의 큐브는 8개의 꼭짓점들이 서로 자리를 바꿀 수 있고, 12개의 모서리들도 서로 자리를 바꿀 수 있다. 이때 각 꼭짓점은 세 가지 상태 중 하나를 가지고, 각 모서리들은 두 가지 상태 중 하나를 가진다. 꼭짓점들의 집합을 $V = \{v_1, ..., v_8\}$, 모서리들의 집합을 $E = \{e_1, ..., e_{12}\}$라 하면, 이들 상태는 함수

$$\omega: V \to \{1, e^{2\pi i/3}, e^{-2\pi i/3}\}$$ 와
$$\varepsilon: E \to \{1, -1\}$$

로 나타낼 수 있다.■ 루빅의 큐브는 변형해도

$$\omega(v_1) \times \omega(v_2) \times \cdots \times \omega(v_8) \text{과 } \varepsilon(e_1) \times \varepsilon(e_2) \times \cdots \times \varepsilon(e_{12})$$

의 값이 변하지 않는다. 또, 꼭짓점 사이의 치환과 모서리 사이의 치환의 홀짝 상태가 항상 일치한다. 그러므로 루빅의 큐브를 변형할 수 있는 가짓수는

$$(8! \times 3^8/3) \times (12! \times 2^{12}/2)/2 = 43252003274489856000 \approx 4.3 \times 10^{19}$$

이다.

■ $e^{2\pi i/3} = -\frac{1}{2} + \frac{\sqrt{3}}{2}i$와 $e^{-2\pi i/3} = -\frac{1}{2} - \frac{\sqrt{3}}{2}$ 는 세제곱하여 1이 되는 복소수들이다.

☆ ★ ☆

게임을 연구하는 사람들은 저글링에서 '자리바꿈 기호'라고 부르는 자연수들의 수열을 추출하였다. 자리바꿈기호에서 (1)은 한 손에서 다른 손으로 잽싸게 공을 보내는 것을 뜻하고, 자리바꿈기호 (2)는 던진 손으로 다시 공을 받는 것을 뜻한다. 일반적으로 홀수는 손을 바꾸는 것을, 짝수는 던진 손이 다시 공을 받는 것을 뜻한다.

예를 들어 자리바꿈기호 (3) = (3, 3, 3, ⋯)은 공 세 개로 하는 '**폭포형 저글**cascade'을 뜻하는데, 오른 손에서 던진 공이 왼손으로 가고, 왼손에서 던진 공은 오른손으로 가며 ∞자 모양을 그린다. 숫자 3이 뜻하는 것은 처음 던진 공이 세 박자 후에 다시 던져지는 것을 뜻한다.

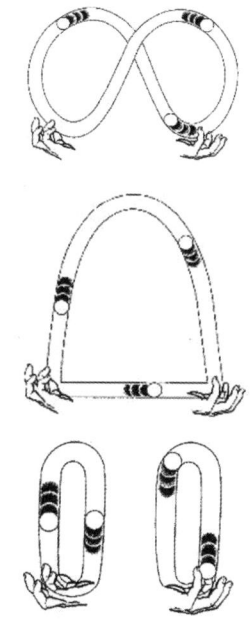

위 | 폭포형 저글.
중간 | 소나기형 저글.
아래 | 분수형 저글.

또 (1, 5) = (1, 5, 1, 5, 1, 5, ⋯)는 공 세 개로 원 모양을 그리는 '**소나기형 저글**shower'을 뜻한다. 처음 1은 왼손에서 오른손으로 공을 잽싸게 보내는 것을 뜻하고, 5는 그 공이 다섯 박자가 지난 후에 다시 왼손으로 돌아오는 것을 뜻한다. 자리바꿈기호에 나오는 수의 평균은 사용하는 공의 개수와 같다. 그러므로 1과 5의 평균인 3이 기본 소나기형 저글에서 사용하는 공의 개수이다.

자리바꿈기호 (4)는 양손이 따로 두 개의 공으로 저글하는 '**분수형 저글**fountain'을 뜻하고, (0)은 '빈손'을 뜻한다.

자리바꿈기호에 대한 연구로, 어떠한 수열들이 저글링에서 나오는 것인지 밝혀졌으며, 이로 인하여 지금까지 서커스 장에서 볼 수 없었던 새로운 묘기를 알게 되었다.

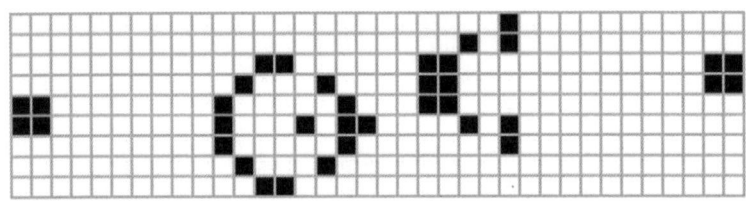

콘웨이의 '삶의 게임Game of Life'.

정치인

세 명의 정치인 A, B, C가 각자 풍선을 들고 있고, 침을 쏘아 다른 사람의 풍선을 터뜨리는 게임을 한다고 하자. 풍선이 터진 사람은 게임에서 탈락되고, 마지막까지 풍선이 터지지 않고 남아있는 사람이 게임의 승자가 된다. 침을 던지는 순서는 추첨으로 정하고, 승자가 정해지지 않으면, 다시 추첨으로 순서를 정하여 침을 던지기를 계속해서, 승자를 정할 때까지 계속한다.

A는 정치 8단으로 침의 명중률이 80%나 된다. B는 재선 의원으로 명중률이 60%이지만, C는 정치에 입문한지 얼마 안 되어 명중률이 겨우 40%이다. 이때 A, B, C는 각각 어떠한 전략을 세워야 승자가 될 확률이 가장 높게 될까?

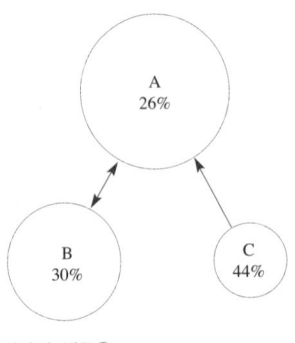

전략과 생존율.

얼핏 생각하면, B와 C는 자신이 침을 쏠 차례가 되면 가장 포악한 A를 공격하고, A는 자신의 차례에 자기를 바짝 좇아오는 B를 공격하는 것이 최선의 전략인 것처럼 보인다. 이러한 전략을 할 때 A, B, C의 생존확률은 각각 26%, 30%, 44%다.

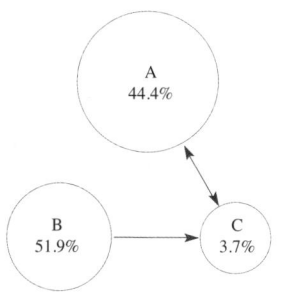

이때 A와 B의 싸움에서 가장 득을 보는 자가 C라는 것을 A가 알게 되면, A는 B에게 '먼저 C를 제거하고 나서 둘이서 결판 짓자'는 제안을 할 수 있다. 이 경우 A, B의 생존율은 모두 증가하여 각각 44.4%와 51.9%가 되고, C의 생존율은 겨우 3.7% 밖에 안 된다.

그러나 C가 A에게 '같이 힘을 합쳐서 B를 먼저 공격하면, A의 승률이 훨씬 높아진다'고 설득하면 상황은 달라진다.

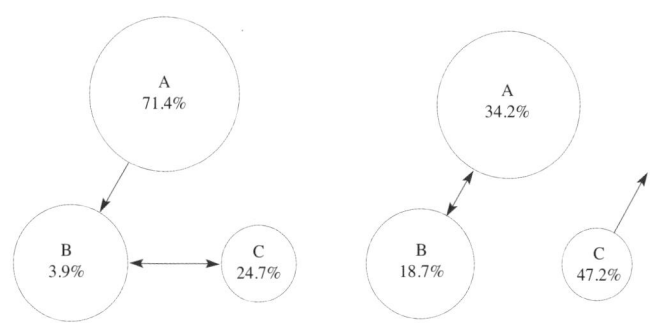

하지만, C의 최선의 전략은 A와 B가 서로 싸우게 하고, 자신은 A가 B를 없애거나 또는 B가 A를 없앨 때까지 헛방을 날리는 것이다.

폰 노이만 게임

폰 노이만.

'게임이론Game Theory'은 20세기 최고의 천재 중의 한 사람인 폰 노이만John von Neumann(1903~1957)이 1928년에 발표한 논문 〈실내 게임의 이론Zur Theorie der Gesellschaftspiele〉에서 시작하였다고 볼 수 있다.■

오스트리아의 경제학자인 모르겐스테른Oskar Morgenstern(1902~1977)은 1944년에 미국의 프린스턴에서 폰 노이만과 함께 《게임 이론과 경제행위Theory of Games and Economic Behavior》라는 저서를 발표하여 '게임 이론'은 널리 퍼지게 되었다.

폰 노이만은 1903년 헝가리 다뉴브 강가의 부다페스트에서 태어났다. 당시 헝가리는 매우 빠르게 성장하고 있었고, 문학·예술·과학 등 여러 분야에서 대단한 천재들이 많이 나왔다. 어느 날 한 기자가 1963년 노벨 물리학상 수상자인 헝가리 태생의 위그너E. Wigner(1902~1995)에게 '왜 1900년을 전후하여 헝가리에 많은 천재들이 태어나게 되었다고 생각하느냐?'고 물었다. 이에 위그너는 무슨 질문인지 알아듣지 못하겠다고 말하였고, 당시에 태어난 천재는 오직 폰 노이만 한 사람뿐이라고 답하였다.

■ 그는 이 논문에서 '미니맥스Minimax 정리'를 증명하고, 체르멜로의 질문에 답을 하였다. '미니맥스'절 참조.
■■ Janos의 아버지와 첫째 동생은 성姓을 그대로 사용하였으나, 둘째 동생 Nicholas는 성을 Vonneumann으로 사용하였다[Macrae].

폰 노이만에 대해서는 많은 일화가 있는데, 그중 하나는 '파리가 날아다닌 거리'에 대한 문제가 있다. 누군가 폰 노이만에게 '자전거 두 대가 20킬로미터 떨어진 곳에서 서로를 향하여 시속 10킬로미터로 움직일 때, 한 자전거의 앞바퀴에 앉아 있던 파리 한 마리가 시속 15킬로미터로 날아 두 자전거 사이를 왔다 갔다 한다면, 파리가 압사하게 될 때까지 몇 킬로미터를 날게 될까?'하는 문제를 냈다. 이 문제를 고지식하게 풀려면 파리가 처음에 날아가면서 이동한 거리를 구하고, 다시 날아오면서 이동한 거리를 구한 다음, 계속하여 왔다갔다 하는 거리를 모두 더 하는 방법이다. 하지만, 묘수풀이로는 두 자전거가 부딪칠 때까지 한 시간이 걸리고, 따라서 파리도 한 시간 동안 날아다녔으므로, 구하는 답은 15킬로미터라는 것을 바로 알 수 있다.

폰 노이만은 위 문제에 대한 질문을 받고, '음…, 15킬로미터군요'라고 답하였다. 질문자는 '묘수를 알고 있었군요?'라고 말하였고, 폰 노이만은 '무슨 묘수? 무한 합을 더하는 것 말고 다른 방법이 있나요?'라고 말하였다고 한다.

헝가리에서는 우리나라와 마찬가지로 성姓을 먼저 쓰고 그 다음에 이름名을 쓴다. 폰 노이만이 태어날 때의 성명姓名은 노이만 야노스 Neumann Janos였지만, 1913년에 그의 아버지가 귀족이 되고 나서 야노스는 성을 폰 노이만von Neumann으로 쓰기 시작하였다.■■

폰 노이만은

$$2 = \{0, 1\}$$

이라는[*] 통찰로 집합론과 논리학에 큰 공헌을 하였고, 양자역학의 수학적 기초를 세웠으며 현대적인 컴퓨터 탄생에 큰 공헌을 했다. 미국이 군사적으로도 세계 최강대국이 되도록 한 공로자 중의 한 사람이었다. 그의 쏟아져 나오는 아이디어들이 그가 암에 걸리고 나서 커다란 좌절과 함께 세상을 떠났다.

제로섬 게임

'**제로섬**zero-sum 게임'이란 이긴 사람이 얻는 금액이 진 사람이 잃는 금액과 같은 게임을 말한다. '**비非제로섬** 게임'에서는 한 쪽의 손실이 반드시 다른 쪽의 그만한 이익을 의미하지 않기 때문에 경우에 따라 양쪽이 모두 이익을 볼 수도 있고, 양쪽 모두 손해가 될 수도 있다.

 갑과 을, 두 사람이 손가락 하나 또는 둘을 동시에 내어 나온 손가락의 수가 같으면 갑이 이기고, 손가락 수가 다르면 을이 이긴다고 하자. 이때 진 사람은 이긴 사람에게 100원을 준다고 하자. 이 게임은 '갑의 입장'에서 보면 다음과 같은 표 또는 줄여서 행렬로 나타낼 수 있다.[**]

---

[*] 프리게G. Frege(1848~1925)와 러셀B. Russell(1872~1970)은 2라는 자연수를 '2를 상징하는 것들 모두로 이루어진 집합의 속성'으로 설명하였고, 일반적인 자연수도 그와 같은 방법으로 설명하였다. 한편 체르멜로는 0을 공집합 { }으로 이해하였고, 1 = {0}, 2 = {1}, 3 = {2} 등으로 해석하였다. 그러나 폰 노이만은 일반적으로 집합 S의 다음 집합 S^+를 $S \cup \{S\}$로 풀이하였다. 그러므로 0이라는 수를 공집합으로 이해하면, 1 = {0}이고, 2 = 1∪{1} = {0}∪{1} = {0, 1}이다. 이와 같이 집합은 자연수까지 설명한다. 물론 산술에서는 자연수보다 더 근본적인 것이 없으므로, 자연수는 '정의할 수 없는 것'이다.

[**] 을의 입장에서는 부호가 바뀐 행렬 $\begin{pmatrix} -100 & 100 \\ 100 & -100 \end{pmatrix}$ 이 된다.

갑의 전략 \ 을의 전략	☝	✌
☝	100	-100
✌	-100	100

$$\Rightarrow \begin{pmatrix} 100 & -100 \\ -100 & 100 \end{pmatrix}$$

이 게임은 갑과 을의 역할을 바꾸거나 손가락의 역할을 바꾸더라도 어느 쪽에 더 유리하거나 불리하지 않는 게임이라는 것을 알 수 있다. 또 이 게임을 계속하게 되면, 갑과 을은 한 가지 전략을 고집하면 안 되고, 두 가지 전략을 무작위로 반반씩 섞어서 하는 것이 각자에게 유리하다는 것을 알 수 있다. 그리고 이 게임의 결과로 갑이 얻을 수 있는 기댓값은 0원이고, 마찬가지로 을이 얻는 기댓값도 0원이다.

만약 게임의 규정을 바꾸어 '나온 손가락의 수' 만큼 단위 금액을 배가하여 을이 갑에게 지불한다고 하면 다음과 같은 표를 얻는다.

갑의 전략 \ 을의 전략	☝	✌
☝	2	3
✌	3	4

게임의 법칙

물론 이 게임에서 을은 항상 잃지만, 그래도 '손가락 하나' 라는 전략을 쓰는 것이 덜 잃게 되므로, 그 전략을 계속 사용하게 될 것이고, 갑은 '손가락 둘' 이라는 전략이 유리하므로 그 전략을 사용하게 된다. 결과적으로 이 게임은 갑은 '손가락 둘', 을은 '손가락 하나' 라는 '순수한 전략' 으로 행해지고, 갑은 항상 3 단위를 지급받게 된다.

게임에 참가하는 선수들은 모두 현명하고, 당연히 상대편이 현명하다는 것도 안다. 갑과 을, 두 사람 사이의 제로섬 게임은 갑의 각 전략에 대하여 을이 시행할 각 전략의 결과로 갑이 얻게 되는 값을 기록한 행렬로 나타낼 수 있다. 이러한 뜻에서 두 사람이 하는 제로섬 게임을 **'행렬 게임'** 이라고도 부른다. 앞으로 특별한 언급이 없으면 행렬 게임은 갑과 을이 참여하고, 행렬은 갑의 입장에서 바라본 것으로 여긴다.

갑의 전략 \ 을의 전략	C_1	$\cdots$	C_n	
R_1	a_{11}	$\cdots$	a_{1n}	← 제1행
$\vdots$	$\vdots$		$\vdots$	
R_m	a_{m1}	$\cdots$	a_{mn}	← 제m행
	↑		↑	
	제1열		제n열	

▪ $(a_1, \cdots, a_n) < (b_1, \cdots, b_n)$은 $a_1 < b_1, \cdots, a_n < b_n$을 뜻한다.

이때 어떤 특정한 행이 나머지 다른 행들보다 크면,* 갑은 최대 행의 전략을 사용할 것이고, 현명한 을은 현명한 갑이 그렇게 행동할 것을 알기 때문에 최대 행에서 최솟값에 해당되는 전략을 사용하게 된다. 마찬가지로 특정한 열이 나머지 다른 열들보다 작으면, 현명한 을은 그 열에 대응되는 작전을 할 것이라는 것을 갑은 알고, 따라서 갑은 그 열에서 최댓값에 대응되는 전략을 구사하게 된다. 이와 같이 갑과 을의 전략이 한가지로 정해지는 게임을 '결정적인 게임'이라고 한다.

일반적으로 행렬 게임에서 더 큰 행을 가지는 행은 '무의미한 전략'을 뜻하고, 더 작은 열을 가지는 열도 '무의미한 전략'을 뜻한다.

☆ ★ ☆

다음과 같은 행렬 게임을 생각하여 보자.

갑의 전략 \ 을의 전략	C_1	C_2	C_3
R_1	30	10	60
R_2	45	60	50
R_3	40	5	65

이때 갑은 어떠한 두 행을 비교하여도 자신에게 항상 유리한 행은

30	10
<u>45</u>	60
40	5

없다. 하지만 현명한 을은 제1열보다 제3열이 더 큰 손실을 주므로, 제3전략을 택하지 않을 것이다. 물론 이 사실을 현명한 갑도 잘 알고 있고, 따라서 갑은 옆의 행렬과 같이 제3열이 없는 게임을 한다는 것을 안다.

이제 갑은 제2행이 최대의 만족을 준다는 것을 알고, 순수하게 제2전략만을 펼치게 될 것이다. 그것을 아는 을도 자신의 손실을 최대로 줄이는 제1전략을 펼쳐, 결국 이 게임은 결정적인 게임이 되고, 그때 갑이 얻는 금액, 즉, **게임의 값**은 45라는 것을 알 수 있다.

행렬 게임에서, 게임 값이 양이면 갑에게 유리한 게임이고, 게임 값이 음이면 을에게 유리하며, 게임 값이 영이면 **공평한 게임**이다.

☆ ★ ☆

행렬 게임에서, 각 행의 최솟값이 있는 '항'을 구하고, 다시 그들 중에서 최댓값이 있는 항을 '최대최소항'이라 한다. 또 각 열에서 최댓값이 있는 항을 구하고, 다시 그들 중에서 최솟값이 있는 항을 '최소최대항'이라 한다. 이때 최대최소항과 최소최대항이 일치하면 그 게임은 그 항의 값을 게임값으로 가지는 결정정인 게임이 된다.

다음과 같은 행렬 게임을 생각해보자.

$$\begin{pmatrix} 3 & \boxed{1}^{\triangle} & 2 \\ 6 & 0 & \boxed{-3}^{\triangle} \\ \boxed{-6}^{\triangle} & -1 & 4 \end{pmatrix}$$

이때 각 행의 최소항을 △로 나타내었고, 그중 최대항을 ▲로 나타내었다. 따라서 최대최소항은 '1행 2열의 항', 즉, (1,2)항이다. 갑은 제1전략을 하면 적어도 1을 얻게 된다. 마찬가지로 다음은 각 열의 최대항을 ▽로 나타냈고, 그 중 최소항을 ▼로 나타냈다.

$$\begin{pmatrix} 3 & \boxed{1}^{\triangledown} & 2 \\ \boxed{6}^{\triangledown} & 0 & -3 \\ -6 & -1 & \boxed{4}^{\triangledown} \end{pmatrix}$$

따라서 최소최대항은 여전히 1행 2열의 항임을 알 수 있다. 을은 제2전략을 하면 많아야 1을 잃게 된다. 이 게임은 최대최소항과 최소최대항이 다 같이 (1, 2)항이다. 따라서 갑이 제1전략을 할 때, 을이 제2전략을 하지 않고 다른 전략으로 바꾸면 더욱 손해를 보게 되고, 마찬가지로 을이 제2전략을 할 때, 갑이 제1전략을 하지 않고 다른 전략을 하면 더욱 잃게 된다. 따라서 게임은 결정적인 전략으로 시행되고, 그때의 게임 값은 1이다.

☆ ★ ☆

일반적으로 갑이 을과 하는 행렬 게임 $A = (a_{ij})$에서, 갑은 각 행의 최솟값을 살펴본 다음, 이 최솟값들의 최댓값

$$\text{maximin } A := \max_i (\min_j (a_{ij}))$$

이 있는 행의 전략을 펼치면, 적어도 그 값 이상을 지불 받게 된다. 한편 을의 입장에서는 각 열의 최댓값을 살펴본 다음, 이 최댓값들 중에서 최솟값

$$\text{minimax } A := \min_j (\max_i (a_{ij}))$$

이 들어있는 열의 전략을 펼치면, 많아야 그 값 이하로 부담하게 된다. 그러므로 갑이 'maximin 전략'을 펼치면 '게임의 하한가'인 maximin A를 얻고, 을이 'minimax 전략'을 펼치면 '게임의 상한가'인 minimax A를 얻는다. 이 두 값이 일치할 때에는 갑과 을이 더 좋은 전략으로 바꿀 수가 없는 최선의 전략이 되고, 이때 maximin 전략과 minimax 전략의 쌍을 '안장점saddle point'이라고 부른다.

| 연습문제

2.

(1) 행렬 게임 $\begin{pmatrix} 2 & -2 & -3 \\ 1 & 0 & 2 \\ -1 & -1 & 3 \end{pmatrix}$ 의 최대최소항과 최소최대항을 구하고, 이 게임이 공평한 게임인지 아닌지 판정하라.

(2) 다음 게임이 결정적 게임인지 판정하고, 그때의 게임값을 구하라.

0	2	−1
2	1	−2
−1	−2	−3

(A)

−4	−2	1	2
−5	−2	−7	1
3	−1	0	3
1	−3	−1	5

(B)

☆ ★ ☆

보기로 다음과 같은 게임을 생각하여 보자.

갑의 전략 \ 을의 전략	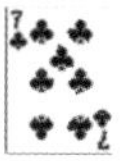 ♣7	 ◆A
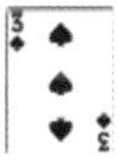 ♠3	−7	3
 ♥5	5	−1

이 게임에서 갑은 스페이드(♠) 3과 하트(♥) 5를 가지고 있고, 을은 클로버(♣) 7과 다이아몬드(◆) A를 가지고 있으며, 동시에 한 장씩 내어, 같은 색이면 을이 이기고, 다른 색이면 갑이 이긴다. 이때 이긴 사람은 자신이 낸 카드에 쓰여 있는 수만큼 점수를 얻게 된다.

이때 갑은 ♠3을 계속 내거나 또는 ♥5를 계속 내는 '순수한 전략'으로는 현명한 을과 대적할 수 없다. 마찬가지로 을도 순수한 전략만으로는 현명한 갑을 이길 수 없다. 이러한 게임을 성공적으로 계속하려면, 갑과 을은 혼합 전략을 사용해야 한다. 이때 어떠한 비율로 혼합한 전략을 쓰는 것이 현명할까?

갑이 제1전략(♠3)을 사용하는 확률을 x라고 하면, 갑이 남은 전략(♥5)를 사용하는 확률은 $1-x$이다. 이때 을이 제1전략(♣7)만을 사용한다면, 갑이 얻게 되는 금액은

$$v_1 = -7x + 5(1 - x)$$

이고, 을이 제2전략(◆A)만을 사용한다면, 갑이 얻게 되는 금액은

$$v_2 = 3x - (1 - x)$$

이 된다. 이 상황을 그래프로 그리면 다음과 같다.

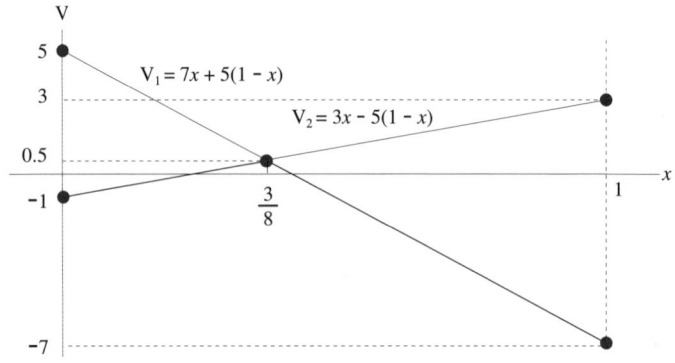

■ 이 값은 두 값 v_1, v_2의 최솟값 $min(v_1, v_2)$의 x의 변화에 대한 최댓값 $max\ min(v_1, v_2)$이다.

두 직선 $v_1 = -7x + 5(1-x)$와 $v_2 = 3x - (1-x)$의 교점은 $\left(\dfrac{3}{8}, \dfrac{1}{2}\right)$이다. 그러므로 $x < 3/8$이면, $v_2 < v_1$이므로 을은 자신에게 유리한 제2전술을 사용할 것이고, $x > 3/8$이면, $v_1 < v_2$이므로 을은 자신에게 유리한 제1전술을 사용할 것이다. 따라서 x의 변화에 따라 갑이 얻게 되는 값은 위 그래프에서 굵은 선인 $\min(v_1, v_2)$로 나타난다. 갑은 최대의 이익을 추구하기 때문에 따라서 $x = 3/8$이라는 전략을 하게 된다. 물론 이때 갑이 얻게 되는 금액이고 동시에 을이 잃게 되는 금액, 즉 게임값은 0.5이다.

갑이 3/8 미만으로 전략1을 사용한다면, 현명한 을은 전략2를 사용하여 갑의 이익이 줄게 할 수 있고, 갑이 3/8을 초과하여 자신의 제1전략을 사용한다면, 을은 자신의 제1전략을 사용하여 갑의 이익을 줄게 할 수 있다. 그러므로 갑은 제1전략과 제2전략을 사용하는 비를 3:5로 유지하는 것이 현명하다는 것을 알 수 있다.

이제 을의 입장에서 살펴보자. 을이 자신의 제1전략을 사용하는 확률을 y라 하였을 때, 갑이 순수한 제1전략만을 사용하면 갑이 얻게 되는 금액은

$$v_1 = -7y + 3(1-y)$$

이고, 갑이 순수한 제2전략만을 사용하면 갑이 얻게 되는 금액은

$$v_2 = 5y - (1-y)$$

이다.

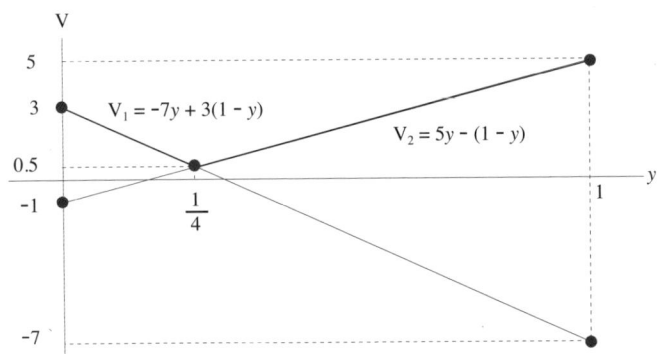

이 그래프에서 을이 $y<1/4$인 전략을 한다면, 갑은 자신의 제1전략을 하여 을에게 더 큰 손해를 입게 하고, 을이 $y>1/4$인 전략을 한다면, 갑은 자신의 제2전략을 하여 을에게 더 큰 손해를 가져오게 한다. 그러므로, 을은 $y=1/4$인 전략으로 자신의 손실을 최대한 줄여야 한다. 이때 을이 갑에게 지불하여야 할 금액은 0.5이다.[※]

이 보기에서 갑의 입장에서 본 게임의 값과 을의 입장에서 본 게임의 값이 같다는 것을 알 수 있다.

거짓말 게임Bluff

갑과 을, 두 사람이 마주 앉아 카드 한 질을 잘 섞어 엎어둔다. 갑은 한 장을 꺼내 보고, 앞면이 보이지 않게 내려놓는다. 갑은 그 카드가 무엇이라고 말한다. 이때 갑은 참말을 하여도 좋고, 거짓말을 해도 좋다. 을은 갑이 한 말이 '참말'인지 또는 '거짓말'인지 말한다. 두 사람은 엎어놓은 카드를 뒤집어 확인한다.

이때 을이 알아맞히면 갑은 을에게 지불하고, 못 알아맞히면 을이

[※] 이 값은 최댓값 max(v_1, v_2)에 대한 y의 값에 따른 최솟값 min max(v_1, v_2)이다.

갑에게 지불한다. 지불하는 금액은 다음과 같다.

갑의 전략 \ 을의 전략	참말	거짓말
참말	−100	500
거짓말	500	−1000

이 게임에서 갑과 을은 어떠한 전략을 사용하는 것이 최선일까? 또 이 게임은 누구에게 유리할까? 이 게임은 혼합전략을 써야한다는 것은 분명하고, 따라서 앞에서 보기를 든 것처럼 풀이하면 된다. 그러나 이번에는 다른 풀잇법을 소개하기로 한다. 먼저 갑이 '참말하는 전략'을 사용할 확률을 x, 을이 '참말이라고 말하는 전략'을 사용할 확률을 y라고 하자. 그러면 갑이 얻게 되는 기댓값은

$$E = -100xy + 500x(1-y) + 500(1-x)y - 1000(1-x)(1-y)$$
$$= -2100xy + 1500x + 1500y - 1000$$
$$= 2100(x - 15/21)(15/21 - y) + 1500/21$$
$$= 2100(x - 5/7)(5/7 - y) + 500/7$$

이다. 따라서 $x \neq 5/7$이면, 을은 y값을 바꾸어 갑이 받게 되는 금액을 $500/7$보다 작게 할 수 있고, 마찬가지로 $y \neq 5/7$이면, 갑은 x값을 바꾸어 을이 지불할 금액을 $500/7$보다 많게 할 수 있다. 그러므로 갑과 을의 최선의 전략은 모두 자신의 제1전략을 5/7의 확률로 시행하

는 것이다. 이때 게임의 값은 500/7이고, 따라서 이 게임은 갑에게 유리한 게임임을 알 수 있다.

| 연습문제
3.
(1) 다음 게임에서 갑과 을의 전략을 구하고, 게임 값을 밝히라. 이 게임은 누구에게 유리할까?

갑의 전략 \ 을의 전략	♣7	♦2
♠A	1	−2
♥8	−7	8

(2) 게임 $\begin{pmatrix} 1 & 3 \\ 2 & -1 \end{pmatrix}$ 을 분석하라.

(3) 게임 $\begin{pmatrix} 2 & 1 \\ 0 & 3 \end{pmatrix}$ 을 분석하라.

☆ ★ ☆

게임 $\begin{pmatrix} 2 & 1 & 3 \\ 0 & 3 & -1 \end{pmatrix}$ 을 분석하기 위하여 갑이 제1전략을 사용하는 확률을

x라고 하자. 이때 을이 제1전략, 제2전략, 제3전략을 순수하게 사용할 때, 갑이 얻게 되는 값은 각각

$$v_1 = 2x, \quad v_2 = x + 3(1-x), \quad v_3 = 3x - (1-x)$$

이다. 이를 그래프로 나타내면 다음과 같다.

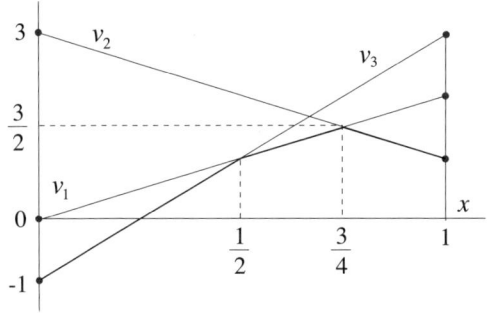

따라서 갑은 $x = 3/4$인 전략을 하는 것이 최선이라는 것을 알 수 있다. 이때 을도 갑이 어떠한 전략을 쓸 것이라는 것을 잘 알고 있으므로, 만약 제3전략을 쓰게 되면 갑에게 더욱 유리해진다는 것을 안다. 따라서 을은 제3전략은 처음부터 포기하고, 나머지 두 전략으로 게임에 임한다. 그러므로 이 게임은 본질적으로 $\begin{pmatrix} 2 & 1 \\ 0 & 3 \end{pmatrix}$과 같은 게임이고, 이때 게임 값은 3/2이다.

| 연습문제

4. 다음 게임에서 갑과 을의 전략을 분석하고, 공평한 게임인지 또는 불공평한 게임인지 판정하라.

	가위	바위	보
가위	0	−1	1
바위	2	0	−2
보	−3	3	0

미니맥스 정리

$m \times n$ 행렬 게임 $A = (a_{ij})$ 에 대하여, 행에 대한 혼합 전략이 $x = \begin{pmatrix} x_1 \\ \vdots \\ x_m \end{pmatrix}$

이고, 열에 대한 혼합 전략이 $y = (y_1, \ldots, y_n)$ 일 때[■], 게임의 기댓값은

$$E(x,y) := (x_1, \ldots, x_m)(a_{ij})\begin{pmatrix} y_1 \\ \vdots \\ y_n \end{pmatrix} = \sum_{i=1}^{m} \sum_{j=1}^{n} x_i a_{ij} y_j$$

이 된다. 이때 임의의 전략 (x^*, y^*)에 대하여 다음 여섯 가지 부등식이 성립한다.

$$\min_y E(x^*, y) \leq \begin{matrix} \max_x \min_y E(x,y) \\ E(x^*, y^*) \\ \min_y \max_x E(x,y) \end{matrix} \leq \max_x E(x, y^*) \quad (\#)$$

■ 물론 $0 \leq x_i \leq 1$, $0 \leq y_j \leq 1$이고, $x_1 + \cdots + x_m = 1$, $y_1 + \cdots + y_n = 1$이다.
■■ 행렬 게임에 최선의 전략이 오직 한 가지만 있을 필요는 없다.

폰 노이만은 체르멜로의 가설을 증명하여 다음 정리를 발표하였다.

미니맥스 정리|Mini-Max Theorem(1928)
갑과 을, 두 사람이 하는 제로섬 게임에는 갑의 전략 x*와 을의 전략 y*가 존재하여, 갑이 전략 x*를 시행하였을 때 얻게 되는 값 $\min_y E(x^*, y)$와 을이 전략 y*를 시행하였을 때 얻게 되는 값 $\max_x E(x, y^*)$가 일치한다.

앞에서 설명한 부등식 (#)에 미니맥스 정리에서 존재성을 말해주는 전략 x^*와 y^*를 대입하면 게임의 '혼합형 최대최소값'과 '혼합형 최소최대값'이 일치하며, 그 값은 갑과 을이 동시에 전략 x^*와 y^*를 사용할 때의 게임 값과 같음을 알 수 있다.

$$\max_x \min_y E(x,y) = E(x^*, y^*) = \min_y \max_x E(x,y)$$

또 $E(x^*, y^*) = \max_x E(x, y^*)$에서 을이 전략 y*를 할 때에, 갑은 x^*보다 더 좋은 전략을 가지고 있지 않고, 마찬가지로 $E(x^*, y^*) = \min_y E(x^*, y)$에서 갑이 전략 x*를 할 때, 을은 y*보다 더 좋은 전략을 가지고 있지 않다는 것을 알 수 있다. 즉, (x*, y*)는 최선의 전략이다.**

여우 굴

여우가 숨을 수 있는 굴은 A, B, C, D, E 다섯 군데이고, 포수가 여우를 잡기 위하여 대포를 쏠 수 있는 곳은 인접한 굴들의 사이인 AB, BC, CD, DE 네 군데이다.

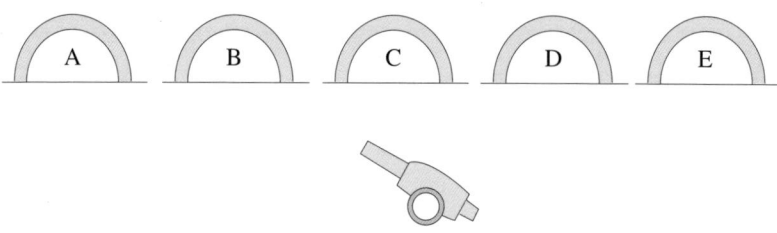

대포알이 인접한 두 굴 사이에 떨어지면, 그 두 굴 중 한 곳에 숨어있는 여우는 다치게 된다. 이때 여우와 포수는 각각 어떤 전략을 쓰는 것이 좋을까?

여우가 굴A, 굴C, 굴E에 각각 1/3의 확률로 숨는다고 하자. 그러면 여우가 다치지 않을 확률은 2/3 이상이다. 또 포수는 AB지역과 DE지역에 각각 1/3의 확률로 대포를 쏘고, BC 지역과 CD 지역에는 확률의 합이 1/3이 되도록 쏜다고 하자. 그러면 포수는 1/3의 확률로 여우를 다치게 할 수 있다. 그러므로 여우의 전략과 포수의 전략은 각각 최선의 전략이라는 것을 알 수 있다.

이 게임은 두 사람이 다섯 장의 카드를 가지고 하는 게임으로 바꿔볼 수도 있다. 한 사람은 에이스가 오직 한 장 포함된 다섯 장의 카드를 들고 있고, 다른 사람은 인접한 두 장의 카드를 뽑아 '에이스'를 찾으면 이기고, 못 찾으면 지는 게임이다.

겉으로는 달리 보이는 게임도 실제로는 동일한 게임인 경우가 허다하다.

| 연습문제

5. 여우굴이 n개 있고, 포수가 쏠 수 있는 위치도 인접한 두 굴의 사이일 때, 포수의 전략과 여우의 전략을 서술하라. 이때 포수의 성공률은 얼마인가?

흑백흑

다음은 좌우로 길이 갈라진 곳에서 흑이 먼저 한 길을 선택하고, 그리고 백이 한 길을 선택한 다음, 마지막으로 흑이 한 길을 선택하여 도착하는 지점에 있는 금액을 백이 흑에게 지급하는 게임이다. 물론 금액이 음수인 경우는 그 절댓값을 흑이 백에게 지급한다는 뜻이다.

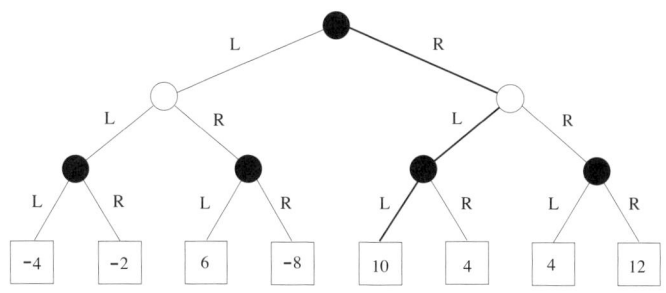

이때 흑은 처음에 어느 길을 선택하는 것이 현명할까? 또 그 때 백은 어느 길을 선택하게 될까? 게임의 값은 무엇일까?[*] 이 게임에서 흑의 전략과 백의 전략은 다음과 같이 구성할 수 있다. 백의 전략 네 가지는[**]

SS : 흑이 L을 선택하면 같이 L을 선택하고, 흑이 R을 선택하면 같이 R을 선택한다.
SD : 흑이 L을 선택하면 같이 L을 선택하고, 흑이 R을 선택하면 달리 L을 선택한다.
DD : 흑이 L을 선택하면 달리 R을 선택하고, 흑이 R을 선택하면 달리 L을 선택한다.
DS : 흑이 L을 선택하면 달리 R을 선택하고, 흑이 R을 선택하면 같이 R을 선택한다.

이에 대해 흑의 전략 여덟 가지는

L-SS : 흑은 처음에 L을 선택하고, 백이 L을 선택하면 흑도 L을 선택하고, 백이 R을 선택하면 흑도 R을 선택한다.
L-SD : 흑은 처음에 L을 선택하고, 백이 L을 선택하면 흑도 L을 선택하고, 백이 R을 선택하면 흑은 L을 선택한다.
⋮
R-DS : 흑은 처음에 R을 선택하고, 백이 L을 선택하면 흑은 R을 선택하고, 백이 R을 선택하면 흑도 R을 선택한다.

---

[*] 이 게임은 밑에서 위로 풀어 나가는 '상향식'으로 풀면 쉽게 해결할 수 있다.
[**] S = same, D = different

이 전략을 사용하여 위 게임을 행렬로 나타내면 다음과 같다.

	SS	SD	DD	DS
L-SS	-4	-4	-8	-8
L-SD	-4	-4	6	6
L-DD	-2	-2	6	6
L-DS	-2	-2	-8	-8
R-SS	12	10	10	12
R-SD	4	10	10	4
R-DD	4	4	4	4
R-DS	12	4	4	12

이때 R-SS 행이 최대의 행이고, 따라서 흑은 이 작전을 쓰게 된다. 또 백은 SD 또는 DD 전략을 쓰게 되고, 그 결과 흑이 얻는 금액은 10이다.

알아맞히기 게임 Guess It

이 게임은 갑과 을, 두 사람이 하는 게임으로, 하트 열세 장의 카드를 이용한다. 이들은 카드를 잘 섞어서 한 장은 바닥에 엎어두고, 나머지는 두 사람이 같은 장수로 나누어 가진다. 이 게임의 목적은 바닥에 엎어둔 카드가 무엇인지 알아맞히는 것이다.

먼저 갑이 시작한다. 갑은 바닥에 깔려있는 카드가 어떤 것인지 선언하거나 또는 을에게 질문한다. 선언한 경우는 카드를 뒤집어 보아, 정답이면 갑이 승리하고, 오답이면 을이 승리하여 게임이 끝난다.

을에게 질문을 하는 경우는, 예를 들어, '당신은 에이스를 가지고 있습니까?' 와 같은 질문을 한다. 을은 정직하게 대답한다. 갑이 질문한 카드를 을이 가지고 있는 경우에는 을은 그 카드를 바닥에 보이게 펼쳐둔다. 갑이 질문한 카드를 을이 갖고 있지 않으면 을은 '없다' 고 답하면 된다.

이제 을의 차례가 된다. 을도 마찬가지로 바닥에 있는 카드가 어떤 것인지 선언하거나 또는 갑에게 질문한다. 이와 같이 게임은 계속된다. 이러한 게임에도 적절한 전략이 알려져있다.[■]

비非제로섬 게임

갑과 을, 두 사람이 하는 비제로섬 게임은 행렬의 각 항이 하나의 값으로 나타나지 않고, 갑과 을에게 지불되는 두 가지 값으로 나타난다. 예를 들어, '치킨Chicken(겁쟁이)' 이라는 게임을 살펴보자.

이 게임은 두 사람이 차를 전속력으로 몰아 서로 부딪히거나 또는 도로를 이탈하여 달아나는 게임이다. 모두 고집을 버리지 않으면 둘 다 사망하게 되고, 모두 달아나면 둘 다 목숨을 보존하게 되며, 한 사람은 목숨을 걸지만 다른 사람이 도망가면 목숨을 건 사람은 영웅 대

■ 이 게임은 루퍼스 아이작Rufus Isaacs이 만들었고, 그의 딸인 엘렌Ellen이 이름 지은 것이다 [cf. Gardner, p. 41].
■■ Research ANd Development. 미국 캘리포니아 산타모니카에 본부를 두고 있음.
■ 피의자와 죄수는 다르다고 말하는 학생이 있었지만, 그냥 '죄수' 라고 쓰기로 한다.

접을 받고, 달아난 사람은 '닭'이 된다. 이 게임을 표로 나타내면 다음과 같다.

	고집	도망
고집	사망 / 사망	닭 / 영웅
도망	영웅 / 닭	생존 / 생존

☆ ★ ☆

죄수의 딜레마

비제로섬 게임 중에서 매우 유명한 것으로는 1951년에 랜드코퍼레이션RAND** Corporation의 플루드Merrill Flood가 소개하고, 1950년대 말에 프린스턴대학의 터커Albert W. Tucker(1905~1995)가 이름 붙인 '죄수의 딜레마Prisoner's dilemma'가 있다.**

두 명의 용의자가 붙잡혔다. 이들은 각각 다른 방에서 취조를 받고 있고, 서로 대화를 나눌 수도 없게 되어 있다. 이때 수사관이 용의자1에게 다음과 같이 말한다.

> 자네가 사실대로 말하고, 네 친구도 사실대로 말하면 너희들은 5년 형이 되지. 그러나 자네만 사실대로 말하고 자네 친구는 사실을 말하지 않는다면, 자네는 풀려나고 네 친구는 10년 형이 된다. 물론 자네 친구

게임의 법칙 389

가 불고 자네가 말 안하면, 자네 친구는 석방되고 자네는 10년 형을 살 게 된다.

하지만 용의자1은 자신과 친구가 계속 입을 다물고 있는다면 1년 형만 살면 된다는 것을 알고 있다. 이 상황을 표로 나타내면 다음과 같다.

	분다	다문다
분다	5년 / 5년	10년 / 석방
다문다	석방 / 10년	1년 / 1년

이때 용의자는 어떻게 처신하는 것이 좋을까?

☆ ★ ☆

폰 노이만과 모르겐슈테른의 모형에서 나타나는 일반적인 게임에서 참가자를 $P_1, \cdots, P_n$이라 하고, 각 참가자가 가지고 있는 전략들의 집합을 $M_1, \cdots, M_n$이라 하면, 게임은 참가자들에게 지불하게 되는 n개의 '지불 payoff 함수'들

$$f_1, \ldots, f_n : M_1 \times \ldots \times M_n \to R$$

에 의하여 정해진다. 그러므로 제로섬 게임이란

$$f_1 + \cdots + f_n = 0$$

이라는 뜻이다. 또 각 선수의 특정한 전략 $m_1^*, \ldots, m_n^*$ 에 대하여

$$f_j(m_1^*, \cdots, m_{j-1}^*, m_j, m_{j+1}^*, \cdots, m_n^*) \leq f_j(m_1^*, \cdots, m_{j-1}^*, m_j^*, m_{j+1}^*, \cdots, m_n^*)$$
$$(m_j \in M_j, j = 1, \ldots, n)$$

이 성립하면, 이 순서쌍 ($m_1^*, \cdots, m_n^*$)를 '평형상태equilibrium'라고 한다. 그러므로 평형상태에 있게 되면, 각 참가자들은 다른 참가자들이 전략을 바꾸지 않은 상태에서 자신의 전략을 바꾸면 현재 자신이 받는 금액보다 적게 받을 수는 있지만, 더 많이 받을 수는 없다.

☆ ★ ☆

보기를 들어 같은 회사에 다니는 갑과 을이 사장에게 월급을 좀 올려달라고 얘기를 하고 싶다고 하자. 그런데 한 명만 사장에게 얘기를 꺼낸다면, 사장은 틀림없이 월급을 올려줄 것이다. 그러나 두 명이 다 같이 요구하면 둘 다 해고될 것이다. 이러한 상황은 다음과 같은 표로 나타낼 수 있다.

이때 (요구, 침묵) 또는 (침묵, 요구) 상태는 모두 평형상태이다.

		을	
		침묵	요구
갑	침묵	현행 / 현행	상승 / 현행
	요구	현행 / 상승	해고 / 해고

| 연습문제

6. 다음 각 게임에서 평형상태를 구하여라.

(1) $\begin{pmatrix} (1,1) & (0,0) \\ (0,0) & (-1,-1) \end{pmatrix}$ (2) $\begin{pmatrix} (0,0) & (0,0) \\ (0,0) & (1,1) \end{pmatrix}$ (3) $\begin{pmatrix} (0,0) & (8,-5) \\ (-5,8) & (10,10) \end{pmatrix}$ (4) $\begin{pmatrix} (0,0) & (12,-5) \\ (-5,12) & (10,10) \end{pmatrix}$

☆ ★ ☆

1950년에 존 내쉬는 폰 노이만의 정리를 일반적인 비협동 non-cooperative 게임으로 확장하여* 항상 평형점이 존재함을 증명하였다. 내쉬는 이 공로로 1994년에 노벨 경제학상을 수상하였다.** 내쉬의 이야기는 《뷰티풀 마인드》라는 소설로 나왔고, 이어서 영화로도 만들어졌다.

---

* 두 명 이상이 하는 게임으로 제로섬 게임일 필요도 없음.
** 필자는 1995년 미국 캘리포니아의 샌디에이고에서 열린 학회에서 존 내쉬를 만났을 때, 그는 제법 정상적으로 활동하고 있었다.

심숭과 알지

심숭과 알지라는 두 기업은 탁구 팀을 운영하고 있는데, 그동안 두 팀의 전적戰績은 2 : 1로 심숭 팀이 우세이다. 다음 주에도 이 두 팀의 시합이 벌어진다. 탁구는 세 판의 경기를 치르고, 두 판을 이긴 팀이 최종 승자가 되는 '삼판양승제'로 운영된다. 이 시합에 대하여 동편장과 서편장이라는 두 도박장이 생겼다. 동편장의 규정은 다음과 같다.

	심숭이 승리할 경우	알지가 승리할 경우
심숭의 승리에 100원 걸 때	(건 돈을 돌려받고) 150원 땀	(건 돈을 돌려받지 못함) 100원 잃음
알지의 승리에 100원 걸 때	(건 돈을 돌려받지 못함) 100원 잃음	(건 돈을 돌려받고) 200원 땀

한편 서편장에서는 동편장과 다른 규정을 가지고 운영하는데, 경기의 최종 승자가 정해지기 전에 각 판마다 내기를 할 수 있다. 이때 매번 걸 수 있는 금액은 자유이고, 건만큼 따거나 잃게 된다. 이제 두 도박장에 동시에 '투자'하여 항상 50원의 이익을 얻을 수 있는 방법을 알아보자.

먼저 동편장에서는 알지가 승리하는 것에 100원을 건다. 그리고 서편장에서는 심숭이 최종 승리할 경우에 150원을 벌고, 알지가 최종 승리할 경우에는 150원을 잃는 전략을 편다. 그러면 당연히 심숭이 이기던, 알지가 이기던, 50원의 이익이 생기게 된다.

이제 서편장에서 펼칠 전략은 다음과 같다.

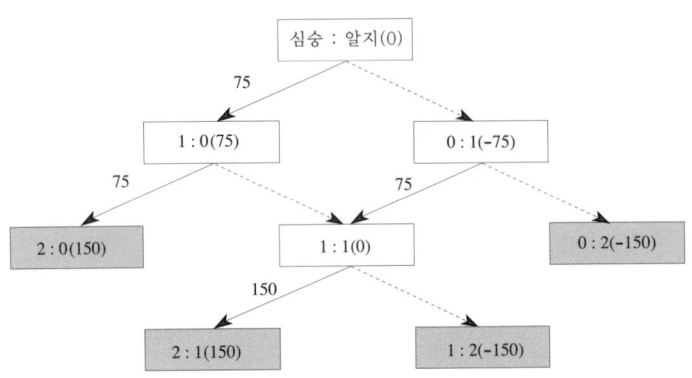

처음 게임과 두 번째 게임에 심슝이 이긴다는 쪽에 각각 75원을 걸고, 그 때 전적이 1:1이면 심슝이 이긴다는 쪽에 150원을 건다." 그러면 삼판양승에서 심슝이 이기면 150원을 벌고, 알지가 이기면 150원을 잃게 된다.

| 연습문제

7. 심슝과 알지, 두 팀이 다섯 번 시합하여 먼저 세 번 승리하는 팀이 최종 승자가 되는 '5판3승제' 게임에서 서편장처럼 매회 돈을 걸 수 있다고 하자. 심슝이 이기면 160원을 따고, 알지가 이기면 160원을 잃는 전략을 서술하라. 또 7판4승제일 때 심슝이 이기면 160원을 따고, 알지가 이기면 160원을 잃으려면 처음에 심슝에 얼마를 걸어야 할까?

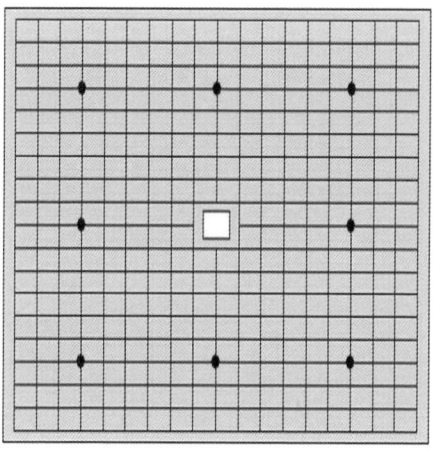

천원天元이 없는 바둑판

자연과의 게임

요즈음은 연탄을 사용하는 가정이 거의 없지만, 20여 년 전만 하더라도 많은 가정에서 연탄을 사용하였다. 연탄의 가격은 겨울이 되면 오르기 때문에, 9월에 미리 저렴한 가격으로 구입한다. 이번 겨울에 날씨가 따뜻하면 500장의 연탄이 쓰일 것이고, 날씨가 평년과 같은 정도이면 600장이 쓰일 것이며, 추우면 800장이 쓰일 것이다. 그러면 연탄을 어떤 날씨에 대비하여 구입하는 것이 좋을까? 단, 연탄 가격은 9월에는 장당 150원이고, 12월에는 장당 220원이라고 하자. 물론 9월에 연탄을 적게 구입하고, 겨울에 날씨가 예상하였던 것보다 더 추워지면, 그때 가서 필요한 양을 더 구입해야한다.

▪ 이러한 풀이는 상향식 해결법을 쓰면 나온다.

지출 금액 (단위 : 원)

구입 연탄 수 \ 겨울 날씨 (소비량)	따뜻함 (500장)	보통 (600장)	추움 (800장)	평균
500장	500×150 =75,000	500×150 +100×220 =97,000	500×150 +300×220 =141,000	104,333
600장	600×150 =90,000	600×150 =90,000	600×150 +200×220 =134,000	104,667
800장	800×150 =120,000	800×150 =120,000	800×150 =120,000	120,000

　　이 표에서 (3행, 3열)의 항은 최소최대항이고 동시에 최대최소항이므로[*] 가장 추울 때를 대비하여 연탄을 800장 구입하는 것이 최선이라고 생각할 수 있지만, 사실 이때에는 500장만 주문하는 것이 적합하다. 자연은 구매자의 전략에 따라 행동하지 않기 때문에, 날씨가 좋거나 보통이거나 또는 추울 경우가 각 1/3의 확률이라고 생각할 수 있고, 이때 구매한 경우마다 소요되는 금액의 기댓값을 구할 수 있다. 따라서 가장 적은 지출을 할 수 있는 경우는 연탄을 500장 구입하는 경우이다.

☆ ★ ☆

----

[*] 이 표를 연탄 구매자의 입장에서 보면 각 항의 값들을 음수로 읽어야 한다.

이와 같이 자연을 상대로 하는 게임statistical decision theory의 또 다른 보기를 들어보자. 어떤 연예 기획사에서, 유명한 가수들을 초대하는 공연을 기획하고 티켓 가격을 장당 3만 원으로 정하였다. 실내 공연장은 임대료가 1000만 원이고, 1만 명을 수용할 수 있다. 또 실외 공연장은 임대료가 1500만 원이고, 2만 명을 수용한다. 날씨가 맑을 때에는 실외 공연이 가능하지만, 날씨가 흐리면 티켓이 70%만 팔리고, 비가 오면 공연을 취소해야 한다. 공연장 임대료 외에 기획사가 가수들에게 지출하여야 하는 비용은 입장료 수익이 1억 원이 넘을 때에는 그 수익의 50%이고, 입장료 수익이 1억 원이 넘지 않을 때에는 5천만 원이다.

공연장(임대료) 날씨	실내 10,000석 (1,000만 원)	실내 20,000석 (1,500만 원)
맑음	티켓 100% 팔림	티켓 100% 팔림
흐림	티켓 100% 팔림	티켓 70% 팔림
비	티켓 100% 팔림	공연 취소

이때, 기획사는 실내 공연장을 빌리는 것이 좋을까? 아니면 실외 공연장을 빌리는 것이 좋을까? 다음 표에서 보면, 실내 공연을 기획하는 것이 예상 수익이 더 높다는 것을 알 수 있다.

기획사의 예상 수익 (단위: 억 원)

	실내 공연	실외 공연
맑음	$3 \times 1 \times 0.5 - 0.1 = 1.4$	$3 \times 2 \times 0.5 - 0.15 = 2.85$
흐림	$3 \times 1 \times 0.5 - 0.1 = 1.4$	$3 \times (2 \times 0.7) \times 0.5 - 0.15 = 1.95$
비	$3 \times 1 \times 0.5 - 0.1 = 1.4$	$-0.15 - 0.5 = -0.65$
평균	1.4	1.3833

귀납적 게임

라틴 방진.

게임에는 규칙이 있는 게 보통이다. 그러나 자연이나 사람 또는 사회의 섭리를 이해하려고 하는 학자들에게 규칙이 미리 주어지는 것은 아니다. 그 규칙은 경험에 의하여 발견하는 것이다.

귀납적 게임의 보기로는 1956년 애버트R. Abbott가 고안한 '엘레우시스Eleusis' 라는 게임이 있다.▪

엘레우시스는 두 질deck의 카드로 하는 놀이인데, 네 사람 이상이 하는 게임으로 여덟 사람 이하이면 적합하다. 이 게임에 참가하는 사람들은 둥글게 둘러앉아, 그중 한 사람이 딜러(또는 신, 자연, 도, 법, 브라마, 오라클)가 된다. 나머지 사람들은 평민이다. 먼저 딜러는 '규칙'을 정하고 기록하여 잘 보관한다. 평민들은 규칙을 모르는 상태에서 게임을 진행해 나가는 동안 규칙을 발견한다. 평민은 각각 14장의 카드를 받는다(딜러는 남은 카드를 보관한다). 딜

▪ 이 게임은 'Delphi' 라고 부르기도 한다. 엘레우시스는 그리스 아테네의 동쪽으로 16킬로미터 정도 떨어진 마을인데, 신화에 나오는 농업과 밀의 여신 데메테르에게 제사를 지내는 곳이다.

러는 보관하고 있는 카드에서 하나(시작 카드)를 골라 내려놓는다. 딜러의 오른쪽에 앉은 평민부터 차례로 돌아가며 카드를 한 장씩 내려놓는다. 이때 딜러는 적어둔 규칙에 맞는 카드를 내려놓았는지 판정하고, 규칙에 맞지 않는 카드를 내려놓은 평민에게는 두 장의 카드를 준다. 자신이 들고 있는 카드가 가장 먼저 없어지는 평민은 우수한 평민이 된다. 딜러가 적어두는 규칙의 보기로는 다음과 같은 것이 있다.

- 카드 색을 바꾸어 낼 것
- 소수와 합성수를 교대로 낼 것(A는 불가, J = 11, Q = 12, K = 13)
- 홀수 다음은 검은 색, 짝수 다음은 붉은 색
- 검은 색 다음은 높은 번호, 붉은 색 다음은 낮은 번호
- 같은 색 또는 같은 무늬

그러나 규칙은 시간이나 참가자 등에 의존하지 않는 것이라야 한다.

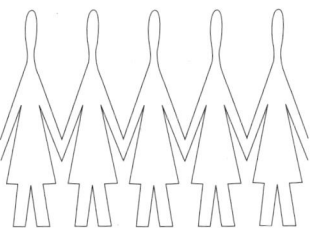

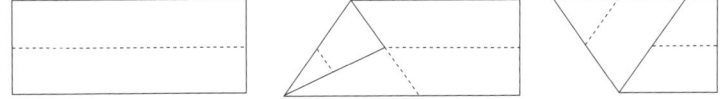

게임 중에서 가장 어렵고도 쉬운 것은 살아가고 죽어가는 게임인 것 같다. 많은 성인들은 그 게임에서 승리하는 법을 알려준다. 당신도 승자가 될 것이다.

And the end of all our exploring will be

to arrive where we started,

And know the place for the first time.

부록

연습문제 해답 · 풀이

수와 표상

십이진법을 사용하려면 열두 가지의 기호, 즉 수상(數象)과 그 이름[數名]이 필요하다. 십진법에서 사용하는 기호

$$0, 1, 2, 3, 4, 5, 6, 7, 8, 9$$

를 그대로 사용하면, 이외에 '십'과 '십일'을 나타내는 두 가지 기호가 더 필요하다. 우리는 '십'과 '십일'을 '┼'과 '╪'로 나타내기로 하고, ╪은 '더'로 부르고,* 전체인

$$\{0, 1, 2, 3, 4, 5, 6, 7, 8, 9, +, ╪\}$$

은 '다'로 부르기로 한다.** 그러므로 지금까지 십이진법이라고 부르던 것을 앞으로는 '다진법'이라 부르게 된다. 다음은 '다진법'에서의 곱셈표 즉 '더더(╪╪)단' 표이다. 아래 표가 '색칠한' 대각선에 대하여 대칭임은 곱셈의 교환법칙을 말해준다.

1	2	3	4	5	6	7	8	9	┼	╪
2	4	6	8	┼	10	12	14	16	18	1┼
3	6	9	10	13	16	19	20	23	26	29
4	8	10	14	18	20	24	28	30	34	38
5	┼	13	18	21	26	2╪	34	39	42	47
6	10	16	20	26	30	36	40	46	50	56
7	12	19	24	2╪	36	41	48	53	5┼	65
8	14	20	28	34	40	48	54	60	68	74
9	16	23	30	39	46	53	60	69	76	83
┼	18	26	34	42	50	5┼	68	76	84	92
╪	1┼	29	38	47	56	65	74	83	92	┼1

더더단에서는 구구육다구($9 \times 9 = 69$)이고, 십십팔다사($┼ \times ┼ = 84$)이며, 더더십다일($╪ \times ╪ = ┼1$)이다.

---

* 영어의 eleven도 '하나 더'라는 뜻이다.
** '다'는 전체를 뜻한다. 영어의 'dozen'은 '열둘'을 의미하는 라틴어에서 유래하였다.

연습문제

1. 200자 원고지에 큰 자연수를 서술하여, 친구가 서술한 것과 비교하여 누가 큰 수를 서술하였는지 내기하여보라.
2. $\sqrt{3}$ 을 연분수로 나타내어보라.
3. 오일러L. Euler는 자연수 n에 대하여, n 이하의 자연수 중에서 n과 서로소인 자연수의 개수를 그리스 문자 φ(phi)를 사용하여 $\varphi(n)$으로 두었다. 예를 들어

$$\varphi(1) = 1, \ \varphi(2) = 1, \ \varphi(3) = 2, \ \varphi(4) = 2, \ \varphi(5) = 4,$$
$$\varphi(6) = 2, \ \varphi(7) = 6, \ \varphi(8) = 4, \ \varphi(9) = 6, \ \varphi(10) = 4$$

이다.
   (1) 서로소인 자연수 a와 b에 대하여 $\varphi(ab)=\varphi(a) \cdot \varphi(b)$임을 보이라.
   (2) p가 소수이면, 임의의 자연수 n에 대하여 $\varphi(p^n) = p^n - p^{n-1}$임을 보이라.
   (3) 자연수 n의 모든 약수 d에 대하여 $\varphi(d)$를 다 더하면 어떤 자연수를 얻을까?

풀이

1. 이 문제는 영국 옥스퍼드 대학의 사서로 있던 베리G. Berry가 러셀B. Russell에게 말하여 유명해진 패러독스와 관련이 있다. 한글(그것이 무슨 뜻이던지 간에) 또는 컴퓨터 자판에 있는 기호를 합성하여 만든 200자로 서술할 수 있는 자연수는 유한개뿐이다. 따라서 200자로 서술하지 못하는 많은 자연수가 있고, 그중에는 가장 작은 수가 있다. 그러나 '200자로 서술하지 못하는 자연수 중에서 가장 작은 수'는 (빈칸을 포함하여) 30여 자로 서술하였다. 이러한 모순을 '베리 패러독스'라고 한다. 베리 패러독스의 원인은 '서술한다'는 말의 의미가 분명하지 않는 데에 있다. 베리 패러독스와 괴델의 불완전성 정리와의 관계에 관심있는 사람은 체이틴G. Chaitin의 연구를 살펴볼 것.
2. $\sqrt{3} = 1 + \varepsilon$ 으로 두면,

$$\varepsilon = \sqrt{3} - 1 = \cfrac{1}{\cfrac{\sqrt{3}+1}{2}} = \cfrac{1}{\cfrac{\varepsilon+2}{2}} = \cfrac{1}{1+\cfrac{\varepsilon}{2}} = \cfrac{1}{1+\cfrac{1}{1+\cfrac{\varepsilon}{2}}} = \cfrac{1}{1+\cfrac{1}{2+\varepsilon}}$$

을 얻는다. 따라서 $\sqrt{3} = [\,1, 1, 2, 1, 2, 1, 2, \cdots\,] = [\,1, \dot{1}, \dot{2}\,]$이다.

3. 이 문제를 풀기 전에 《손자산경孫子算經》에 나오는 **중국의 나머지 정리**(중국잉여정리中國剩餘定理, Chinese Remainder Theorem)를 소개한다. 먼저 자연수 n에 대하여 $Z_n := \{\,0, 1, \cdots, n-1\,\}$로 두고 정수 z를 자연수 n으로 나누고 난 나머지를 $\mathrm{mod}_n(z)$라고 하자. 중국의 나머지 정리는 '두 자연수 a와 b가 서로소이면, 임의의 $x \in Z_a$와 $y \in Z_b$에 대하여 a로 나누면 나머지가 x이고, b로 나누면 나머지가 y인 자연수 z가 존재한다'는 명제이다. 이 정리의 증명은 다음과 같이 할 수 있다. 부록 '어둠 속의 빛' 장의 '서로소 정리'에서 $al - bm = y - x$를 만족시키는 정수 l, m이 존재함을 안다. 따라서 $z = al + x$로 두면, $z = bm + y$이므로 원하는 것을 얻게 된다.

중국의 나머지 정리에서 z가 해이면, $z + ab$도 해이므로 함수
$$(\mathrm{mod}_a \times \mathrm{mod}_b) : Z_{ab} \to Z_a \times Z_b \quad \cdots\cdots (*)$$
는 전단사全單射, bijective, one-to-one and onto함수임을 안다.

(1) Z_n의 원소 중에서 n과 서로소인 것들로 이루어진 집합을 $Z_n^\times$라고 두자. 그러면 집합 $Z_n^\times$의 원소의 개수는 $\phi(n)$이다. 또 ab와 서로소인 정수는 a와도 서로소이고, b와도 서로소이므로 함수 $(*)$는 전단사함수
$$(\mathrm{mod}_a, \ \mathrm{mod}_b)^\times : Z_{ab}^\times \to Z_a^\times \times Z_b^\times$$
를 유도한다. 따라서 집합 $Z_{ab}^\times$와 집합 $Z_a^\times \times Z_b^\times$의 원소의 개수는 같다.

(2) p가 소수이면, Z_{p^n}의 원소 중에 p와 서로소가 아닌 것은 모두 p의 배수이다. 이들은 $0, p, 2p, 3p, \cdots, (p^{n-1}-1)p$ 등 모두 p^{n-1}개이므로, 원하는 답을 얻는다.

(3) 답은 n이다.

태초에 말씀이 있었으니

연습문제

1. 실수가 어떤 것인지 생각하여보자.
2. '인간은 만물의 척도'라는 말을 한 프로타고라스라는 소피스트와 피타고라스가 태어난 해의 차이는 100년 정도인가?

천구의 화음

$\log_2(3/2)$의 연분수 표현 [0, 1, 1, 2, 2, 3, 1, 5, 2]에서 '다가가는 유리수열'을 얻는 방법은 다음과 같다 ['어둠 속의 빛' 장 참고].

단계(k)	0	1	2	3	4	5	6	7	8	9
q_k	0	1	1	2	2	3	1	5	1	⋯
분자(N_k)	1	0	1	1	3	7	24	31	179	389
분모(D_k)	0	1	1	2	5	12	41	53	306	665
체크(H_k)	1	−1	1	−1	1	−1	1	−1	1	

분자들(N_k)과 분모들(D_k)은 점화식

$$N_{k+1} = q_k N_k + N_{k-1}, \quad N_0 = 1, \ N_1 = 0$$
$$D_{k+1} = q_k D_k + D_{k-1}, \quad D_0 = 1, \ D_1 = 0$$

에 의하여 정해진다. 또 $H_k = N_k D_{k+1} - N_{k+1} D_k$로 두면 $H_k = (-1)^k$임을 확인하여 검셈할 수 있다.

그림, 다시 태어나

조화평균: 윗변과 아랫변의 길이가 각각 a, b인 사다리꼴 ABCD에서 두 대각선의 교점 E를 지나는 '수평선'을 그으면, 윗변의 길이와 아랫변의 길이의 조화평균인 $\dfrac{2ab}{a+b}$를 길이로 가지는 선분 FG를 얻는다.

그 이유는 다음과 같다. 먼저

$$\triangle \text{EDA} \backsim \triangle \text{EBC}$$

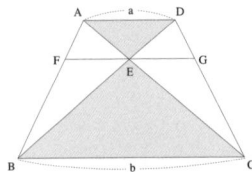

이고, 닮음비가 $a:b$ 임을 안다. 그러므로

$$AE : CE = a : b \quad \cdots\cdots ①$$
$$DE : BE = a : b \quad \cdots\cdots ②$$

이다. 그러므로

$$AE : AC = a : (a+b) \quad \cdots\cdots ①'$$
$$DE : DB = a : (a+b) \quad \cdots\cdots ②'$$

이다. 한편

$$\triangle AFE \backsim \triangle ABC$$

이고 ①'에서 닮음비가 $a:(a+b)$ 이므로

$$FE : BC = a : (a+b)$$

이다. 그러므로

$$FE = \frac{ab}{a+b} \quad \cdots\cdots ①''$$

이다. 마찬가지로

$$\triangle DBG \backsim \triangle DBC$$

이고 ②'에서 닮음비가 $a:(a+b)$ 이므로

$$EG : BC = a : (a+b)$$

이다. 그러므로

$$EG = \frac{ab}{a+b} \quad \cdots\cdots ②''$$

이다. 그러므로 ①''과 ②''에서

$$FG = FE + EG = \frac{2ab}{a+b}$$

를 얻는다.

다음 그림에서 OH가 OA, OB의 조화평균일 필요충분조건은

$$OA : OB = AH : HB$$

이다.

그 이유는 다음과 같다. 먼저 OA, OB, OH를 각각 a, b, h로 두고, OH가 OA와 OB의 조화평균이라고 하자. 그러면 $\dfrac{1}{h} = \dfrac{1}{2}\left(\dfrac{1}{a} + \dfrac{1}{b}\right)$이고, 그러므로

$$\dfrac{1}{a} - \dfrac{1}{h} = \dfrac{1}{h} - \dfrac{1}{b}$$

이다. 따라서

$$a : b = ah\left(\dfrac{1}{a} - \dfrac{1}{h}\right) : bh\left(\dfrac{1}{h} - \dfrac{1}{b}\right) = (h - a) : (b - h)$$

를 얻는다. 이 식이 바로 OA : OB = AH : HB를 의미한다. 역으로 이 등식은 OH가 OA, OB의 조화평균임을 알려준다.

다음 그림은 두 정사각형의 대각선 AB_1과 A_1B_2가 서로 평행이라 화면의 우측 소실점 D에서 만나는 것을 보여주는 그림이다. 이때 $\overline{AB}, \overline{A_1B_1}, \overline{A_2B_2}$가 조화수열이라는 것을 본문과 다른 방법으로 보여보자.

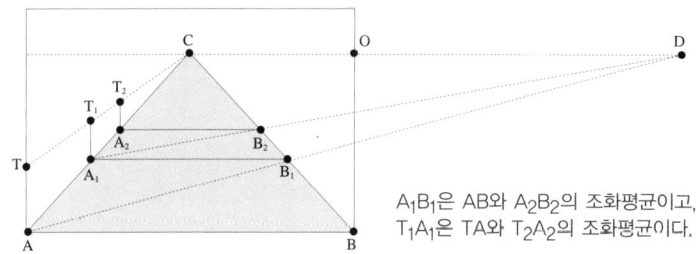

A_1B_1은 AB와 A_2B_2의 조화평균이고, T_1A_1은 TA와 T_2A_2의 조화평균이다.

그러기 위해서는 $\overline{CB_2}, \overline{CB_1}, \overline{CB}$가 조화수열을 이룬다는 것을 보이면 된다. 먼저 $\triangle CDB_2 \backsim \triangle B_1A_1B_2$이므로

$$\overline{CB_2} : \overline{B_2B_1} = \overline{CD} : \overline{A_1B_1} \quad \cdots\cdots ①$$

이고 $\triangle CDA \backsim \triangle A_1B_1A$이므로

$$\overline{CD} : \overline{A_1B_1} = \overline{AD} : \overline{AB_1} \quad \cdots\cdots ②$$

이다. 또 $\triangle CDB_1 \infty \triangle BAB_1$ 이므로
$$\overline{AD} : \overline{AB_1} = \overline{BC} : \overline{BB_1} \cdots\cdots ③$$
이다. 따라서 ①, ②, ③에 의하여
$$\overline{CB_2} : \overline{B_2B_1} = \overline{CB} : \overline{B_1B}, \text{ 즉 } \overline{CB_2} : \overline{CB} = \overline{B_2B_1} : \overline{B_1B}$$
를 얻는다. 따라서 $\overline{CB_2}, \overline{CB_1}, \overline{CB}$ 는 조화수열을 이룬다.

더불어 사는 사회, 민주주의

연습문제 해답

1. 1) A > C > B   2) B > C > A   3) C > B > A   4) C > A > B
2. 1) 을   2) 을   3) 갑
3. A, B
4. 41, 31
5. 당선 표수 12, 당선자 B, C
6. 1) 예   2) 예

공평한 분배

1. 집합 C에서 그것의 부분집합 S에 대한 개인의 **가치**란 0 또는 양수 $\mu(S)$로 나타낼 수 있다(이때 가치가 1이라는 것의 의미는 '1원', '2만 원', '3달러', '4m', '5kg' 등 개인과 상황에 따라 다를 수 있다). 좀 더 엄밀하게 집합 C는 **측도가능공간**measurable space이고, 함수 μ는 **측도함수**라고 말하면 충분히 적합하다. 집합 C의 부분집합 전체로 이루어진 집합을 P(C)라고 하면, 측도함수는 C의 부분집합들에 양수, 0 또는 ∞를 대응시키는 함수
$$\mu : P(C) \cdots \rightarrow [0, \infty]$$
로서 다음과 같은 성질을 가지고 있는 것을 뜻한다.

   1) μ의 값이 정의되는 C의 부분집합을 '측도가능집합'이라 할 때, μ의 정의역은 σ-**대수**algebra이다. 즉,

i) 공집합은 측도가능하다.
　　ii) S가 측도가능하면, S의 여집합도 측도가능하다.
　　iii) $S_1, S_2, \cdots$ 가 측도가능하면, 이들의 합집합 $S_1 \cup S_2 \cup \cdots$ 도 측도가능하다.
2) $\mu(\emptyset) = 0$
3) $S_1, S_2, \cdots$ 가 서로 공통부분이 없고 측도가능하면, $\mu(S_1 \cup S_2 \cup \cdots) = \mu(S_1) + \mu(S_2) + \cdots$ 이다.

본문에서 다룬 '연속적인 가치를 가지는 함수' μ는 다음과 같은 성질이 있다고 가정하고 있다.

　　임의의 측도가능집합 S랑 $0 \leq v \leq \mu(S)$를 만족시키는 임의의 v에 대하여, $S' \subset S$이며 $\mu(S') = v$를 만족시키는 측도가능집합 S'이 존재한다.

하지만 본문의 많은 경우는 이와 같은 강한 가정이 없어도 성립한다.

2. **햄-샌드위치 정리** : 공간, 즉 삼차원 유클리드 공간에 세 개의 부분집합 A, B, C가 있다고 하자. 또 공간 속의 평면 H에 대하여 두 부분으로 나누어진 공간을 H^+와 H^-라고 하고,

$$A^+ := A \cap H^+, \quad B^+ := B \cap H^+, \quad C^+ := C \cap H^+$$
$$A^- := A \cap H^-, \quad B^- := B \cap H^-, \quad C^- := C \cap H^-$$

라고 두자(기호 := 는 그 좌변에 있는 용어를 우변의 뜻으로 정의할 때 사용하였다. 모자 기호 ∩ 은 두 집합의 공통부분, 즉 교집합을 뜻함). 이때 슈타인하우스는 동시에 A^+와 A^-의 부피가 같고, B^+와 B^-의 부피도 같고, C^+와 C^-의 부피도 같게 되는 그러한 평면 H 가 존재한다는 사실을 발견하였다. 공간의 임의의 부분집합에 대하여 '부피'라는 개념은 매우 어려우므로, 이 정리를 위하여 A, B, C는 '옹골 집합'이라고 가정한다. 유클리드 공간의 부분집합이 옹골 집합이라는 것은 그 직경*이 유한하고, 닫힌 집합이라는 뜻이다. 햄-샌드위치 정리의 이차원 형태는 다음과 같다.

평면에 옹골 집합 A와 B가 있다고 하자. 이때 A와 B의 넓이를 동시에 반으로 나누는 직선 *l*이 존재한다.

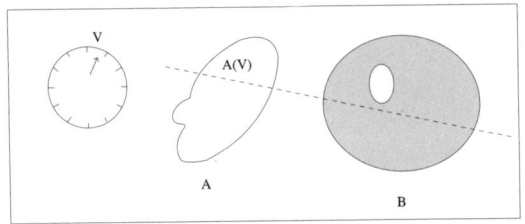

이차원의 경우 정리의 증명은 비교적 쉽다. 먼저 평면에 놓여있는 둥근 원 모양의 시계를 상상한다. 이 시계는 원의 중심에 바늘이 하나 붙어있고, 바늘의 끝은 원의 점을 가리킨다. 바늘이 가리키는 점을 '단위 벡터'라고 부르기로 한다. 이제 단위 벡터 v에 대하여 v와 수직이고 B의 넓이를 정확하게 반으로 나누는 직선을 생각하자. 이 직선에 대하여 v방향의 반평면을 *l*(v)라 하고, A중에서 *l*(v)에 속하는 부분의 상대 넓이를 A(v)라고 하자. 그러면
$$A(v) + A(-v) = 1$$
임은 분명하다. 한편 단위 벡터가 움직여 v에서 −v로 가는 동안 A(v)는 연속적으로 변하여 A(−v)가 되므로, 중간값 정리 덕분에 그 사이에 $A(v) = \frac{1}{2}$ 이 되는 순간이 존재함을 안다. 이때가 바로 A도 두 조각으로 나누어지는 때이다. **(증명 끝)**

삼차원 햄-샌드위치 정리의 증명도 다음과 같이 할 수 있다. 먼저 구면 시계를 하나 상상한다. 이 시계는 구의 중심에 바늘이 붙어있고, 바늘의 다른 끝은 구면의 한 점을 가리킨다. 이 구면 시계의 바늘이 가리키는 점을 '단위 벡터'라고 부르기로 한다.

■ 임의의 두 점 사이의 '거리distance'라는 개념을 가진 집합 S 의 직경diameter이란 그 집합의 두 점 사이의 최장거리를 뜻한다:

$$\text{diameter}(S) := \sup\{ \text{distance}(p,q) \mid p, q \in S \}.$$

먼저 단위 벡터 v와 수직이고 C를 반으로 나누는 평면을 생각하자. 이 평면에 대하여 v방향의 반공간을 H(v)라 하자. 그리고 A중에서 H(v)에 속하는 부분의 비율을 A(v)라 하고, B중에서 H(v)에 속하는 비율을 B(v)라 하자.

그러면 좌표평면에서 점 (A(v), B(v))는 정사각형 $[0,1] \times [0,1]$에 속하는 점이다. 한편

$$A(v) + A(-v) = 1, \quad B(v) + B(-v) = 1$$

이므로 (A(v), B(v))와 (A(-v), B(-v))는 정사각형의 중심 $(\frac{1}{2}, \frac{1}{2})$에 대하여 대칭이다.

이제 시계 바늘, 즉 단위벡터 v를 구면을 따라 '반극점' -v까지 변화시킨 다음, 그동안 이동한 궤도의 반극점을 따라 다시 v로 되돌아오는 고리를 생각한다(또는 구면의 대원을 따라 한 바퀴 도는 고리를 생각한다). 이 고리의 상이 정사각형 내부에 고리를 만들고 그 고리는 중심 $(\frac{1}{2}, \frac{1}{2})$에 대하여 대칭이다. 이제 단위 벡터들로 이루어진 고리를 축약하면, 정사각형의 내부의 고리도 축약되면서 중심 $(\frac{1}{2}, \frac{1}{2})$을 지나게 된다(이 과정에서 구면의 기본군 fundamental group이 자명하다는 사실을 이용하였다). 이때가 바로 A, B가 각각 반으로 나누어지는 때이다. **(증명 끝)**

햄-샌드위치 정리는 삼차원뿐 아니라 일반적인 차원에서 성립하며, n차원 유클리드 공간에서 n개의 옹골 집합의 각 부피를 정확하게 반으로 나누는 초평면이 존재한다. 더 나아가 부피의 경우뿐 아니라, 각 부분집합에 주어진 연속측도에 대하여도 성립한다. 이러한 존재 정리는 구체적인 방법을 제시하지는 않고 단지 존재한다는 것만 주장한다.

연습문제 해답(일부)

1. 평행분할법으로 구역을 나누어 경비한다.
5. 분할선택법으로 3:1로 나눌 수 있다. 먼저 갑이 떡을 두 조각으로 나눈다. 을은 그중 한 조각을 갑에게 주고, 남은 조각을 다시 두 조각으로 나눈다. 갑

은 을이 만든 조각 중 하나를 가진다. 을은 남은 조각을 가진다.
10. 처음에 B와 C지역에 한 자리씩 배정되었으나, A지역의 인구 비율의 변화가 없이, B지역의 인구 비율이 줄고, C지역의 인구 비율이 늘어난 결과로, B지역에 배정되었던 한 자리가 C지역이 아닌 A지역에 배정되는 모순.
11. 함수 $y = [ax]$의 불연속점 x는 $1/a$의 정수배이다. 이 불연속점 전후로 함숫값의 차이는 1이다. 또 $y = [ax] + [bx]$의 불연속점 x는 $1/a$ 또는 $1/b$의 정수배이다. 이때 x가 $1/a$의 정수배이고 동시에 $1/b$의 정수배이면, 이 점 전후로 함숫값의 차이는 2이다.
12. 해밀턴Hamilton, 웹스터Webster, 아담스Adams, 헌팅턴-힐Huntington-Hill법에서는 갑 38개, 을 24개, 병 18개의 금화를 배정 받고, 제퍼슨Jefferson법에서는 각각 39, 24, 17개씩 배정 받는다.

추가 연습문제

13. n개의 지역에 인구 비례로 T명을 변환 정원법을 사용하여 배정한다고 하자. 이때의 조정 비율을 r이라고 하자.
    (1) 변환 하정원법에서는 $1 \leq r < 1+n/T$임을 보이라.
    (2) 변환 상정원법에서는 $1-n/T < r \leq 1$임을 보이라.
    (3) 변환 반올림 정원법에서는 $1-n/(2T) \leq r \leq 1+n/(2T)$임을 보이라.
14. 서로 다른 두 양수의 기하평균은 산술평균보다 작음을 증명하라.
15. 조화평균올림법이란 무슨 뜻일까?

어둠 속의 빛

'서로소 정리'의 증명

이 새로운 증명은 구체적으로 해를 구하는 방법을 알려주는 '구성적인constructive 증명' 이 아니고, 해가 존재한다는 것만 밝히는 '존재 증명' 이다."

정리 : 두 자연수 a와 b가 서로소이면, 방정식

$$ax \equiv 1 \pmod{b}$$

를 만족시키는 정수 x가 존재한다.

(증명) 먼저 0, 1, ⋯, b−1 중에서 b와 서로소인 것들을 (그리고 그것들만) 다 모은 집합을 S라고 하자. 물론 1이 S의 원소이므로, S는 '헛된[空]' 집합은 아니다. 이제 S의 임의의 원소 x를 a배한 다음 b로 나눈 나머지를 r(x)라고 하자. 그러면 r(x)는 여전히 b와 서로소이고, 따라서 함수

$$r : S \to S$$

를 얻는다. 함수 r은 일대일함수이므로**, r은 전사함수***이다. 특히 방정식을 만족시키는 x가 존재함을 안다. **(증명끝)**

페르마의 작은 정리의 증명

a와 p가 서로소이므로 집합
$$S := \{a, 2a, 3a, \cdots, (p-1)a\}$$
의 원소들은 p를 법으로 모두 다르다는 것을 알 수 있다. 따라서 p-법산에서 집합 S는 집합 $\{1, 2, 3, \cdots, p-1\}$과 같음을 안다. 따라서 p-법산에서
$$a \cdot 2a \cdot 3a \cdots (p-1)a \equiv 1 \cdot 2 \cdot 3 \cdots (p-1) \pmod{p}$$
이고, 따라서
$$a^{p-1} \equiv 1 \pmod{p}$$
이다. **(증명끝)**

---

* '구성적인 증명'은 그 과정이 복잡하거나 지루할 수 있고, '존재 증명'은 요술과 같은 느낌을 줄 수 있다.
** 그 이유는 다음과 같다. S의 두 원소 x_1과 x_2에 대하여 $r(x_1)=r(x_2)$이라고 하자. 그러면 $ax_1 \equiv ax_2 \pmod{b}$이고 $a(x_1-x_2)$는 b의 배수이다. 그러므로 $x_1=x_2$이다. 따라서 r은 일대일함수이다.
*** 함수 f가 '전사全射, surjective'라는 뜻은 공역의 임의의 원소 y에 대하여, 정의역의 어떤 원소 x가 등식 f(x) = y를 만족시킨다는 뜻이다. 유한집합에서 정의된 '자기 함수self map'가 일대일함수라는 조건은 그 함수가 전사함수라는 것과 동치이다. 그 이유는 '여러 비둘기가 그들보다 적은 수의 방에 들어있으면, 두 마리 이상이 들어있는 방이 있다'는 '비둘기 집 원리pigeonhole principle'에서 알 수 있다. 비둘기 집 원리는 1834년에 독일의 디리클레Lejeune Dirichlet(1805~1859)가 명시하였고, 그는 '서랍 원리Schubfachprinzip'라고 불렀다.

오일러 작은 정리

오일러는 φ 함수를* 이용하여 페르마의 작은 정리를 확장하였다.

두 자연수 a와 n이 서로소이면
$$a^{\varphi(n)} \equiv 1 \pmod{n}$$
이다.

RSA 정리와 증명

서로 다른 소수 p, q와 두 자연수 e, d에 대하여
$$ed \equiv 1 \pmod{(p-1)(q-1)}$$
이면, 임의의 자연수 m에 대하여
$$(m^e)^d \equiv m \pmod{pq}$$
이다.

(증명) 먼저 어떤 자연수 k에 대하여
$$ed = k(p-1)(q-1) + 1$$
로 둘 수 있다. 따라서 우리는
$$m^{k(p-1)(q-1)+1} \equiv m \pmod{pq} \quad (*)$$
를 증명하여야 한다. m과 pq의 최대공약수는 1, p, q 또는 pq이므로 다음 각 경우로 나누어 증명한다.

m과 pq가 서로소인 경우 :

이때 $m^{k(p-1)}$은 q와 서로소이고, 따라서 페르마의 작은 정리 덕분에
$$m^{k(p-1)(q-1)} = (m^{k(p-1)})^{q-1} \equiv 1 \pmod{q}$$
를 얻는다. 마찬가지 이유로
$$m^{k(p-1)(q-1)} = (m^{k(q-1)})^{p-1} \equiv 1 \pmod{p}$$
를 얻는다. 따라서
$$m^{k(p-1)(q-1)} \equiv 1 \pmod{pq}$$

---

* 부록 '수와 표상' 장 참조.
■■ 소수 p, q에 대하여 p로 나누어도 1이 남고, q로 나누어도 1이 남는 수는 pq로 나누어도 1이 남는다. 위 등식은 오일러의 작은 정리의 결과로 볼 수 있다.

이다.*** 그러므로 양변에 m을 곱하면 (*)를 얻는다.

m과 pq의 최대공약수가 p인 경우 :

이때에는 $m^{k(p-1)}$은 q와 서로소이고, 따라서 페르마의 작은 정리 덕분에
$$m^{k(p-1)(q-1)} = (m^{k(p-1)})^{q-1} \equiv 1 \pmod{q}$$
를 얻는다. 양변에 p를 곱하면
$$m^{k(p-1)(q-1)}p \equiv p \pmod{pq}$$
를 얻고, 따라서 (*)를 얻는다.

m과 pq의 최대공약수가 q인 경우 :

이때에는 앞의 경우와 같은 방법으로 밝힐 수 있다.

m과 pq의 최대공약수가 pq인 경우 :

이때에는 m이 pq의 배수이므로 등식 (*)가 당연히 성립한다. **(증명끝)**

연습문제 해답

1. 3리터 항아리에 물을 가득 담아, 비어있는 5리터 항아리에 모두 붓고, 다시 3리터 항아리에 물을 가득 담아, 5리터 항아리를 채우고 나면, 3리터 항아리에 남아있는 것이 1리터이다.
2. 수평저울의 왼쪽 접시에 5g분동 세 개를 올리고, 오른쪽 접시에 7g분동 두 개와 1g짜리를 올려 수평을 확인한다 : $3 \times 5 = 2 \times 7 + 1$.
5. $2^{2012} = (2^{100})^{20} \cdot 2^{10} \cdot 2^2 \equiv 1 \cdot 1024 \cdot 4 \equiv 14 \cdot 4 = 56 \pmod{101}$

게임의 법칙

명중률이 각각 a, b인 두 선수 A, B가 매회 순서를 정하여 차례로 한 방씩 상대편이 들고 있는 풍선을 겨냥하여 쏘는 것을 어느 한 풍선이 터질 때까지 계속할 때, 각 선수의 이길 확률은 어떻게 될까?

먼저, $\bar{a} = 1 - a$, $\bar{b} = 1 - b$로 두면, 매회 후에 일어나는 경우와 확률은 다음과 같다.

매회 후 생존자	게임의 순서		(평균) 확률
	AB	BA	
A, B	$\bar{a}\,\bar{b}$	$\bar{a}\,\bar{b}$	$\bar{a}\,\bar{b}$
A	a	$\bar{b}\,a$	$a(1-b/2)$
B	$\bar{a}\,b$	b	$(1-a/2)b$
합계	1	1	1

이때 A가 이길 확률을 $p(a,b)$라고 두면, 위 표에서 등식

$$p(a,b) = \bar{a}\,\bar{b} \times p(a,b) + a(1-b/2)$$

를 얻고 따라서

$$p(a,b) = a(1-b/2)(a+b-ab)$$

이다. B가 이길 확률은 당연히 $p(b,a)$이고, 따라서

$$p(a,b) + p(b,a) = 1$$

을 확인할 수 있다.

☆ ★ ☆

명중률이 각각 a, b, c인 세 선수 A, B, C가 매회 순서를 무위로 정하여 차례로 한 방씩 상대편 중 한 명을 겨냥하여 쏠 때, 각 선수들의 생존율은 어떻게 될까?

이때에는 A, B, C 선수가 자신의 차례에 누구를 겨냥할 것인가에 따라 결과가 달라진다. 예를 들어, B와 C가 모두 A를 겨냥하고, A는 B를 겨냥하는 전략을 쓰는 경우를 살펴보자.

먼저 2인 경기 때처럼 매회 경기 후에 일어나는 경우를 조사하면 된다. 앞에서처럼 $\bar{a}=1-a$, $\bar{b}=1-b$, $\bar{c}=1-c$로 두었다.

매회 후 생존자	게임의 순서						확률 (평균)
	ABC	ACB	BCA	BAC	CAB	CBA	
A, B, C	$\bar{a}\bar{b}\bar{c}$	$\bar{a}\bar{b}\bar{c}$	$\bar{a}\bar{b}\bar{c}$	$\bar{a}\bar{b}\bar{c}$	$\bar{a}\bar{b}\bar{c}$	$\bar{a}\bar{b}\bar{c}$	$\bar{a}\bar{b}\bar{c}$
A, B	0	0	0	0	0	0	0
B, C	$\bar{a}(\bar{b}c+b\bar{c})$	$\bar{a}(\bar{b}c+b\bar{c})$	$\bar{b}c+b\bar{c}$	$\bar{a}\bar{b}c+b\bar{c}$	$\bar{a}\bar{b}\bar{c}+\bar{b}c$	$\bar{b}c+b\bar{c}$	$(1-a/2)(b+c-2bc)$
C, A	$a\bar{c}$	$a\bar{c}$	$\bar{a}\bar{b}\bar{c}$	$a\bar{b}\bar{c}$	$a\bar{c}$	$a\bar{b}\bar{c}$	$a(1-b/2)\bar{c}$
A	0	0	0	0	0	0	0
B	0	$\bar{a}bc$	0	0	bc	bc	$(3-a)bc/6$
C	$(a+\bar{a}b)c$	ac	bc	$(b+a\bar{b})c$	0	0	$(3a+3b-2ab)c/6$
합계	1	1	1	1	1	1	1

그러므로 A, B, C가 생존할 확률을 각각 p_A, p_B, p_C라고 두면

$$p_A = \bar{a}\bar{b}\bar{c} \times p_A + a(1-b/2)\bar{c} \times p(a,c)$$
$$p_B = \bar{a}\bar{b}\bar{c} \times p_B + (1-a/2)(b+c-2bc) \times p(b,c) + (3-a)bc/6$$
$$p_C = \bar{a}\bar{b}\bar{c} \times p_C + (1-a/2)(b+c-2bc) \times p(c,b) + (3a+3b-2ab)c/6$$

이 성립함을 알 수 있다. 이 식에서 p_A, p_B, p_C를 구할 수 있다.

☆ ★ ☆

행렬게임 $\begin{pmatrix} a & b \\ c & d \end{pmatrix}$ 에서 $\min(a,d) > \max(b,c)$이거나 또는 $\max(a,d) < \min(b,c)$ 일 때,* 갑은 제1전략과 제2전략을 $|c-d|$: $|a-b|$의 비로 혼합하고, 을은 제1전략과 제2전략을 $|b-d|$: $|a-c|$의 비로 혼합하는 것이 최선의 전략이며, 이 때 게임값은 $(ad-bc)/(a+d-b-c)$이다.

---

* 실수집합 A의 최솟값을 min A, 최댓값을 max A로 둔다.

☆ ★ ☆

다음은 모두 비결정적인 행렬 게임들의 보기이다.

-2	0	7
3	0	-2

0	3	6
7	1	4
5	8	2

0	-2	0	-3
-2	1	-1	2
2	0	2	1

3	0	3	0	3
-1	2	-1	2	2
1	-2	1	1	-2
-3	0	0	-3	0

연습문제 해답 · 풀이

1. (1) 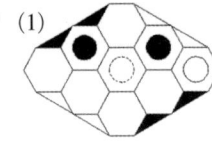 (2) 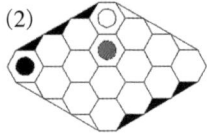 (3)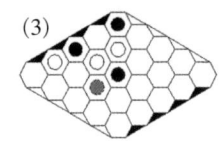

2.
    (1) 최대최소항과 최소최대항은 모두 (2, 2)항이고, 따라서 이 게임은 결정적인 게임이다. 또 게임값이 0이므로, 공평한 게임이다.
    (2) (A) 최대최소항과 최소최대항은 모두 (1, 3)항이고, 따라서 이 게임은 결정적인 게임이다. 또 게임값은 -1이다.
    (B) 최대최소항과 최소최대항은 모두 (3, 2)항이고, 따라서 이 게임은 결정적인 게임이다. 또 게임값은 -1이다.

3.
  (1) 갑은 5 : 1의 전략을, 을은 5 : 4의 전략을 써야하고, 이때 게임값은 $-1/3$ 이다. 그러므로 이 게임은 을에게 유리하다.
  (2) 갑은 3 : 2의 전략, 을은 4 : 1의 전략이 최선이고, 이때 게임값은 $7/5$이다.
  (3) 갑은 3 : 1, 을은 1 : 1의 전략이 최선이고, 게임값은 $3/2$이다.

4. 갑의 전략을 $x = (x_1, x_2, 1 - x_1 - x_2)$로, 을의 전략을 $y = (y_1, y_2, 1 - y_1 - y_2)$로 두자. 그러면 기댓값은
$$E = x_1(-y_2 + (1 - y_1 - y_2)) + 2x_2(y_1 - (1 - y_1 - y_2))$$
$$+ 3(1 - x_1 - x_2)(-y_1 + y_2) \cdots (*)$$
이다. 이 식을 x_1, x_2에 대하여 정리하면
$$E = x_1(1 + 2y_1 - 5y_2) + x_2(-2 + 7y_1 - y_2) + 3(-y_1 + y_2)$$
를 얻는다. 이 식에서 을은 x_1과 x_2의 계수가 0이 되는 전략을 하여야하므로, 을의 전략은 연립방정식
$$1 + 2y_1 - 5y_2 = 0, \quad -2 + 7y_1 - y_2 = 0$$
을 만족시킨다. 따라서
$$y = (1/3, 1/3, 1/3)$$
이고, 이때 기댓값은 $3(-y_1 + y_2) = 0$이다.
  마찬가지로 식 (*)를 y_1, y_2에 대하여 정리하면
$$E = y_1(-3 + 2x_1 + 7x_2) + y_2(3 - 5x_1 - x_2) + (x_1 - 2x_2)$$
를 얻고, 따라서 연립방정식
$$-3 + 2x_1 + 7x_2 = 0, \quad -3 + 5x_1 + x_2 = 0$$
을 풀면
$$x = (6/11, 3/11, 2/11)$$
을 얻고, 이로부터 또 다시 게임값이 $x_1 - 2x_2 = 0$임을 확인할 수 있다. 그러므로 이 게임은 공평한 게임이다.

5. 이 문제의 풀이는 n이 짝수일 때와 홀수일 때에 따라 다르다. n이 짝수일 때에 여우는 1번 굴과 2번 굴에 합이 $2/n$의 확률로 숨고, 3번 굴과 4번 굴에도

합이 $2/n$의 확률로, 마찬가지로 계속하여, 맨 마지막 두 개의 굴에도 합이 $2/n$의 확률로 숨는 것이 최선의 전략이다. 또 포수는 $2/n$, 0, $2/n$, 0, $\cdots$, 0, $2/n$의 확률로 인접한 굴 사이를 공격하는 것이 최선의 전략이다. 이때 포수의 성공률은 $2/n$이다.

n이 홀수일 때에는 여우는 홀수 번째 굴에 각각 $2/(n+1)$의 확률로 숨는 것이 최선의 전략이고, 포수는 1번 굴과 2번 굴 사이를 각각 $2/(n+1)$의 확률로 공격하고, 나머지 홀수 번째 굴의 좌우를 각각 $2/(n+1)$의 확률로 공격하면 된다. 이때 포수의 성공률은 $2/(n+1)$이다.

6. (1), (2), (3)은 모두 (1행전략, 1열전략)과 (2행전략, 2열전략)이 평형상태이고, (4)는 (1행, 1열)만 평형 상태이다.

7. 먼저 5판3승제인 경우를 살펴보자. 처음과 두 번째에 심승에 각각 60원을 건다. 세 번째에 전적이 2 : 0 또는 0 : 2인 상황이면 40원을 심승에 걸고, 전적이 1 : 1이면 심승에 80원을 건다. 네 번째는 심승에 80원을 걸고, 그래도 승부가 나지 않고, 다섯 번째에도 걸어야한다면 이때 160원을 심승에 건다. 또 7판4승제인 경우는 처음에 심승에 50원을 걸어야된다.

| 참고문헌 |

저자가 추천하는 도서에는 ☆표를 하였다.

수와 표상

吉田洋一, 『零の發見 : 數字の生いたち』, 岩波書店, 1976. (요시다 요이지 지음, 김호춘 옮김, 《제로의 발견》, 대흥, 1990.)

K. Adler, *The Measure of All Things*, 2002. (켄 애들러 지음, 임재서 옮김, 《만물의 척도》, 사이언스북스, 2008.)

J. Barrow, *The Book of Nothing*, Vintage, 2000. (존 배로 지음, 고중숙 옮김, 《無O眞空》, 해나무, 2003.)

P. Bentley, *The Book of Numbers*, Firefly Books, 2008. (피터 벤틀리 지음, 유세진 옮김, 숫자, 《세상의 문을 여는 코드》, 성균관대학교 출판부, 2008.) 오역 많지만 ☆☆

C. Boyer, *A History of Mathematics* (1968), Princeton Univ. Press, 1985. (칼 보이어 지음, 양영오 · 조윤동 옮김, 《수학의 역사》, 경문사, 2000.)

_____, *The History of Calculus and Its Conceptual Development*, 1939. (칼 보이어 지음, 김경화 옮김, 《미분적분학사 - 그 개념의 발달》, 교우사, 2004.)

J. Bronowski, *The Ascent of Man*, 1973. (제이콥 브로노우스키 지음, 김은국 · 김현숙 옮김, 《인간 등정의 발자취》, 바다출판사, 2004.) ☆☆

F. Capra, *The Hidden Connections* (프리초프 카프라 지음, 강주헌 옮김, 《히든 컨넥션》, 휘슬러, 2002.)

B. Cirpa, *Rewriting History in What's Happening in the Mathematical Sciences*, Amer. Math. Soc. 5 (2002), pp. 54-59.

C. Cole, *The Hole in the Universe*, 2001. (C. 콜 지음, 김희봉 옮김, 《우주의 구멍》, 해냄, 2002.)

J. H. Conway, and R. K. Guy, *The Book of Numbers*, Copernicus, 1996. (존 콘웨이 · 리처드 가이 지음, 이진주 · 황용석 옮김, 《수의 바이블》, 한승, 2003.) ☆☆

T. Dantzig, *Number: The Language of Science*, 1930. (토비아스 단치히 지음,

조지포 마주르 엮음, 권혜승 옮김, 《수, 과학의 언어》, 한승, 2008.) ☆☆

K. Devlin, *The Language of Mathematics: Making the Invisible Visible.* (케이스 데블린 지음, 전대호 옮김, 《수학의 언어》, 해나무, 2003.) 번역한 제목은 '수학의 언어'이지만 '수학이라는 언어'가 더 적절해 보임. ☆☆

J. Diamond, *Guns, Germs, and Steel*, 1997. (제러드 다이아몬드 지음, 김진준 옮김, 《총, 균, 쇠》, 문학사상사, 1998.)

M. Gardner, *Nothing*, Scientific American, Feb. 1975; in *Mathematical Magic Show*, Math. Assoc. Amer. 1989; in *The Colossal Book of Mathematics*, W.W. Norton & Company, 2001.

──────, *PENROSE TILES TO TRAPDOOR CIPHERS ... and the Return of Dr. Matrix*, Math. Assoc. Amer., 1989, 1997.

──────, *The Mysterious Dr. Matrix*, in *The Second Scientific American Book of Mathematical Puzzles and Diversions*, Univ. Chicago Press, 1961, 1987.

P. Hoffman, *Archimedes' Revenge*, Fawcett Crest, 1988.

R. Kaplan, *The Nothing That Is: A Natural History of Zero*, 1999. (로버트 카플란 지음, 심재관 옮김, 《존재하는 무: 0의 세계》, 이끌리오, 2003.)

J. King, *The Modern Mumerology*, 1996. (존 킹 지음, 김량국 옮김, 《수와 신비주의》, 열린책들, 2001.)

R. Lamm, *The Humanities in Western Culture*, McGraw-Hill Co. Inc., 1996. (로버트 램 지음, 이희재 옮김, 《서양문화의 역사 I·II·III·IV》, 사군자, 2000.)

M. Livio, *The Golden Ratio*, Broadway Books, 2002.

R. Mankiewicz, *The Story of Mathematics*, Cassell & Co., 2000. (리처드 만키에비츠 지음, 이상원 옮김, 《문명과 수학》, 경문사, 2002.)

K. Menninger, *Zahlwort und Ziffer: Eine Kulturgeschichte der Zahl*, 1979. (카를 메닝거 지음, 김량국 옮김, 《수의 문화사》, 열린책들, 2005.)

M.-A. Ouaknin, *Mystères des chiffres*, Editions Assouline, 2003. (마르크 알랭 우아크냉 지음, 변광배 옮김, 《수의 신비》, 살림, 2006.) 번역 부실

R. Penrose, *Shadows of the Mind: a Search for the Missing Science of Consciousness*, Oxford Univ. Press, 1994.

C. Pickover, *The Loom of God*, 1997. (클리퍼드 픽오버 지음, 이상원 옮김, 《신의 베틀》, 경문사, 2002.)

E. Richards, *Mapping Time : The Calendar and its History* (R. 리처드 지음, 이민아 옮김, 《시간의 지도》, 까치, 2003.)

R. Rucker, *Infinity and the Mind*, Birkhäuser, 1982. ☆

M. Schneider, *A Beginner's Guide to Constructing the Universe*, 1994. (마이클 슈나이더 지음, 이충호 옮김, 《자연, 예술 과학의 수학적 원형》, 경문사, 2002) ☆

P. Rudman, *How Mathematics Happened: The First 50,000 Years*, 2007. (피터 루드만 지음, 김기웅 옮김, 《수학의 탄생》, 살림, 2009.)

C. Seife, *Zero: The Biography of a Dangerous Idea*. (찰스 사이프 지음, 홍종도 옮김, 《0을 알면 수학이 보인다》, 나노미디어, 2000.)

B. Werber, *L'Arbre des Possibles et autres histoires*. (베르나르 베르베르 지음, 이세욱 옮김, 《나무-수의 신비》, 열린책들, 2003.)

http://www.ams.org/featurecolumn/archive/india-zero.html

태초에 말씀이 있었으니

김명환 · 김홍종, 《현대수학입문》, 경문사, 2000.

김홍종, 《수학으로 과학보기》, 궁리, 2005.

김홍종, 〈데카르트〉, 전국수학교사 모임 특강, 2007.
  http://www.math.snu.ac.kr/~hongjong/MinC/Read/Descartes.pdf

이수윤, 《서양철학사》, 법문사, 1994. p. 143.

이정명, 《뿌리 깊은 나무 1》, 밀리언하우스, 2006, p. 220.

J. Campbell, *The Mystic Image*, Princeton Univ. Press, 1974. (조지프 캠벨 지음, 홍윤희 옮김, 《신화의 이미지》, 살림, 2006, p. 280.)

B. Cirpa, *Rewriting History in What's Happening in the Mathematical Sciences*, Amer. Math. Soc. 5 (2002), pp. 54-59.

J. H. Conway, and R. K. Guy, *The book of Numbers*, Copernicus, 1996. (존 콘웨이 · 리처드 가이 지음, 이진주 · 황용석 옮김, 《수의 바이블》, 한승, 2003.) ☆☆

B. d'Espagnat, *A la Recherche du Reel, Le Regard d'un Physicien*, BORDAS, Paris, 1979. (*In Search of Reality*, Springer-Verlag, 1983.)

A. K. Dewdney, *A Mathematical Mystery Tour : Discovering the Truth and Beauty of the Cosmos*, John Wiley & Sons, Inc. (A. K. 듀드니 지음, 박범수 옮김,《수학이 세상을 지배한다》, 이끌리오, 2000.)

R. Feynman, *Lectures on Computation*, Perseus Books Group, 2000.

P. Flusser, *A Triptych of Pythagorian Triples in Essays in Humanistic Mathematics* (A. White, Ed.), Math. Assoc. Amer. (1993), pp. 191-207.

K. Held, *Treffpunkt Platon*, Philipp Recalm jun, 1990. (클라우스 헬트 지음, 이강서 옮김,《지중해 철학기행》, 효형출판, 2007.) ☆☆

E. Kramer, *The Nature and Growth of Modern Mathematics*, Princeton Univ. Press, 1970.

R. Lamm, *The Humanities in Western Culture*, McGraw-Hill Co. Inc., 1996. (로버트 램 지음, 이희재 옮김,《서양문화의 역사 I》, 사군자, 2000, p. 132.)

M. Livio, *The Golden Ratio*, Broadway Books, 2002.

J.-P. Luminet, J. Weeks, A. Riazuelo, R. Lehoucq, and J.-P. Uzan, *Dodecahedral Space Topology as an Explanation for Weak Wide-angle Temperature Correlation in the Cosmic Microwave Background*, Nature 425 (2003), pp. 593-595.

M. Lüscher, *Das Harmoniegesetz in uns: der Klassiler der neuen Richtungen* (1985), Ullstein, 2003. (막스 뤼셔 지음, 김지혜 옮김,《우리 안의 조화의 법칙》, 까치, 2003.)

R. Mankiewicz, *The Story of Mathematics*, Cassell & Co., 2000. (리처드 만키에비츠 지음, 이상원 옮김,《문명과 수학》, 경문사, 2002, 제3장.)

P. Ovidius, *Metamophoses*. (오비디우스 지음, 이윤기 옮김,《변신이야기 2》, 민음사, 1998.)

T. Pappas, *Mathematical Footprints*, 1999. (테오니 파파스 지음, 서영조 옮김,《수학 스펙트럼》, 경문사, 2004.)

R. Penrose, *The Road to Reality : A Complete Guide to the Laws of the Universe*, Knopf, 2004. ☆☆

J. Strohmeier, and P. Westbrook, *Divine Harmony, The Life and Teaching of*

Pythagoras, Berkeley Hills Books, 1999, 2003.

C. Vamvacas, *Die Geburt der Philosophie*, 2006. (콘스탄틴 밤바카스 지음, 이재영 옮김,《철학의 탄생》, 알마, 2008.) ☆☆☆

M. Wertheim, *Pythagoras' Trousers*, 1995. (마가렛 버트하임 지음, 최애리 옮김,《피타고라스의 바지》, 사이언스북스, 1997.)

천구의 화음

권태욱,〈茶山 律論의 음악학적 고찰 -〈樂學軌範〉권1을 비교대상으로〉,《다산학》6호, 다산학술문화재단, 2005, pp. 33-71.

김성숙,〈음악 속의 수학이야기〉,《대한수학회 소식》제99호 (2005. 1.), pp. 11-19.

정약용,《樂書孤存》, 1816. (《규장각 자료 총서 - 예술편(三)》, 서울대학교 규장각 한국학 연구원, 2007.)

홍정수·허영한·오희숙·이석원,《음악학》, 심설당, 2005.

황준연,《한국전통음악의 樂調》, 서울대학교 출판부, 2005.

D. Bleecker, and G. Csordas, *Basic Partial Differential Equations*, International Press, 1996.

D. Boorstin, *Creators*, 1992 (대니얼 부어스틴 지음, 이민아·장석봉 옮김,《창조자들 2》, 민음사, 2002.) ☆

W. Boyce, and R. DiPrima, *Elementary Differential Equations and Boundary Value Problems*, John Wiley and Sons, Inc., 2005.

M. Braun, *Differential Equations and Their Applications*, Springer-Verlag, 1975, 1993.

J. Casti, *Complexification*, 1994. (존 캐스티 지음, 김동광·손영란 옮김,《복잡성 과학이란 무엇인가》, 까치, 1997.) ☆

_____, *Would be Worlds*, 1997. (존 캐스티 지음, 강태원 옮김,《컴퓨터, 장자의 꿈》, 교우사, 2002.)

E. Dunne, and M. McConnell, *Pianos and Continued Fractions*, Math. Magazine vol. 72 no. 2 (1999), pp. 104-115.

M. Gardner, *Melody-Making Machines*, in *The Colossal Book of Math.*, Ch. 47.

J. Kappraff, *Connections: The Geometric Bridge between Art and Science*, McGraw-Hill, Inc., 1991.
_____, *Beyond Measure*, World Scientific, 2002.
M. Kline, *Mathematics in Western Culture*, Oxford Univ. Press, 1953.
T. Lehrer, *Elements*, http://www.privatehand.com/flash/elements.html
D. Levitin, *This is Music on Your Brain*, A Plume Book, 2006. ☆☆☆
M. Livio, *The Golden Ratio*, Broadway Books, 2002.
R. Osserman, *Rational and Irrational: Music and Mathematics*, in *Essays in Humanistic Mathematics* (A. White, Ed.), Math. Assoc. Amer. (1993).
T. Phillips, *The Mathematics of Piano Tuning*, http://www.ams.org/new-in-math/cover/piano1.html
E. Rothstein, *Emblems of Mind*. (에드워드 로스스타인 지음, 장석훈 옮김, 《수학과 음악》, 경문사, 2003.)
O. Sacks, *Musicophilia: Tales of Music and the Brain*, Random House, 2007. (올리버 색스 지음, 장호연 옮김, 《뮤지코필리아 – 뇌와 음악에 관한 이야기》, 알마, 2008.)
J. Schillinger, *The Mathematical Basis of the Arts*, 1948.
C. Taylor, *Exploring Music*, Institute of Physics Publishing, 1992.

그림, 다시 태어나

이민섭, 《도학연구》, 기문당, 1999.
L. B. Alberti, *Della Pittura*, 1435. (알베르티 지음, 노두성 옮김, 《알베르티의 회화론》, 사계절, 1998.)
B. Atalay, *Math and the Mona Lisa*, 2004. (뷜렌트 아탈레이 지음, 채은진 옮김, 《다빈치의 유산》, 말글빛냄, 2004.)
P. Cromwell, *Polyhedra*, Cambridge, 1997. Ch. 3.
K. Held, *Treffpunkt Platon*, Philipp Recalm jun, 1990. (클라우스 헬트, 이강서 옮김, 《지중해 철학기행》, 효형출판, 2007, 25장.)
M. Kline, *Mathematics in Western Culture*, Oxford Univ. Press, 1953.
Loenardo's Notebooks, (Anna Suh Ed.), (레오나르도 다빈치 지음, 안나 서 엮

음, 조윤숙 옮김, 《레오나르도 다빈치 노트북》, 이룸, 2006.)
R. Mankiewicz, *The Story of Mathematics*, Cassell & Co., 2000. (리처드 만키에비츠 지음, 이상원 옮김, 《문명과 수학》, 경문사, 2002, 9·14·22장)
M. Serra, *Discovering Geometry*, Key Curriculum Press, 1997.
L. Shlain, *Art & Physics*, 1991. (레오나드 쉴레인 지음, 김진엽 옮김, 《미술과 물리의 만남 1·2》, 국제, 1995.)
L. Steen, Ed., *On the shoulders of Giants*, National Academy Press, 1990. http://www.nap.edu/openbook/0309042348/html/
E. Strosberg, *Art and Science*. (엘리안 스트로스베르 지음, 김승윤 옮김, 《예술과 과학》, 을유문화사, 2001, p. 118.)
M. White, *Leonardo, The First Scientist*. (마이클 화이트 지음, 안인희 옮김, 《레오나르도 다빈치 – 최초의 과학자》, 사이언스북스, 2003.)

삼라만상
김명환·김홍종, 《현대수학입문》, 경문사, 2000.
김홍종, 쪽매붙이기, http://www.math.snu.ac.kr/~hongjong/잡필/2001.7/Tiling.htm
김홍종, 《수학으로 과학보기》, 궁리, 2005.
대한수학회 뉴스레터 50 (1996), pp. 16~18.
대한수학회 소식 (2005).
류전희, 〈수학의 역사를 통해 본 건축의 변화에 관하여 – 기하학 발전의 맥락에서〉, 《자연과학》 제 22호 2007 여름, pp. 24-42.
http://www.ams.org/new-in-math/cover/art1.html
B. Atalay, *Math and the Mona Lisa*, 2004. (뷜렌트 아탈레이 지음, 채은진 옮김, 《다빈치의 유산》, 말글빛냄, 2004.)
E. T. Bell, *Men of Mathematics*, 1937. (E. T. 벨 지음, 안재구 옮김, 《수학을 만든 사람들》, 미래사, 1993.)
D. Boorstin, *The Creators*, 1992. (대니얼 부어스틴 지음, 이민아, 장석봉 옮김, 《창조자들 2》, 민음사, 2002.)
J.-P. Changeux, and A. Connes, *Matiére à Pensée*, (*Conversations on Mind, Matter, and Mathematics*, Princeton Univ. Press, 1998.). (장 피에르 샹

제·알랭 콘느 지음, 강주헌 옮김, 《물질, 정신 그리고 수학》, 경문사, 2002.)

COMAP, *For All Practical Purposes: Mathematical Literacy in Today's World*, Freeman, 2003. ☆☆☆

K. Devlin, *Life by the Numbers*, John Wiley and Sons, Inc., 1998. (키스 데블린 지음, 석기용 옮김, 《수학으로 이루어진 세상》, 에코리브르, 2003.)

_____, *The Math Gene*, 2000. (키스 데블린 지음, 전대호 옮김, 《수학 유전자》, 까치, 2002.)

R. Dixon, *Mathographics*, Dover, 1987.

M. Gardner, *Mathematical Carnival*, Math. Assoc. Amer., 1965, 1989.

_____, *Mathematical Circus*, Math. Assoc. Amer., 1968.

_____, *PENROSE TILES TO TRAPDOOR CIPHERS ... and the Return of Dr. Matrix*, Math. Assoc. Amer., 1989, 1997.

V. Klee, and S. Wagon, *Old and New UNSOLVED PROBLEMS in Plane Geometry and Number Theory*, Math. Assoc. Amer. 1991.

R. Mankiewicz, *The Story of Mathematics*, Cassell & Co., 2000. (리처드 만키에비츠 지음, 이상원 옮김, 《문명과 수학》, 경문사, 2002, 9·14·22장.)

R. Osserman, *Poetry of the Universe*, Anchor Books, 1995. (로버트 어서만 지음, 과학세대 옮김, 《우주의 시》, 미래로, 1996.) ☆☆

D. Schattschneider, *Will it Tile? Try the Conway Criterion*, Math. Magazine 53 (1980), pp. 223-233.

M. Schneider, *A Beginner's Guide to Constructing the Universe*, 1994. (마이클 슈나이더 지음, 이충호 옮김, 《자연, 예술 과학의 수학적 원형》, 경문사, 2002.)

M. Serra, *Discovering Geometry, An Inductive Approach*, Key Curriculum Press, 1997.

L. Shlain, *Art & Physics*, 1991. (레오나드 쉴레인 지음, 김진엽 옮김, 《미술과 물리의 만남 1·2》, 국제, 1995.)

I. Stewart, *Life's Other Secret*, The New Mathematics of the Living World, John Wiley & Sons, Inc., 1998.

_____, *What Shape is a Snowflake?* (이언 스튜어트 지음, 전대호 옮김, 《눈

송이는 어떤 모양일까?》, 한승, 2005.)

P. Tannenbaum, and R. Arnold, *Excursions in Modern Mathematics*, Prentice Hall, 1992.

H. Weyl, *Symmetry*, Princeton Univ. Press, 1952.

Artful Mathematics: The Heritage of M. C. Escher, Notices of Amer. Math. Soc. 50 (2003), pp. 446-457.

더불어 사는 사회, 민주주의

김홍종, 〈좋은 세상과 알고리듬〉, 《대학신문》 2000. 9. 18.
  http://www.math.snu.ac.kr/~hongjong/잡필/알고리듬.htm

K. Adler, *The Measure of All Things*, 2002. (켄 애들러 지음, 임재서 옮김, 《만물의 척도》, 사이언스북스, 2008.)

D. Boorstin, *The Seekers*, (대니얼 부어스틴 지음, 강정인 · 전대호 옮김, 《탐구자들》, 세종서적, 2000, p. 234.)

J. Casti, *Complexification*, 1994. (존 캐스티 지음, 김동광 · 손영란 옮김, 《복잡성 과학이란 무엇인가》, 끼치, 1997.) ☆

COMAP, *For All Practical Purposes: Mathematical Literacy in Today's World*, Freeman, 2003. ☆☆☆

M. Gardner, *More Nontransitive Paradoxes*, in the Colossal Book of Math., Ch. 23.

P. Hoffman, *Archimedes' Revenge*, Fawcett Crest, 1988, p.215. ☆

M. Kac, G.-C. Rota, and J. Schwartz, *Discrete Thoughts*, Birkhäuser, 1992.

S. Nasar, *A Beautiful Mind*. (실비아 네이사 지음, 신현용 · 이종인 · 승영조 옮김, 《뷰티풀 마인드》, 승산, 2002.)

H. Parks, G. Musser, R. Burton, and W. Siebler, *Mathematics in Life, Society, & the World*, Prentice Hall, 1997. ☆

D. Saari, *Chaotic Elections!*, Amer. Math. Soc., Providence, 2000.

_____, *Mathematics and Voting*, Notices Amer. Math. Soc. 55 (2008), pp. 448-455.

P. Tannenbaum, and R. Arnold, *Excursions in Modern Mathematics*, Prentice

Hall, 1992.

http://cwx.prenhall.com/bookbind/pubbooks/tannenbaum/

A. Taylor, *Mathematics and Politics*, Springer-Verlag, 1995.

http://www.ams.org/new-in-math/cover/voting-introduction.html

공평한 분배

M. Balinski, and H. Young, *The Quota Mathod of Apportionment*, Amer. Math Monthly 82 (1975), pp. 701-730.

W. Beyer, and A. Zardecki, *The Early History of the Ham Sandwich Theorem*, Amer. Math. Monthly 111 (2004), pp. 58-61.

S. Brams, and A. Taylor, *An Envy-free Division Protocol*, Amer. Math. Monthly 102 (1995), pp. 9-18.

S. Brams, P. Edelman, and P. Fishburn, *Paradoxes of Fair Division*, J. Philosophy (June 2001), pp. 300-314.

S. Brams, M. Jones, and C. Klamer, *Better Ways to Cut a Cake*, Notices Amer. Math. Soc. 53 (2006), pp. 1314-1321.

I. B. Cohen, *The Triumph of Numbers*. (I. B. 코언 지음, 김명남 옮김,《세계를 삼킨 숫자 이야기》, 생각의나무, 2005.)

COMAP, *For All Practical Purposes: Mathematical Literacy in Today's World*, Freeman, 2003. ☆☆☆

E. Dubin, and E. Spanier, *How to Cut a Cake Fairly*, Amer. Math. Monthly 68 (1961), pp. 1-17.

S. Even, and A. Paz, *A Note on Cake Cutting*, Discrete Applied Mathematics 7 (1984), pp. 285-296.

M. Gardner, *aha!, Insight*, Scientific American, 1978.

_____, *The Annotated Alice*, 1960, 1999. (M. 가드너 주석, 최인자 옮김, 《이상한 나라의 앨리스, 거울 나라의 앨리스》, 북폴리오, 2005.)

T. Hill, *Mathematical Devices for Getting a Fair Share*, American Scientist 88 (2000), pp. 325-331.

H. Parks, G. Musser, R. Burton, and W. Siebler, *Mathematics in Life, Society*,

    & *the World*, Prentice Hall, 1997.
O. Pikhurko, *On Envy-Free Cake Division*, Amer. Math. Monthly 107 (2000), pp. 736-738.
H. Steinhaus, *Mathematical Snapshots*, Oxford Univ. Press, 1950, 1983.
W. Stromquist, *How to Cut a Cake Fairly*, Amer. Math. Monthly 87 (1980), pp. 640-644.
F. Su, *Rental Harmony: Steiner's lemma in Fair Division*, Amer. Math. Monthly 106 (1999), pp. 930-942.
P. Tannenbaum, and R. Arnold, *Excursions in Modern Mathematics*, Prentice Hall, 1992.
    http://cwx.prenhall.com/bookbind/pubbooks/tannenbaum/
http://www.colorado.edu/education/DMP/fair_division.htm
http://www.ctl.ua.edu/math103/
http://www.ams.org/new-in-math/cover/apportionII1.html

어둠 속의 빛

원동호, 《현대 암호학》, 그린, 2003.
이창휘, 《우리 눈으로 본 일본제국 흥망사》, 궁리, 2005.
한국전자통신연구원, 《암호학의 기초》, 경문사, 1999.
R. Courant, and H. Robbins, (I. Stewart Rev.), *What is Mathematics?*, 1941 (1996). (리차드 쿠랑·허버트 로빈스 지음, 이언 스튜어트 개정, 박평우·김운규·정광택 옮김, 《수학이란 무엇인가》, 경문사, 2002.)
T. Dantzig, *Number: The Language of Science*, 1930. (토비아스 단치히 지음, 조지포 마주르 엮음, 권혜승 옮김, 《수, 과학의 언어》, 한승, 2008.)
M. Gardner, *PENROSE TILES TO TRAPDOOR CIPHERS ... and the Return of Dr. Matrix*, Math. Assoc. Amer. 1989, 1997.
P. Hoffman, *Archimedes' Revenge*, Fawcett Crest, 1988.
D. Kahn, *The Code Breakers*, 1967, 1996. (데이비드 칸 지음, 김동현·전태언 옮김, 《코드브레이커》, 이지북, 2005.)
I. Kant, *Kritik der prakischen Vernunft*, 1788. (임마누엘 칸트 지음, 백종현 옮김,

《실천이성비판》, 아카넷, 2002.)
R. Kippenhahn, *Verschlüssel Botschaften*, 1997. (루돌프 키펜한 지음, 김시형 옮김, 《암호의 세계》, 이지북, 2001.)
K. Menninger, *Zahlwort und Ziffer: Eine Kulturgeschichte der Zahl*, 1979. (카를 메닝거 지음, 김량국 옮김, 《수의 문화사》, 열린책들, 2005.)
S. Singh, *Fermat's Last Theorem*. (사이먼 싱 지음, 박병철 옮김, 《페르마의 마지막 정리》, 영림카디널, 1998.)
_____, *The Code Book*. (사이먼 싱 지음, 이원근 · 김희정 옮김, 《코드북》, 영림카디널, 2003.)

게임의 법칙

김홍종, 《수학으로 과학보기》, 궁리, 2005.
김홍종, 〈나도 공돌리기 재주꾼! - 수열로 풀어 보는 저글링〉, 《과학동아》 1996. 10., pp. 127-131.
E. Berlekamp, J. Conway, and R. Guy, *Winning Ways* (vol. 1), second edition, AK Peters Ltd., 2001.
S. Brams, *Superior Beings*, Springer-Verlag, 1983.
J. Casti, *Five Golden Rules : Great Theories of 20th - Century Mathematics - and Why They Matter*, John Wiley & Sons, Inc., 1996. (존 캐스티 지음, 한태식 · 권기호 · 김정헌 옮김, 《20세기 수학의 다섯 가지 황금률》, 경문사, 1999.)
A. Connes, A. Lichnerowicz, and M. P. Schutzenberger, *Triangle of Thought*, Amer. Math. Soc. 2001.
J. H. Conway, *On Numbers and Games*, AK Peters, 2001.
M. Davis, *Game Theory*. (모튼 데이비스 지음, 홍영의 옮김, 《게임의 이론》, 펜더-북, 1995.)
M. Gardner, *Mathematical Magic Show*, Math. Assoc. Amer. 1965, 1990.
_____, *Hexaflexagons and Other Mathematical Diversions*, The Univ. Chicago Press, 1959, 1988.
P. Hoffman, *Archimedes' Revenge*, Fawcett Crest, 1988.

M. Kac, G.-C. Rota, and J. Schwartz, *Discrete Thoughts*, Birkhäuser, 1992 Ch. 10.

E. Kramer, *The Nature and Growth of Modern Mathematics*, Princeton Univ. Press, 1970. ☆

N. Macrae, *John von Neumann*, Amer. Math. Soc., 1992.

J. Malkevitch, Rationality and Game Theory,
  http://www.ams.org/featurecolumn/archive/rationality.html
  _____, Combinatorial Games (Part I),
  http://www.ams.org/featurecolumn/archive/games1.html
  _____, Combinatorial Games (Part II),
  http://www.ams.org/featurecolumn/archive/partizan2.html

R. Mankiewicz, *The Story of Mathematics*, Cassell & Co., 2000. (리처드 만키에비츠 지음, 이상원 옮김,《문명과 수학》, 경문사, 2002, 21장.)

J. Miller, *Game Theory at Work*, McGraw-Hill, 2003.

S. Nasar, *A Beautiful Mind*. (실비아 나자르 지음, 신현용·이종인·승영조 옮김,《뷰티풀 마인드》, 승산, 2002.)

H. Parks, G. Musser, R. Burton, and W. Siebler, *Mathematics in Life, Society, & the World*, Prentice Hall, 1997.

L. Sadovskii, and A. Sadovskii, *Mathematics and Sports*, Amer. Math. Soc., 1993.

U. Schwalbe, and P. Walker, *Zermelo and the Early History of Game Theory*, Games and Economic Behavior 34 (2001), pp. 123-137.

I. Stewart, *Mathematical Recreations: Hex Marks the Spot*, Scientific American September 2000, pp. 82-83.

A. Taylor, *Mathematics and Politics*, Springer-Verlag, 1995.

| 찾아보기 |

α-튜불린　35
β-튜불린　35
DNA　34
RSA 공개키 암호　349

ㄱ

가드너M. Gardner　175
가우스C. Gauss　83
갈릴레이Vincenzo Gallilei　110
거리점　151
《거울 속의 앨리스Through The Looking Glass, and What Alice Found There》　234
거짓말 게임Bluff　378
게일David Gale　356
게임 이론Game Theory　366
《게임 이론과 경제 행위Theory of Games and Economic Behavior》　366
계면조　105
고다이라 구니히코小平邦彦　231, 319
공개키 암호　346
공리公理　61
공측성公測性, commensurability　77
《관자管子》　103
구고句股　71
《구고원류句股原流》　72
《구수략九數略》　26
《구장산술九章算術》　71, 235

국제거래물품번호GTIN　329
국제상품코드표준화기구GS1　329
국제표준도서번호ISBN　334
그라드grad　127
그레고르 라이슈　29
기면基面, ground plane　148
기선基線　148
기음　132
《기하학 원본》　188

ㄴ

남부럽지 않은 분배법Envy-free division　270
낸캐로우C. Nancarrow　114
네이피어J. Napier　37
노이게바우어O. E. Neugebauer　71
노자老子　57
뉴턴I. Newton　22
님합Nim Sum　359, 360

ㄷ

다카기 데이지高木貞治　319
단테A. Dante　93
대각소실점　151
대칭군　184
더빈스Dubins　265
데자르그Gerard Desargue　161
데카르트René Descartes　80

도가道家 262
《도덕경道德經》 57
도지슨Charles Lutwidge Dodgson 233
뒤러Albrecht Dürer 141
듀도네J. Dieudonné 83
등비수열 97
등차수열 97
디오판토스Diophantos 85
디피W. Diffie 322

ㄹ

라우셴버그R. Rauschenberg 56
라이스Marjorie Rice 175
라이프니츠G. Leibniz 22, 34
라인하르트K. Reinhardt 174, 176
라파엘로Raffaello Sanzio 144
라플라스Pierre-Simon Laplace 36, 122
랜덤 프로세스 262
레오나르도 다빈치Leonardo da Vinci 143
로그함수 119
루빅 큐브 362
루이스 캐럴Lewis Carroll 233
르네상스 140
리만G. Riemann 83

ㅁ

마르크스K. Marx 236
마방진魔方陣, magic square 31

마야 문명 37
마지막 감축법 263
마테마타mathemata 65, 92
마테마티코스 65
마테마틱스 66
메르센M. Mersenne 117
메소포타미아 25
모르겐스테른Oskar Morgenstern 366
무위無爲, random 262
무한원점 164
미니맥스 정리Mini-Max Theorem 382
미분 22
미세소관 35

ㅂ

바나흐S. Banach 263
바흐J. S. Bach 117
발린스키M. Balinski 307
《방법서설Discours de la methode》 80
배음倍音 132
밴자프J. Banzhaf 228
법산法算, modular arithmetic 323
변대변쪽매붙임 168
변환정원법 304
보르다J. C. de Borda 127, 200
보르다 셈법 200
《보편적 조화Harmonie Universelle》 117
복비複比, cross ratio 161

복호화　315
복희伏羲　31, 69
분수형 저글　363
분할선택법　246
불변량　83
《뷰티풀 마인드》　392
브라헤T. Brahe　93
브람스Steven J. Brams　213, 274
블레츨리 파크　318
비례 배분　41
비非제로섬 게임　388
비트겐슈타인L. Wittgenstein　354

ㅅ

사영기하학射影幾何學, projective geometry　161
《사원옥감四元玉鑑》　33
사인　124
산가지 셈　26
《산법서》　29
《산술》　85
《산술논고Disquisitiones Arithmeticae》　323
삼각함수　125
삼분손익법三分損益法　103
상수常數　79
상수학　51
상용로그함수　119
《상해구장산법상해九章算法》　33
새로운 주州의 패러독스　300

섀넌C. Shannon　35
서로소素　339
《세상의 조화Hamonices Mundi》　93
셀프리지Selfridge　270
소나기형 저글　36
소마 큐브soma cube　355
소수素數　53, 340
소실점消失點, vanishing point　145
수비관數秘觀　51
순위표시법　196
순환군cyclic group　186
슈타인R. Stein　176
슈타인하우스H, Steinhaus　240
스테빈S. Stevin　37
스트롬퀴스트W. Stromquist　271
스파니어E. Spanier　265
승인투표제　213
시계셈　324
《신곡La divina commedia》　93
신성문자　27
실수實數, real number　22, 44, 79
《십분의 일De Thiende》　37
쌍쌍비교법　198
쐐기 모양의 문자　25

ㅇ

아낙시메네스Anaximenes　62
아담스J. Adams　306
아르키메데스 쪽매붙이기　178
아리바이 숫자　30

아리스토텔레스Aristoteles　66
알 콰리즈미muhammad ibn mūsā al-Kwārīzmī　29
아인슈타인A. Einstein　83
아쿠스마티코스　65
아테네 숫자　27
〈아테네 학당〉　144
아트바슈 암호　315
아핀affine 좌표　301
《악서고존樂書孤存》　106
《악학궤범樂學軌範》　106
알고리즘algorithm　29
《알마게스트almagest》　23
알베르티L. Alberti　142, 320
애로우Kenneth Arrow　211
애버트R. Abbott　398
야마모토 이소로쿠山本五十六　317
약함수　52
양휘楊輝의 삼각형　33
《에티카Ethica》　144
엘리우시스　398
엠페도클레스Empedocles　62
여와　69
역함수　322
연분수　47
영H. Young　307
옥타브　95
와일즈A. Wiles　86
완전화음　96
《우파니샤드Upanisad》　62

《원론原論, Elements》　61, 188, 335
《원소론》　142, 188
원주율　45
월리스John Wallis　338
웹스터D. Webster　306
위그너E. Wigner　366
유럽상품코드기구EAN　329
유클리드Euclid　61
유클리드 기하학　45
유클리드 호제법　336
음고음高, pitch　95
음고류pitch class　97
음정音程　95, 123
음조音調　95
이면군dihedral group　186
이산 로그discrete logarithm　342
《이상한 나라의 엘리스Alice's Adventures in Wonderland》　233
이오니아 숫자　27
이진법　34
인구 증가 패러독스　307
일면쪽매붙임　168
일반상대성 이론　83
일방향 함수　322
일진법　34

ㅈ

자연상수　119
적분　22
정규쪽매붙임　168

정약용丁若鏞　72
정원규칙　305
제로섬zero-sum 게임　368
제임스Richard James Ⅲ　175
제퍼슨Thomas Jefferson　193, 306
조지 불G. Boole　35
조합 게임　358
조화평균　153
존 내쉬John Nash　356
좌표계　81
죄수의 딜레마Prisoner's dilemma　389
《주비산경周髀算經》　71
주산　20, 26
주세걸朱世桀　33
《주역周易》　51
주재육朱載堉　117
주파수　94
죽산竹算　26
증명　72
지오토Giotto di Bondone　143
《지혜의 진주》　29
진약수　52
쪽매붙임　157
쪽매원형　168

ㅊ

책력　291
천시잉셴陳省身　83
체르멜로E. Zermelo　359
최석정崔錫鼎　26

최소득표자탈락제　202
〈최후의 만찬〉　143
추이율　205
친목수　53
친화수　53

ㅋ

카발라나 게마트리아　51
카이사르J. Caesar　55, 314
커비Rob Kirby　250
케르슈너R. B. Kershner　175
케이지J. Cage　56
케플러J. Kepler　93, 160
코돈codon　35
코스모스　59
코페르니쿠스N. Copernicus　93
콘웨이J. H. Conway　270
콘웨이 기준　177
콩도르세Marquis de Condorcet　198
쾨슬러A. Koestler　69
크내스터Knaster　263, 275

ㅌ

탈레스Thales　59
태평양 전쟁　317
터커A. Tucker　389
테일러R. Taylor　274
테트락티스　66, 100
《티마이오스Timaeus》　67, 144

ㅍ

《파우스트Faust》 59
파인먼R. Feynman 73
퍼플 암호기 318
페르마Pierre de Fermat 85
페르마의 마지막 정리 86
페르마의 작은 정리 341
《페르마의 주석이 달린 디오판토스의
　　산술》 86
펜로스R. Penrose 181
평조 105
폭포형 저글 363
폰 노이만von Neumann 40, 366
폴리비우스식 암호 315
표준단위원 129
푸리에J. Fourier 132
프리드만William F. Friedman 318
프톨레마이오스C. Ptolemaeus 23
플라톤Plato 67
플라톤의 삼각형 103
플림프턴 322 70
피보나치 29
피타고라스Pythagoras 58
피타고라스 삼중쌍 84
피타고라스 콤마 114
피타고라스학파 92
필즈상 88

한국공통상품코드KAN 329
항등변환 186
해밀턴Alexander Hamilton 293
해밀턴식 배정 292
행렬 게임 370
헌팅턴E. V. Huntington 306
헤어Thomas Hare 218
헤어식 선출법 219
헤인Piet Hein 356
헥스Hex 355
헬만M. Hellman 322
호도법radian 128
호이겐스C. Huygens 338, 358
황종율관黃鐘律管 103
《회화론Della Pittura》 142, 320
힐J. A. Hill 306

ㅎ

하모니 59

문명, 수학의 필하모니
언제나 세상의 답은 수학이었다

1판 1쇄 펴냄 2009년 3월 9일
1판 10쇄 펴냄 2024년 7월 20일

지은이 김홍종

펴낸이 송영만
펴낸곳 효형출판
주소 10881 경기도 파주시 회동길 125-11 (파주출판도시)
전화 031 955 7600
팩스 031 955 7610
웹사이트 www.hyohyung.co.kr
이메일 editor@hyohyung.co.kr
등록 1994년 9월 16일 제406-2003-031호

ISBN 978-89-5872-076-8 03410

이 책에 실린 글과 그림은 효형출판의 허락 없이 옮겨 쓸 수 없습니다.

값 18,000원